"十三五"国家重点出版物出版规划项目

现代机械工程系列精品教材

普通高等教育"十一五"国家级规划

北京高等教育精品教材

高等院校现代机械设计系列教材

U0168324

机械设计基础

第 5 版

主　编　王大康　李德才

副主编　韩泽光　高国华　傅燕鸣

参　编　苏丽颖　刘婧芳

主　审　吴宗泽

机械工业出版社

本书在满足各有关专业对机械设计基础（非机械类）课程要求的前提下，贯彻少而精、广而浅的原则，力求重点突出、繁简得当、语言通达。书中采用现行国家标准，同时对有关章节做了适当的合并，对复杂的公式进行了合理简化。全书共 14 章，内容包括：绪论，平面机构的结构分析，平面连杆机构，凸轮机构，间歇运动机构，机械的调速与平衡，连接，挠性传动，啮合传动，轮系，轴，轴承，联轴器、离合器和制动器，弹簧。

本书采用双色印刷，突出重点内容，可读性强，同时还编入了大量习题，以供学习时参考。

本书可作为高等院校本、专科非机械类专业学生学习机械设计基础课程的教材，也可供有关工程技术人员参考使用。

图书在版编目（CIP）数据

机械设计基础/王大康，李德才主编. —5 版. —北京：机械工业出版社，2023. 11（2024. 11 重印）

"十三五"国家重点出版物出版规划项目　现代机械工程系列精品教材　普通高等教育"十一五"国家级规划教材　北京高等教育精品教材　高等院校现代机械设计系列教材

ISBN 978-7-111-74433-7

Ⅰ. ①机…　Ⅱ. ①王… ②李…　Ⅲ. ①机械设计-高等学校-教材

Ⅳ. ①TH122

中国国家版本馆 CIP 数据核字（2023）第 242301 号

机械工业出版社（北京市百万庄大街 22 号　邮政编码 100037）

策划编辑：赵亚敏　　　责任编辑：赵亚敏

责任校对：张　征　　　封面设计：张　静

责任印制：邵　敏

三河市宏达印刷有限公司印刷

2024 年 11 月第 5 版第 2 次印刷

184mm×260mm · 16 印张 · 446 千字

标准书号：ISBN 978-7-111-74433-7

定价：49. 80 元

电话服务　　　　　　　　　　网络服务

客服电话：010-88361066　　机 工 官 网：www. cmpbook. com

　　　　　010-88379833　　机 工 官 博：weibo. com/cmp1952

　　　　　010-68326294　　金 书 网：www. golden-book. com

封底无防伪标均为盗版　　机工教育服务网：www. cmpedu. com

前言

本书是在 2020 年第 4 版的基础上，根据教育部高等学校机械基础课程教学指导分委员会制定的高等学校《机械设计课程教学基本要求》和《机械设计基础课程教学基本要求》的精神修订而成的。本书内容符合教育部组织实施的"高等教育面向 21 世纪教学内容和课程体系改革计划"的精神，目的是培养学生的机械设计能力和创新设计能力。

与第 4 版相比，本书注重更新和充实教学内容，突出学生创新能力的培养，更加符合教学改革及对人才培养的要求。本书力求重点突出、繁简得当、语言严谨、图形准确、严格精选、便于使用。鉴于我国许多标准都进行了修订，书中尽量收集了新近颁布的国家标准。注意：书中所列的标准或规范是根据需要从原标准或规范中摘录下来的，以便于读者学习使用。

本书部分章节给出了重难点的讲解视频。同时，为全面贯彻党的教育方针，落实立德树人根本任务，教材中引入了"中国创造""大国工匠"及"第一台国产电动轮自卸车"等素材视频，以培养学生的科技自立自强意识，助力培养德才兼备的拔尖创新人才。

参加本书编写的有：北京工业大学王大康（第一、二、五、六章），苏丽颖、刘婧芳（第三、四章），高国华（第七、八章），沈阳建筑大学韩泽光（第九、十章），清华大学李德才（第十一、十二章），上海大学傅燕鸣（第十三、十四章）。本书由王大康、李德才担任主编，韩泽光、高国华、傅燕鸣担任副主编。

本书由清华大学吴宗泽教授担任主审，他对本书进行了详细审阅，对保证本书质量起到了很大的作用，在此表示衷心的感谢。

由于编者水平有限，书中难免存在不足之处，真诚希望广大读者批评指正。

编　者

目录

第一章

绪论

第一节 机械的组成

人类为了满足生产和生活的需要，设计和制造出各种各样的机械，用以减轻人的劳动强度，改善劳动条件，提高劳动生产率，创造出更多的物质财富，丰富人们的物质和文化生活。因此，国民经济各部门使用机械的程度是衡量一个国家社会生产力发展水平的重要标志。

机械设计基础课程的研究对象是机械，而机械是机器和机构的总称。

几个重要概念

一、机器

人类在长期劳动中创造出了许多机器。根据用途的不同，可将它们分为用来实现将其他形式的能变换为机械能的动力机器，如电动机、内燃机、液压机等；用来加工物料的工作机器，如金属切削机床、压力机、颚式破碎机等；用来搬运物料的起重、运输机器，如飞机、汽车、起重机等；用来获取信息的机器，如照相机、打印机、录像机等。虽然机器的种类繁多，形状各异，用途不同，但是它们都具有一些共同的特征。

图 1-1 所示为内燃机，它由气缸体（机架）1、活塞 2、连杆 3、曲轴 4、齿轮

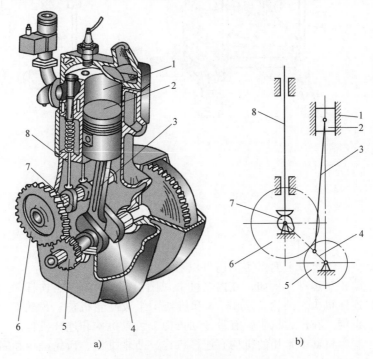

a)   b)

图 1-1 内燃机

a）结构图　b）机构运动简图

1—气缸体（机架）　2—活塞　3—连杆　4—曲轴　5、6—齿轮　7—凸轮　8—顶杆

5 和 6、凸轮 7 和顶杆 8 等组成。当内燃机工作时，燃气推动活塞做往复移动，经连杆使曲轴做旋转运动。凸轮与顶杆用来控制进气和排气。曲轴经齿轮 5 和 6 带动凸轮轴转动，曲轴每转两周，进、排气门各启闭一次。内燃机主要由连杆机构（机架 1、活塞 2、连杆 3 和曲轴 4）、凸轮机构（凸轮 7、顶杆 8 和机架 1）、齿轮机构（齿轮 5、6 和机架 1）等组成。

图 1-2 所示为压力机，它由电动机 1、带轮 2 和 3、连杆 4、曲轴 5、齿轮 6 和 7、滑块 8 等组成。电动机经带传动机构和齿轮传动机构减速后，带动曲轴转动，又经连杆带动滑块做往复移动，实现对物料的压力加工。综上所述，压力机主要由带传动机构（带轮 2、3 和机架）、齿轮机构（齿轮 6、7 和机架）、连杆机构（连杆 4、曲轴 5、滑块 8 和机架）等组成。

通过以上两个实例可以看出，机器具有以下共同特征：
1）机器的主体是若干机构的组合。
2）用于传递运动和动力。
3）具有变换或传递能量、物料或信息的功能。

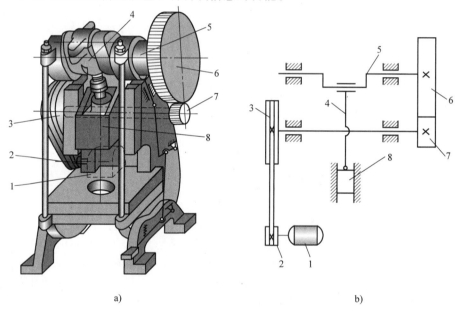

图 1-2 压力机
a）结构图 b）机构运动简图
1—电动机 2、3—带轮 4—连杆 5—曲轴 6、7—齿轮 8—滑块

二、机构

通过以上两个实例还可以看出，机构是若干构件的组合，各构件间具有确定的相对运动。例如，在内燃机中（图 1-1），曲轴 4、连杆 3、活塞 2 和机架 1 组成连杆机构；凸轮 7、顶杆 8 和机架 1 组成凸轮机构；齿轮 5、6 和机架 1 组成齿轮机构。在压力机中，有带传动机构、齿轮机构和连杆机构。

机器中常用的机构有连杆机构、凸轮机构、齿轮机构和间歇运动机构等。

三、构件和零件

机构中做相对运动的各个运动单元称为构件。构件可以是单一零件，如曲轴

（图1-3），也可以是由几个零件组成的刚性体，如连杆（图1-4）。

零件是机器中的制造单元。零件分为两类：一类是各种机器中普遍使用的零件，称为通用零件，如螺栓、键、带轮、齿轮等；另一类是特定类型机器中所使用的零件，称为专用零件，如内燃机中的活塞、洗衣机中的波轮、风扇中的叶轮等。

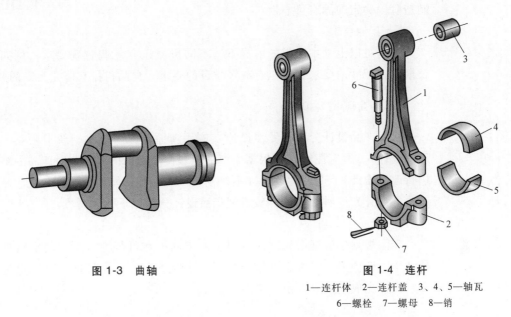

图1-3　曲轴

图1-4　连杆

1—连杆体　2—连杆盖　3、4、5—轴瓦
6—螺栓　7—螺母　8—销

第二节　机械设计的基本要求和一般步骤

一、机械设计的基本要求

机械设计的目的是根据用户需求，创造性地设计和制造出具有预期功能的新机械或改进现有机械的功能。

机械设计应满足的基本要求主要有以下几方面：

1. 使用要求

所设计的机械要求实现预期的使用功能。为此，必须确定机械的工作原理和实现工作原理的机构组合。

2. 经济性要求

机械的经济性应该体现在设计、制造和使用的全过程。设计经济性体现在降低机械成本和采用先进的设计方法以缩短设计周期等；制造经济性体现在省工、省料，加工、装配简便和缩短制造周期等；使用经济性体现在高生产率、高效率、低消耗及管理、维修费用低等。

3. 人、机和环境要求

所设计的机械应使人、机和环境所组成的系统相互协调。即要保证人、机安全；要根据人的生理条件改善操作环境；要尽量减少或避免机械对环境的污染，节能减排；要重视外形和色彩方面的要求；要提高商品意识，提高产品的市场竞争能力，加强售后服务等。

4. 可靠性要求

机械的可靠性是指机械在规定的环境条件下和规定的使用期限内，完成规定功能的一种特性。机械的可靠性取决于设计、制造、管理、使用等各阶段。设计、制造阶段对机械的可靠性起着决定性作用，产品的固有可靠性是在设计、制造阶段确定的。而管理、使用等环节所采取的措施，只能用来保证而不能超过设计、制造阶段确定的固有可靠性。

5. 其他要求

在满足以上基本要求的前提下，不同机械还有一些特殊要求，例如，机床有长期保持精度的要求；飞机有减轻质量的要求；食品机械有防止污染的要求等。

二、机械设计的一般步骤

机械产品设计分为开发性设计（应用新原理、新技术、新工艺对产品进行全新的设计）、适应性设计（根据生产部门和使用部门的要求，对产品的结构和性能进行改进设计）、变形性设计（不改变工作原理和功能要求，仅改变产品的参数或结构的设计）三种类型。一般机械产品设计分为以下几个阶段：

1. 产品规划阶段

产品规划是根据市场预测、用户需求调查和可行性分析，制定出机器的设计任务书。任务书中应规定机器的功能、主要参数、工作环境、生产批量、预期成本、设计完成期限以及使用条件等。

2. 方案设计阶段

方案设计是影响机械产品结构、性能、工艺、成本的关键环节，也是实现机械产品创新的重要阶段。方案设计是在功能分析的基础上，确定机器的工作原理和技术要求，拟定机器的总体布置、传动方案和机构运动简图等，经优化筛选，从多种方案中，选取较为理想的方案。

3. 技术设计阶段

该阶段的主要任务是将机械的功能原理方案具体化为机器及零部件的合理结构。其主要工作包括总体设计、结构设计、商品化设计和模型试验等。总体设计是确定机械各部件的总体布置、运动配合和人-机-环境的合理关系等；结构设计是选择材料，确定零部件的合理结构；商品化设计是提高产品的商品价值以吸引用户，如进行价值设计、工业造型设计及包装设计等；模型试验是检查机械的功能及零部件的强度、刚度、运转精度、振动稳定性和噪声等性能是否满足设计的要求；编制设计图样和技术文件也包含在技术设计阶段。

4. 施工设计阶段

根据技术设计阶段提供的图样和技术文件试制样机，并对样机进行相关试验，再根据样机存在的问题，对原设计方案进行修改完善。按照修改后的设计图样和技术文件，制定产品工艺规划，完成生产准备。

5. 投产和售后服务

组织产品生产，投放市场，完善售后服务工作，并通过售后服务，发现用户在产品使用过程中出现的问题和市场变化情况，为产品的改进设计提供依据。

最后完成全部设计图样并编制设计计算说明书和使用说明书等技术文件。

第三节　机械零件的主要失效形式和设计准则

一、机械零件的主要失效形式

机械零件由于各种原因造成丧失正常工作能力的现象称为失效。因此，在预期工作寿命期间防止失效，保证机械正常工作是机械零件设计的目的。机械零件的主要失效形式有：

1. 断裂

零件在外载荷作用下，某一危险截面上的应力超过零件的抗拉强度时，会造成断裂失效。在循环变应力作用下长时间工作的零件，容易发生疲劳断裂，例如，齿轮轮齿根部的折断、轴的断裂等。

2. 过大的残余变形

零件受载后会产生弹性变形。过量的弹性变形会影响机器精度，对高速运转的机械有时还会造成较大的振动。零件的应力如果超过了材料的屈服强度，将产生残余塑性变形，使零件的尺寸和形状发生永久改变，致使各零件的相对位置和配合被破坏，使机器不能正常工作。

3. 表面失效

磨损、腐蚀和接触疲劳等都会导致零件表面失效。它们都是随工作时间的延续而逐渐发生的失效形式。处于潮湿空气中或与水、汽及其他腐蚀介质接触的金属零件，均有可能产生腐蚀失效。有相对运动的零件接触表面都会有磨损。在接触变应力作用下工作的零件表面将可能发生疲劳点蚀。

4. 破坏正常工作条件而引起的失效

有些零件只有在一定条件下才能正常工作。如带传动，只有当传递的有效圆周力小于带与带轮间的最大静摩擦力时才能正常工作；液体摩擦的滑动轴承只有在保持完整的润滑油膜时才能正常工作等。如果破坏了这些条件，将会发生失效。例如，带传动将发生打滑失效；滑动轴承将发生过热、胶合、过度磨损等形式的失效。

二、机械零件的设计准则

根据零件的失效分析，设计时在不发生失效的条件下，零件所能安全工作的限度，称为工作能力或承载能力。针对不同失效形式建立的判定零件工作能力的条件，称为工作能力设计准则。机械零件设计时的主要设计准则有：

1. 强度准则

零件因强度不足而失效，将破坏机械的正常工作，甚至可能造成设备、人身事故。整体静强度不足，将使零件发生断裂和塑性变形；表面静强度不足，将使零件表面压溃或产生塑性变形；整体或表面疲劳强度不足，将使零件发生疲劳断裂或表面疲劳点蚀。机械零件设计的强度准则是：零件在外载荷作用下所产生的最大应力 σ 不超过零件的许用应力 $[\sigma]$。其表达式为

$$\sigma \leqslant [\sigma] = \frac{\sigma_{\text{lim}}}{S} \tag{1-1}$$

式中，σ_{lim} 为材料的极限应力（MPa），按零件的工作条件和材料性质等取值。对受静应力的脆性材料，主要失效形式是断裂，σ_{lim} 取抗拉强度 R_{m}；对受静应力的

塑性材料，主要失效形式是塑性变形，$\sigma_{\lim}$ 取屈服强度 R_{eH}。S 为安全因数，根据材料的均匀性、计算公式和原始数据的可靠程度，以及机械零件的重要性等取值。

2. 刚度准则

零件在载荷作用下将产生弹性变形。限制某些零件（如机床主轴和发动机凸轮轴）受载后产生的弹性变形量 y 不超过机器正常工作所允许的弹性变形量 $[y]$，就是机械零件设计的刚度准则。其表达式为

$$y \leqslant [y] \tag{1-2}$$

弹性变形量 y 可按理论计算或实验方法确定，而许用变形量 $[y]$ 则应随不同的使用场合，按理论或经验确定其合理数值。

3. 寿命准则

影响零件寿命的主要因素是磨损、腐蚀和疲劳。

耐磨性是指零件抗磨损的能力。为了保证零件具有良好的耐磨性，应根据摩擦学原理设计零件结构，选定摩擦副材料和热处理方式，同时注意合理润滑，以延长零件的使用寿命。零件的疲劳寿命通常是以满足使用寿命时的疲劳极限作为计算的依据。迄今为止，尚无实用的腐蚀寿命计算方法。

4. 振动稳定性准则

机器在运转过程中的轻微振动不妨碍机器正常工作，但剧烈振动会影响机器的工作质量和旋转精度。如果某一零件的固有频率与机器的激振频率重合或成整数倍关系时，零件就会产生共振，致使零件甚至整个机器损坏。因此，设计时要使机器中受激振作用的各零件的固有频率与激振频率错开，以避免产生共振，限制噪声。

5. 热平衡准则

机器工作时，由于工作环境或零件本身发热，会使零件温度升高，如散热不良，将会改变零件的结合性质，破坏正常的润滑条件，甚至导致金属局部熔融而产生胶合。为满足热平衡准则，应对发热较大的零件进行热平衡计算，控制其工作温度，采取降温措施或采用耐高温材料。

6. 可靠性准则

可靠性是保证机械零件正常工作的关键。可靠性的衡量尺度是可靠度。产品在规定的条件下和规定的时间内，完成规定功能的概率称为可靠度。由许多零部件组成的机器的可靠度取决于零部件的可靠度的组合关系。

同一种零件可能有几种不同的失效形式，对应于各种失效形式有不同的工作能力计算准则，设计时，应比较满足零件上述准则的各种工作能力，取其较小者作为设计依据。

三、机械零件设计的一般步骤

机械零件设计的一般步骤为：

1）根据零件的使用要求，选择零件类型并设计零件结构。

2）根据零件的工作条件及对零件的特殊要求，选择适用的材料和热处理方式。

3）根据零件的工作情况建立零件的计算简图，计算作用在零件上的载荷。

4）分析零件工作时可能出现的失效形式，确定满足零件工作能力的设计准则，并计算出零件的主要尺寸。

5）根据工艺性及标准化等原则，进行零件的结构设计。

6）绘制出零件工作图，编制设计计算说明书。

第四节 机械零件的设计方法

机械设计中的常用设计方法有常规设计方法和现代设计方法两大类。

一、常规设计方法

常规设计方法是以经验总结为基础，以力学分析或实验而形成的公式、经验数据、标准和规范作为设计依据，采用经验公式、简化模型或类比等进行设计的方法。机械设计中的常规设计方法又可分为以下三种：

1. 理论设计

按照机械零件的结构及其工作情况，将其简化成一定的物理模型，运用力学、热力学、摩擦学等理论推导出来的设计公式和实验数据进行的设计称为理论设计。这些设计公式有两种不同的使用方法：

（1）设计计算 按设计公式直接求得零件的主要尺寸。

（2）校核计算 已知零件各部分尺寸，校核其是否能满足有关的设计准则。

2. 经验设计

根据对同类零件已有的设计与使用实践，归纳出经验公式和数据，或者用类比法进行的设计，称为经验设计。对于某些典型零件，这是很有效的设计方法。经验设计也用于某些目前尚不能用理论分析的零件设计中。

3. 模型实验设计

对于尺寸很大、结构复杂、工况条件特殊、又难以进行理论设计和经验设计的重要零件，可采用模型或样机，通过实验考核其性能，在取得必要数据后，再根据实验结果修改原有设计。但这种方法费时、费钱，只用于特别重要的设计。

常规设计方法有以下不足：

1）方案设计依赖设计者的经验和水平；技术设计一般只能获得一个设计方案，而不是最佳方案。

2）受计算手段的限制，简化、假设较多，影响了设计质量。

3）设计周期长、效率低，不能满足市场竞争激烈、产品更新速度加快的新形势。

目前常规设计仍被广泛应用，设计者应首先掌握常规设计方法，才能进一步学习现代设计方法。

二、现代设计方法

随着科学技术的进步，新材料、新工艺、新技术等新兴边缘科学不断涌现，产品的更新周期日益缩短，推动机械产品向大功率、高速度、高精度和自动化方向发展，促进了机械设计理论和方法的发展。在这种形势下，传统的机械设计方法已经不能完全适应社会需要，从而产生了机械设计的现代设计方法，主要表现在：

1）发展光机电一体化技术，提高机器的效率、生产率和自动化程度。

2）在机械设计中广泛采用断裂力学、有限元法、摩擦学、统计强度理论、相似理论、模拟仿真技术、模态分析技术、监测技术等新的理论和技术，使设计结果更加符合实际需要。

3）采用优化设计、可靠性设计和价值设计等方法，提高机械性能，降低成本。

4）利用计算机运算快速、准确，具有存储和逻辑判断功能等特点，并与图形分析、自动绘图等相结合，在人机交互作用下进行计算机辅助设计，这样可以大大缩短设计周期，提高设计质量，加速产品的更新换代。

现代设计所使用的理论和方法称为现代设计方法。下面介绍几种常用的现代设计方法。

1. 计算机辅助设计

计算机辅助设计（Computer Aided Design，CAD）是一种采用计算机软、硬件系统辅助设计师对产品或工程进行设计（包括设计、绘图、工程分析与文档制作等设计活动）的方法与技术。一个较完善的机械 CAD 系统是由产品设计的数值计算和数据处理模块，图形信息交换、处理和显示模块，存储和管理设计信息的工程数据库三大部分组成。该系统具有计算分析、图形处理与仿真、数据处理和文件编制等功能，既能够采用现代设计方法进行设计计算，也能够自动显示并绘制出设计结果（如产品的装配图和零件图等），还可以对设计结果进行动态修改。目前，CAD 正在向集成化、智能化、网络化方向发展。

CAD 的基础工作是常用算法的方法库、设计资料的数据库和参数化的图形库的建立。设计时依据机械产品的具体要求，建立该产品的数学模型和设计程序，在计算机上自动或人机交互式地完成产品的设计工作。

2. 优化设计

传统的设计方法，要想获得较为满意的实用方案，须经过多次反复的设计—分析—再设计的过程，才能获得有限的几个可行的设计方案，然后凭借设计师个人的经验和知识，从中筛选出一个较好的方案作为设计的最终结果，显然，该结果不一定会是设计的最优方案。优化设计（Optimization Design，OD）是以计算机为工具、以数学规划论为理论基础，研究从众多可行的方案中寻求最优设计方案（即使设计目标达到最优值）的一种现代设计方法。进行优化设计时，首先必须建立设计问题的数学模型，然后选择合适的优化方法进行运算求解，最终获得最优的设计方案。

优化设计的数学模型由设计变量、目标函数和约束条件三部分组成。设计变量是一些相互独立的基本参数，是对设计性能指标好坏有影响的量。设计变量应当满足的条件称为约束条件，而设计师选定用于衡量设计方案优劣并期望得到改进的产品性能指标称为目标函数。优化设计中常用的优化方法有黄金分割法、坐标轮换法、鲍威尔（Powell）法、梯度法、牛顿法、惩罚函数法等。

3. 可靠性设计

可靠性设计（Reliability Design，RD）是将概率统计理论、失效机理和机械设计理论结合起来的综合性工程技术。主要特征是将常规设计方法中所涉及的设计参数，如材料强度、疲劳寿命、载荷、几何尺寸及应力等均视为服从某种统计分布规律的随机变量，根据机械产品的可靠性指标要求，用概率统计方法设计出机械零部件的结构参数和尺寸。

可靠性设计不是以安全因数来判定零部件的安全性，而是用可靠度来说明零部件安全的概率有多大。机械零件的可靠性设计采用的是应力—强度干涉模型理论，机械系统的可靠性设计则需视系统类型（串联系统、并联系统、混联系统和复杂系统等）的不同而采用不同的设计方法。

4. 有限元法

有限元法（Finite Element Method，FEM）是以计算机为工具的一种现代数值计算方法。它不仅应用于大型复杂工程结构的静态和动态分析计算，而且广泛应用于流体力学、热传导、电磁场等领域的分析计算，已成为现代设计中强有力的分析工具。

有限元的基本思想是：首先将问题的求解域离散为一系列彼此用节点联系的单元，单元内部点的待求量可由单元节点量（未知量）通过选定的函数关系插值求得。由于单元的形状简单，易于由平衡关系或能量关系建立节点量之间的方程（即单元方程），然后将各单元方程"组集"在一起而形成总体代数方程组，计入边界条件后即可对方程组求解，得出各节点的未知量，利用插值函数求出问题的近似解。

用有限元法分析问题时，一般都使用现成的有限元通用软件。目前国际上面向工程的有限元通用软件有几百种，其中著名的有 ANSYS、NASTRAN、ASKA、ADINA、SAP 等。在有限元通用软件中，包含了多种条件下的有限元分析程序，而且带有功能强大的前处理（自动生成单元网格，形成输入数据文件）和后处理（显示计算结果，绘制变形图、等值线图、振型图以及可以动态显示计算结果）技术。由于有限元通用程序使用方便、计算精度高，故已成为机械设计和分析的有力工具。

5. 摩擦学设计

摩擦学（Tribology Design，TD）是研究有关摩擦、磨损和润滑的科学与技术的总称。摩擦学设计是指在机械设计中，应用摩擦学的知识与技术，使机械系统中的运动副具有良好的摩擦学性能的一种现代设计方法。摩擦学问题已成为位于强度问题之后机械系统中的第二大问题。目前，在齿轮传动、滚动轴承、滑动轴承以及密封零件等机械零部件的设计中，已广泛应用了摩擦学设计的理论和方法。摩擦学设计在减小机械系统及其零部件的摩擦、磨损，提高机械效率，降低能源消耗及使用成本，控制和克服因摩擦带来的振动、噪声、发热等伴生现象等方面，都具有重要的作用。

第五节　机械零件的常用材料和选择原则

一、机械零件的常用材料

机械零件常用的材料有钢、铸铁、非铁（有色）金属和非金属等，常用材料的牌号、性能及热处理知识可查阅机械设计手册。

1. 钢

钢的种类很多，按化学成分分为碳素钢和合金钢；按用途分为结构钢、工具钢和特殊性能钢；按质量分为普通钢、优质钢和高级优质钢；按脱氧程度分为镇静钢、半镇静钢和沸腾钢。钢是机械制造中应用最广泛的材料，制造机械零件时可以轧制、锻造、冲压、焊接和铸造，并且可以用热处理的方法获得较高的力学性能或改善其加工性能。

（1）碳素钢　碳素钢简称碳钢，是碳的质量分数 $w_C < 2.11\%$，并含有少量硅、锰、硫、磷等元素的铁碳合金。含碳量的高低对碳钢的力学性能影响很大，当碳的质量分数 $w_C < 0.9\%$ 时，碳钢的硬度和强度随含碳量的增加而提高，塑性和韧性

随含碳量的增加而降低；当碳的质量分数 $w_C > 0.9\%$ 时，碳钢的硬度仍随含碳量的增加而提高，但其强度、塑性和韧性均随含碳量的增加而降低。

按含碳量的多少，碳钢可分为三类：即低碳钢（$w_C \leqslant 0.25\%$）、中碳钢（$w_C = 0.25\% \sim 0.6\%$）和高碳钢（$w_C > 0.6\%$）。低碳钢不能淬硬，但塑性好，一般用于退火状态下强度要求不高的零件，如螺栓、螺母、销轴；也用于锻件和焊接件；经渗碳处理的低碳钢用于制造表面硬度高和承受冲击载荷的零件。中碳钢淬透性及综合力学性能较好，可进行淬火、调质和正火处理，用于制造受力较大的齿轮、轴等零件。高碳钢淬透性好，经热处理后有较高的硬度和强度，但性脆，主要用于制造弹簧、钢丝绳等高强度零件。通常碳的质量分数 $w_C < 0.4\%$ 时焊接性好，当碳的质量分数 $w_C > 0.5\%$ 时，焊接性较差。

优质钢如 35 钢、45 钢等能同时保证力学性能和化学成分，一般用来制造需经热处理的较重要的零件；普通钢如 Q235 等一般不适于进行热处理，常用于不太重要的或不需热处理的零件。

（2）合金钢　为了改善碳钢的性能，有目的地往碳钢中加入一定量的合金元素所获得的钢，称为合金钢。硅、锰含量超过一般碳钢含量（即 $w_{Si} > 0.5\%$、$w_{Mn} > 1.0\%$）的钢，也属于合金钢。

按合金元素的多少，合金钢可分为三类：合金元素总的质量分数小于 5% 的低合金钢；合金元素总的质量分数为 5% ~ 10% 的中合金钢；合金元素总的质量分数大于 10% 的高合金钢。合金元素不同时，钢的力学性能也不同。例如，铬（Cr）能提高钢的强度、韧性、淬透性、抗氧化性和耐蚀性；钼（Mo）能提高钢的淬透性和耐蚀性，在较高温度下能保持较高的强度和硬度；锰（Mn）能减轻钢的热脆性，提高钢的强度、硬度、淬透性和耐磨性；钛（Ti）能提高钢的强度、硬度和耐热性。同时含有几种合金元素的合金钢（如铬锰钢、铬钒钢、铬镍钢），其性能的改变更为显著。由于合金钢比碳素钢价格高，通常在碳素钢难以胜任工作时才考虑采用。合金钢零件通常需经热处理。

碳素钢和合金钢可用浇注法得到铸钢。铸钢用于形状复杂、体积较大、承受重载的零件。由于铸钢易产生缩孔、缩松等缺陷，故非必要时不采用。

钢除供应钢锭外，也可轧制成各种型材，如钢板、圆钢、方钢、六角钢、角钢、槽钢、工字钢和钢管等。各种型材的规格可查阅机械设计手册。

（3）钢的热处理　钢的热处理是将钢（固态）进行加热、保温和冷却处理，用以改变钢的内部组织结构和力学性能的工艺方法。在机械制造业中，热处理是一种重要的加工方法，在机械制造中有 70% ~ 80% 的零件需要经过热处理。热处理不仅广泛用于钢件，也应用于铸铁件和非铁（有色）金属合金。

表 1-1 摘录了钢的常用热处理方法及其应用。

表 1-1　钢的常用热处理方法及其应用

名称	说　明	应　用
退火	退火是将钢件（或钢坯）加热到临界温度以上 30~50℃，保温一段时间，然后再缓慢地冷下来（一般用炉冷）	用来消除铸、锻、焊零件的内应力，降低硬度，使之易于切削加工，并可细化金属晶粒，改善组织，增加韧性
正火	正火也是将钢件加热到临界温度以上，保温一段时间，然后在空气中冷却。冷却速度比退火快	用来处理低碳钢和中碳结构钢件及渗碳零件，使其组织细化，增加强度与韧性，减少内应力，改善切削性能

（续）

名称	说　　明	应　　用
淬火	淬火是将钢件加热到临界温度以上,保温一段时间,然后在水、盐水或油中(个别材料在空气中)急冷下来	用来提高钢件的硬度和强度极限。但淬火时会引起内应力,使钢变脆,所以淬火后必须回火
回火	回火是将淬硬的钢件加热到临界点以下的温度,保温一段时间,然后在空气中或油中冷却下来	用来消除淬火后的脆性和内应力,提高钢件的塑性和冲击韧度
调质	淬火后进行高温回火	用来使钢件获得高的韧性和足够的强度。很多重要零件是经过调质处理的
表面淬火	使零件表层有高的硬度和耐磨性,而心部仍保持原有的强度和韧性的热处理方法	表面淬火常用来处理齿轮、花键等零件
渗碳	将低碳钢或低合金钢零件置于渗碳剂中,加热到 $900\sim950\,℃$ 保温,使碳原子渗入钢件的表面层,然后再淬火和回火	增加钢件的表面硬度和耐磨性,而其心部仍保持较好的塑性和冲击韧度。多用于重载冲击、耐磨零件
渗氮	为增加钢件表面的氮含量,在一定温度下使活性氮原子渗入工件表面	用于提高精密零件表面的硬度、耐磨性、耐蚀性和疲劳强度;也可用于在热蒸汽、弱碱溶液和燃烧气体环境中工作的零件

2. 铸铁

铸铁是碳的质量分数大于 2.11% 的铁碳合金。根据碳在铸铁中存在形式的不同，可将铸铁分为白口铸铁、灰铸铁和麻口铸铁。根据铸铁中石墨形态的不同可将其分为灰铸铁，其石墨呈片状；可锻铸铁，其石墨呈团絮状；球墨铸铁，其石墨呈球状；蠕墨铸铁，其石墨呈蠕虫状。

铸铁是工程上常用的金属材料，灰铸铁、可锻铸铁、球墨铸铁、蠕墨铸铁在生产中的应用都很广泛。最常用的灰铸铁，属脆性材料，不能辗压和锻造，不易焊接，但具有良好的易熔性和流动性，因此，可以铸造出形状复杂的零件。此外，铸铁的抗拉性差，但抗压性、耐磨性和吸振性较好，价格便宜，通常用作机架和壳体。球墨铸铁是使铸铁中的石墨呈球状，其强度较灰铸铁高，且有一定的塑性，可代替铸钢和锻钢制造零件。

3. 非铁（有色）金属合金

非铁（有色）金属合金具有某些特殊性能，如良好的减摩性、磨合性、耐蚀性、抗磁性和导电性等，在机械制造中常用的有铜合金、铝合金和轴承合金等。由于产量少、价格较高，一般较少使用。

1）铜合金具有纯铜的优良性能，且强度、硬度等性能有所提高。工程中常用的铜合金有黄铜和青铜两类。

黄铜是以锌为主要合金元素的铜合金，其外观色泽呈金黄色。黄铜分为普通黄铜与特殊黄铜两类。只含锌不含其他合金元素的黄铜称为普通黄铜；除锌以外还含有其他合金元素的黄铜称为特殊黄铜。按照生产方法不同，黄铜可分为压力加工黄铜与铸造黄铜两类。黄铜强度较高，工艺性能较好，耐大气腐蚀，能辗压和铸造成各种型材和零件，在工程上及日用品制造中应用广泛。

青铜是除以锌为主加元素之外的其余铜合金，其外观色泽呈棕绿色。青铜可分为普通青铜（以锡为主加元素的铜基合金，又称为锡青铜）和特殊青铜（不含锡的青铜合金，又称为无锡青铜）。按照生产方法的不同，青铜又可分为压力加工青铜和铸造青铜两类。锡青铜为铜和锡的合金，它与黄铜相比具有较高的耐磨性和减摩性，铸造性能和切削性能良好，常用铸造方法制造耐磨零件。无锡青铜是铜和铝、铁、锰等元素的合金，其强度和耐热性较好，可用来代替价格较高的锡青铜。

青铜的耐磨性一般比黄铜好，机械制造中应用较多。

2）铝合金是在纯铝中加入适量的 Cu、Mg、Si、Mn、Zn 等合金元素后，形成同时具有纯铝的优良性能和较高强度、塑性和耐蚀性的轻合金，其密度小于 $2.9g/cm^3$。

铝合金按成分和成形方法不同可分为变形铝合金和铸造铝合金两类。变形铝合金是合金元素含量低，塑性变形好，适于冷、热压力加工的铝合金；铸造铝合金是合金元素含量较高，熔点较低，铸造性好，适用于铸造成形的铝合金，大部分铝合金可以用热处理方法提高其力学性能。铝合金广泛用于航空、船舶、汽车等制造业中，要求重量轻且强度高的零件。

3）轴承合金为铜、锡、铅、锑的合金，其减摩性、导热性、抗胶合性好，但强度低、价格高，通常将其浇注在强度较高的基体金属表面，以形成减摩层。

4. 非金属材料

机械制造中的非金属材料主要有塑料、橡胶、陶瓷、木料、皮革等。

（1）塑料　塑料是一种以合成树脂为主要成分的高分子材料。它是合成树脂和添加剂的组合。合成树脂是其主要成分，添加剂是为了改善塑料的使用性能或成形工艺性能而加入的其他组分，包括填料（又称为填充剂或增强剂）、增塑剂、固化剂、稳定剂、润滑剂、着色剂、阻燃剂、发泡剂、抗静电剂等。

工程上用于制造机械零件、工程结构件的塑料，称为工程塑料，如聚甲醛、ABS 等。这类材料具有类似金属的力学性能。常用工程塑料按其加热和冷却时所表现的性质，可分为热塑性塑料和热固性塑料两类。热塑性塑料受热时软化，熔融为可流动的黏稠液体，冷却后成型并保持既得形状。这类塑料有聚氯乙烯、聚苯乙烯、聚乙烯、聚酰胺（尼龙）、ABS、聚四氟乙烯、聚甲基丙烯酸甲酯（有机玻璃）等。热固性塑料在一定温度下软化熔融，可以塑成一定形状，或加入固化剂后即硬化成型。这类塑料有酚醛塑料、氨基塑料、环氧树脂塑料等。工程塑料的优点为：质轻、比强度高；耐蚀性、减摩性与自润滑性能良好，绝缘性、耐电弧性、隔声性、吸振性优；工艺性能好。其缺点为：强度、硬度、刚度低，耐热性、导热性差，热膨胀系数大，易燃烧，易老化等。

工程塑料可用于制造齿轮、蜗轮、轴承、密封件以及各种耐磨、耐蚀、绝缘零件。

（2）橡胶　橡胶是在生胶（天然橡胶或合成橡胶）中加入适量的硫化剂和配合剂组成的高分子弹性体。常用的硫化剂是硫磺，它使塑性的生胶变成高弹性的硫化胶。配合剂是使橡胶具有其他必要性能而加入的各种添加剂，如补强剂、软化剂、填充剂、抗氧化剂等。

橡胶材料的特点是：高弹性、可挠性，优良的化学稳定性、耐蚀性、耐磨性、吸振性、密封性，较高的韧性，以及能很好地与金属、线织物、石棉等材料相连接。

橡胶按用途分为通用橡胶和特种橡胶两大类。通用橡胶有丁苯橡胶、顺丁橡胶、丁腈橡胶、氯丁橡胶等，主要用于制造传动件以及减振、防振件和密封件等；特种橡胶有聚氨酯、乙丙橡胶、氟橡胶、硅橡胶、聚硫橡胶等，主要用于制造在特殊环境下工作的制品，如耐磨件、散热管、电绝缘件、高级密封件、耐热零件等。

5. 新材料

近年来出现了许多新型材料，如复合材料、金属陶瓷、纳米材料和其他功能材料。

1）复合材料由基体材料与增强材料两部分组成。其基体一般为强度较低、韧性较好的材料；增强体一般是高强度、高弹性模量的材料。基体、增强体均可以是金属、陶瓷或树脂等材料。通过"复合"使不同组分的优点得到充分发挥，缺点得以克服，满足使用性能的要求。

复合材料的性能特点是：密度小，比强度、比弹性模量高；抗疲劳性能、抗高温性能好；具有隔热、耐磨、耐蚀、吸振性以及特殊的光、电、磁方面的特性。

常用的复合材料有碳纤维树脂复合材料、玻璃钢、金属陶瓷等。

碳纤维树脂复合材料是由碳纤维（增强体）与树脂（基体，一般是聚四氟乙烯、环氧树脂、酚醛树脂等）复合而成的材料。其优点是比强度、比弹性模量大，冲击韧度、化学稳定性好，摩擦因数小，耐湿、耐热性高，耐 X 射线能力强。缺点是各向异性程度高，基体与增强体的结合力不够大，耐高温性能不够理想。常用于制造机器中的承载、耐磨零件及耐蚀件，如连杆、活塞、齿轮、轴承、泵、阀体等；在航空、航天、航海等领域用作某些要求比强度、比弹性模量大的结构件材料。

2）金属陶瓷是一种将颗粒状的增强体均匀分散在基体内得到的复合材料。其增强体是高硬度、高耐磨性、高强度、高耐热性，膨胀系数很小的氧化物（如 Al_2O_3、MgO、BeO、ZrO_2 等）及碳化物（如 TiC、WC、SiC 等），基体是 Fe、Co、Mo、Cr、Ni、Ti 等金属。常用的硬质合金就是以 WC、TiC 等为增强体，金属 Co 为基体的金属陶瓷。金属陶瓷常用作耐高温零件及切削加工刀具的材料。

3）纳米材料是 20 世纪 80 年代初发展起来的材料，它具有奇特的性能和广阔的应用前景，被誉为 21 世纪的新材料。纳米材料又称为超微细材料，其粒径范围为 $1 \sim 100nm$（$1nm = 10^{-9}m$），即指至少在一维方向上受纳米尺度（$0.1 \sim 100nm$）限制的各种固体超细材料。

纳米材料具有优异的电、磁、光、力学、化学等特性，作为一种新型材料，在机械、电子、冶金、宇航、生物等领域具有广泛的应用前景。

二、机械零件常用材料的选择原则

机械零件的使用性能、工作可靠性和经济性与材料的选择有很大关系。因此，在机械设计中合理地选择材料是一项重要工作。设计师在选择材料时，应充分了解材料的性能和适用条件，并考虑零件的使用、工艺和经济性等要求。

1. 使用要求

选用材料时首先应考虑满足零件的使用要求。为保证机械零件不失效，应根据零件所承受载荷的大小、性质以及应力状态，对零件尺寸及质量的限制，针对零件的重要程度，对材料提出强度、刚度、弹性、塑性、冲击韧度、吸振性能等力学性能方面的要求。同时，由于零件工作环境等其他要求，对材料可能还有密度、导热性、耐蚀性、热稳定性等物理性能和化学性能方面的要求。

2. 工艺要求

选择零件材料时必须考虑到制造工艺要求。例如，铸造毛坯应考虑材料的液态流动性、产生缩孔或偏析的可能性等；锻造毛坯应考虑材料的延展性、热脆性和变形能力等；焊接零件应考虑材料的焊接性和产生裂纹的倾向等；需进行热处理的零件应考虑材料的淬透性及淬火变形的倾向等；对于切削加工的零件应考虑材料的易切削性、切削后能达到的表面粗糙度和表面性质的变化等。

3. 经济性要求

从经济观点出发，在满足性能要求的前提下，应尽可能选用价格低廉、资源丰富的材料。例如，为了节约非铁（有色）金属，蜗轮轮缘用铜合金制造，轮芯用铸铁或碳钢制造，并考虑容易回收再熔炼使用。另外还应综合考虑生产批量等因素的影响，如大量生产的零件宜采用铸造毛坯；单件生产的零件宜采用焊接件，可以降低制造费用。

机械零件常用的材料有钢、铸铁、非铁（有色）金属和非金属等，常用材料的牌号、性能及热处理知识可查阅机械设计手册。

第六节　机械零件的制造工艺性及标准化

一、机械零件的工艺性

设计机械零部件的结构，必须考虑结构的工艺性。即要求设计师在保证使用功能的前提下，力求所设计的零部件在制造过程中生产率高、材料消耗少、生产成本低、能源消耗少。为此，设计师必须了解零件的制造工艺，能从材料选择、毛坯制造、机械加工、装配以及维修等环节考虑有关工艺问题。

（1）合理选择毛坯　零件毛坯的制备方法有铸造、锻造、冲压、轧制和焊接等。毛坯的选择应适应生产规模、生产条件和材料性能要求。例如，单件小批量生产的箱体零件，采用焊接毛坯可以省去铸造模型费，比较合理，因此，其零件结构应与焊接工艺要求相适应；对于大批量生产的箱体零件，采用铸造毛坯比较合理，这时零件的结构应与铸造工艺要求相适应。

（2）结构简单、便于加工　在满足使用要求的前提下，零件的结构造型尽量采用圆柱面、平面等简单形状；尽量采用标准件、通用件和外购件；几何形状应尽量采用简单对称结构。

（3）设计零件结构时，应考虑加工的方便性、精确性和经济性　在确定零件加工精度时，应尽量符合经济性要求，在不影响零件使用要求的条件下，尽量降低加工精度和表面质量等技术要求；尽量减少零件的加工表面数量和加工面积。

（4）正确进行热处理　需要热处理的零件结构应与热处理工艺要求相适应，避免热处理变形、裂纹的产生，尽量减少应力集中源。

（5）装拆、维修要方便　设计零件结构时，还应考虑装配、拆卸、维修的可能性和方便性。

零件结构工艺性的好坏在很大程度上决定着它的经济性。以上所述仅是结构设计中需要注意的主要方面。关于零件工艺性方面的更多知识，读者可以查阅机械设计手册和相关图书。

二、机械设计中的标准化

标准化是我国实行的一项重要的技术经济政策。

在机械设计中采用标准零件，在试验和检验中采用标准方法，对零件的设计参数采用标准数值，将会提高产品的设计质量和经济效益。

在系列产品内部或在跨系列的产品之间，采用同一结构和尺寸的零部件，可以减少产品的规格、形状、尺寸和材料品种等，实现通用互换。

将产品尺寸和结构按尺寸大小分档，按一定规律优化组合成产品系列，以减少产品型号数目，这也是标准化的重要内容。

标准化的意义在于：减轻设计工作量，有利于把主要精力用于关键零部件的创新设计；可安排专门工厂集中生产标准零部件，有利于降低成本，提高互换性；有利于改进和提高产品质量，扩大和开发新产品，便于维修和更换。

我国现行标准分为国家标准（强制性标准：GB，推荐性标准：GB/T）、行业标准（如 JB、YB 等）和企业标准三个等级。我国加入 WTO 后，为了增强我国产品在国际市场上的竞争力，我们的标准化工作正在与国际标准化组织的标准 ISO 接轨。

标准化是一项重要的技术政策，设计工程师在机械设计中应认真贯彻执行。

第七节　本课程的内容、性质和任务

"机械设计基础"是一门技术基础课程，它主要研究机器中常用机构和通用零件的工作原理、结构特点、基本的设计原理和计算方法。通过本课程学习，使学生能综合运用先修课程的知识（如机械制图、机械制造基础、理论力学、材料力学等），培养学生初步具有简单机械传动装置的设计能力，为进一步学习专业课和今后从事机械设计工作打下基础。

通过本课程的学习，应达到的具体要求为：

1）掌握常用机构的组成、运动特性，初步具有分析和设计常用机构的能力，对机械动力学的基本知识有所了解。

2）掌握通用机械零件的工作原理、结构特点、设计计算和维护等知识，并初步具有设计简单机械传动装置的能力。

3）具有应用标准、规范、手册、图册等有关技术资料的能力。

4）获得实验技能的初步训练。

习　题

1-1　机器与机构有何区别？试举例说明。

1-2　构件与零件有何区别？试举例说明。

1-3　指出汽车中若干通用零件和专用零件。

1-4　设计机器应满足哪些基本要求？

1-5　机械设计过程通常分为几个阶段？各阶段的主要内容是什么？

1-6　什么是机械零件的失效？机械零件的主要失效形式有哪些？

1-7　什么是疲劳点蚀？影响疲劳强度的主要因素有哪些？

1-8　机械设计师应如何考虑节能减排（以汽车为例说明）？

1-9　高层住宅电梯设计应考虑哪些问题？

1-10　何谓优化设计？

1-11　常规设计方法与可靠性设计方法有何不同？

1-12　简述有限元法的基本原理。

1-13　选择零件材料时，应考虑哪些原则？

1-14　机器的机架可用铸铁、铸钢、铸铝或钢板焊接而成，试分析它们的优缺点和适用场合。

1-15　设计机械零件时应从哪些方面考虑其结构工艺性？

1-16　自行车的结构可做哪些改进？它除了作为交通工具外还有哪些用途？

1-17　在机械设计中贯彻标准化有什么意义（以自动扶梯为例说明）？

1-18　本课程研究的主要内容是什么？

1-19　通过本课程的学习应达到哪些要求？

第二章

平面机构的结构分析

第一节 平面机构的组成

机构是由若干构件用运动副相互连接而成的，因此，构件和运动副是组成机构的两大基本要素。机构可分为平面机构和空间机构两类。所有构件都在同一平面或相互平行的平面内运动的机构称为平面机构；否则称为空间机构。本章主要研究平面机构的结构分析。

一、构件

如绪论所述，构件是组成机构的最小运动单元。它由一个或若干个零件刚性组合而成。从运动的观点来看，机构是由若干构件组成的。一般机构中的构件可分为机架、原动件和从动件三类。

（1）机架（固定件） 用来支承活动构件的构件称为机架。机架可以固定在地基上，也可以固定在车、船等机体上。在分析研究机构中活动构件的运动时，通常以机架作为参照物。

（2）原动件 由外界赋予动力、运动规律已知的活动构件称为原动件，它是机构的动力来源。一般情况下原动件与机架相连接。在机构运动简图中，原动件上通常画有箭头，用以表示其运动方向。

（3）从动件 机构中随着原动件的运动而运动的其余活动构件称为从动件。从动件的运动规律取决于原动件的运动规律和机构的组成情况。

在任何一个机构中，只能有一个构件作为机架。在活动构件中至少有一个构件为原动件，其余的活动构件都是从动件。

二、构件的自由度和约束

1. 构件的自由度

一个做平面运动的自由构件有三个独立运动的可能性。如图 2-1 所示，在 Oxy 直角坐标系中，构件 S 可随其上任一点 A 沿 x、y 轴方向移动和绕 A 点转动，这种可能出现的独立运动称为构件的自由度。因此，一个做平面运动的自由构件有三个自由度。

2. 约束

构件以一定的方式连接组成机构。机构必须具有确定的运动。因此，组成机构各构件的运动受到某些限制，以使其按一定规律运动。这些对构件独立运动所加的限制称为约束。当构件受到约束时，其自由度随之减少。约束是由两构件直接接触而产生的，不同的接触方式可产生不同的约束。

三、运动副及其分类

机构是由许多构件组合而成的。机构中的每个构件都以一定的方式与其他构件相互连接，并能产生一定的相对运动。这种使两构件直接接触并能产生一定相对运动的连接称为运动副。

在图 2-2 所示内燃机主体机构的运动简图中，活塞 1 与连杆 2 的连接、活塞 1 与固定在机座 3 上的气缸的连接、机座 3 与曲轴 4 的连接、连杆 2 与曲轴 4 的连接等均构成运动副。显然，运动副的作用是约束构件的自由度。

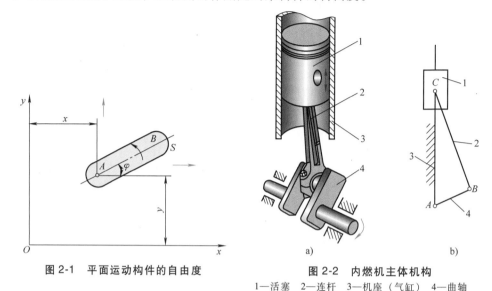

图 2-1　平面运动构件的自由度　　图 2-2　内燃机主体机构

1—活塞　2—连杆　3—机座（气缸）　4—曲轴

根据两构件间接触方式的不同，运动副可分为低副和高副两大类。

1. 低副

两构件通过面接触所构成的运动副称为低副。根据两构件间相对运动形式的不同，低副又分为转动副和移动副。

（1）转动副　组成运动副的两构件只能在一个平面内做相对转动，则该运动副为转动副或称铰链，如图 2-3 所示。构件 1 和构件 2 组成转动副，它的两个构件都是活动构件，故称为活动铰链。若其中有一个构件是固定的，则该转动副称为固定铰链。

显然，图 2-3 中的两构件只能做相对转动，而不能沿轴向或径向做相对移动。因此，两构件组成转动副后，引入的约束数为 2，保留的自由度数为 1。

（2）移动副　组成运动副的两构件只能沿某一轴线做相对移动，则该运动副为移动副，如图 2-4 所示。显然，构件只能沿轴向做相对移动，其余运动受到约束，即引入的约束数为 2，保留的自由度数为 1。

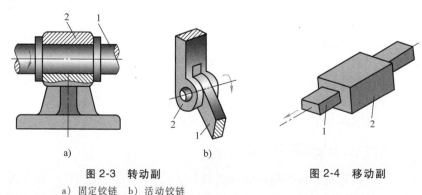

图 2-3　转动副　　　　　　　　　　图 2-4　移动副

a）固定铰链　b）活动铰链

2. 高副

两构件通过点或线接触而构成的运动副称为高副。如图 2-5 所示，构件 1 和 2 为点或线接触，其相对运动为绕 A 点的转动和沿切线方向 t-t 的移动。图 2-5a 为火车车轮 1 与钢轨 2 在 A 处组成高副，图 2-5b、c 分别为机械中常见的凸轮副和齿轮副。显然，高副引入的约束数为 1，保留的自由度数为 2。

此外，常用的运动副还有球面副和螺旋副，如图 2-6 所示。由于它们都是空间运动副，故本章不作讨论。

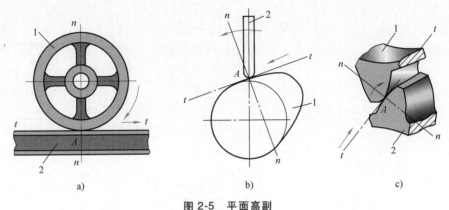

图 2-5　平面高副

a）车轮与钢轨　b）凸轮副　c）齿轮副

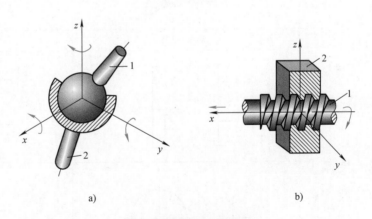

图 2-6　球面副和螺旋副

a）球面副　b）螺旋副

第二节　平面机构的运动简图

由于实际构件的结构和外形往往很复杂，因此在研究机构运动时，为使问题简化，可撇开那些与运动无关的因素（如构件的形状、运动副的具体构造等），而用简单的线条和规定的符号来表示构件和运动副，并按一定比例定出各运动副的位置。这种表示机构中各构件间相对运动关系的简单图形，称为机构运动简图。有时为了更清楚、更方便地表达机构的结构特征，仅以构件和运动副的符号表示机构，其图形未按照精确比例绘制的简图称为机构示意图。

一、运动副与构件的表示方法

1. 运动副表示方法

常用的运动副类型及表示符号见表 2-1。其余运动副和构件的表示方法可参见国家标准 GB/T 4460—2013。

表 2-1　常用的运动副类型及表示符号

类　型		两运动构件构成的运动副	两构件之一为固定时的运动副
平面低副	转动副		
	移动副		
平面高副	凸轮机构		
		基本符号	可用符号
	圆柱齿轮机构		
	锥齿轮机构		
	蜗杆蜗轮机构		

（续）

类　型		两运动构件构成的运动副	两构件之一为固定时的运动副
平面高副	齿轮齿条机构	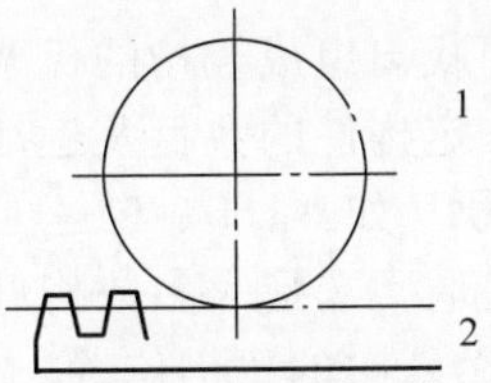	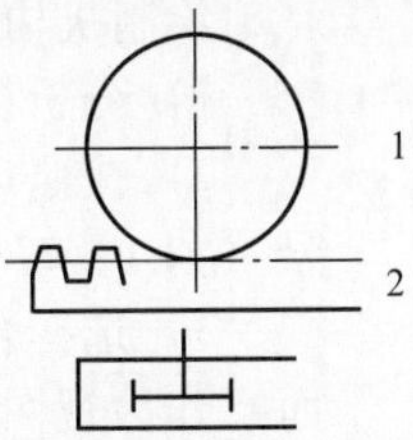
空间运动副	螺旋副	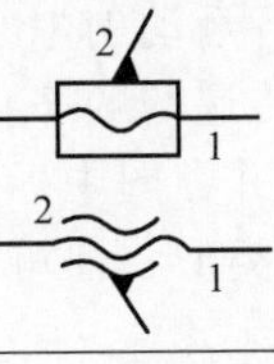	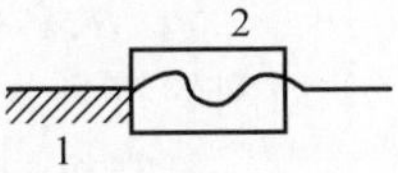
	球面副及球销副	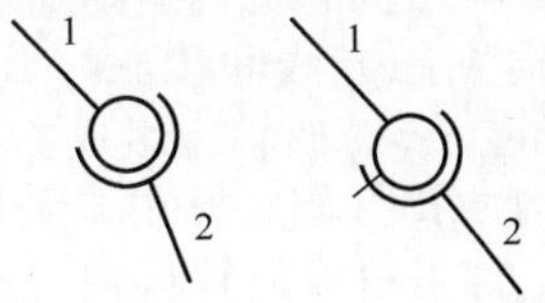	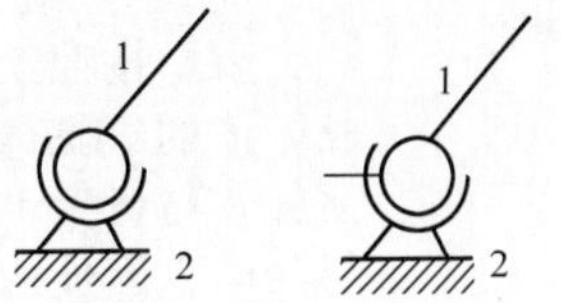

　　在机构运动简图中,用圆圈表示转动副,其圆心代表两构件相对转动轴线。如果两构件之一为机架,则将代表机架的构件画上斜线。

　　两构件组成移动副时,移动副的导路必须与相对移动方向一致。画有斜线的构件同样代表机架。

　　两构件组成高副时,在简图中应画出两构件接触处的轮廓曲线。

　　2. 构件表示方法

　　在机构运动简图中,常用构件的表示方法见表2-2。

表 2-2　常用构件的表示方法

构　件	表　示　方　法
机架	
同一构件	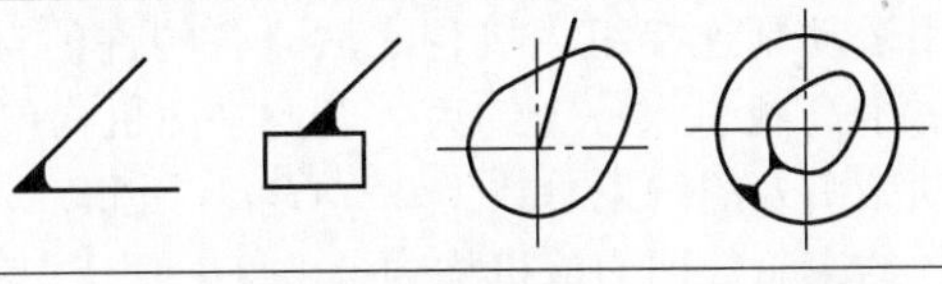
两副构件	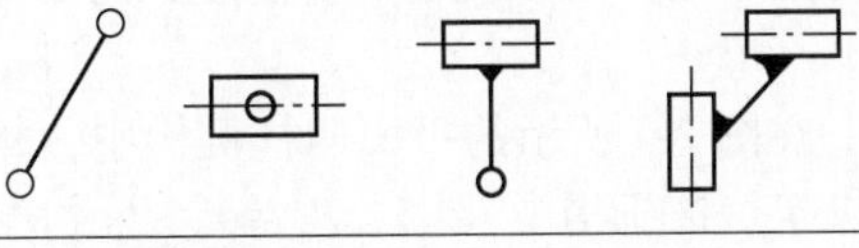
三副构件	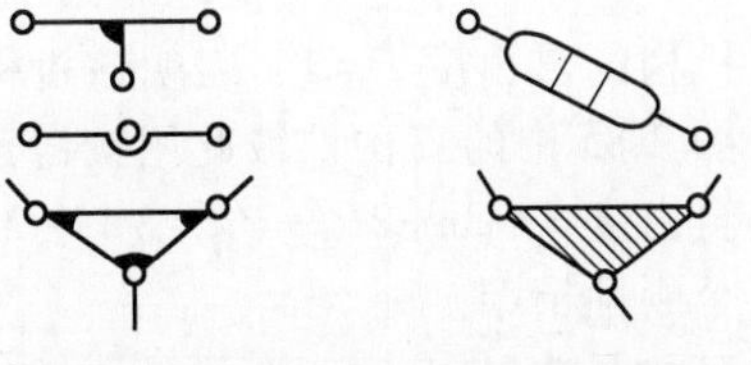

二、机构运动简图的绘制方法

绘制机构运动简图的步骤如下：

1）分析机构的运动形式，找出组成机构的机架、原动件与从动件。

2）按照运动传递顺序，确定构件的数目及运动副的种类和数目，并标上构件号（如1、2、3…）及运动副号（如A、B、C…）。

3）选择合适的视图平面，通常选择大多数构件运动的平面（或相互平行的平面）作为视图平面，并确定一个瞬时的机构位置。

4）选择适当的比例尺，测定各运动副中心之间的相对位置和尺寸。

5）从原动件开始，按照运动传递的顺序，用选定的比例尺和规定的构件与运动副的符号，绘制机构运动简图，并在图中标出比例尺和原动件。

绘制机构示意图的方法与上述类似，但可不用按比例绘制。

例 2-1 绘制图 1-1a 所示内燃机的机构运动简图。

解 按照绘制机构运动简图的方法和步骤，分析内燃机可知，其中与机架成一体的气缸体1、活塞2、连杆3、曲轴4组成曲柄滑块机构；凸轮7、进气阀顶杆8与机架1组成凸轮机构（排气阀在图中未画出）；与曲轴4固连的齿轮5、与凸轮7固连的齿轮6与气缸体1组成齿轮机构。机架1是固定件，在燃气推动下的活塞2是原动件，其余活动构件均是从动件。

各构件之间的连接方式如下：构件2和3、3和4、4和1、7和1之间均构成转动副；构件1和2、1和8之间构成移动副；构件5和6、7和8之间构成高副。

在选定的一个视图平面和一个瞬时的机构位置上，选取一定的比例尺，用规定的构件与运动副符号，即可绘出机构运动简图，如图 1-1b 所示。图中齿轮副用齿轮的节圆来表示。

第三节 平面机构的自由度

一、平面机构自由度计算公式

一个做平面运动的自由构件具有 3 个自由度。假设一个平面机构有 n 个活动构件，在未用运动副连接之前，这些活动构件相对于机架的自由度总和为 $3n$。当用运动副连接组成机构之后，各构件的自由度受到约束，每个低副引入两个约束，每个高副引入一个约束。若此平面机构包含 P_L 个低副和 P_H 个高副，则机构中由运动副引入的约束总数为 $2P_L+P_H$。因此，n 个活动构件的自由度总数减去运动副引入的约束总数即为该机构的自由度，用 F 表示。故平面机构自由度计算公式为

$$F = 3n - 2P_L - P_H \tag{2-1}$$

在图 2-7 所示的平面四杆机构中，构件1、2、3、4彼此用铰链连接。取构件4为机架。该机构中 $n=3$、$P_L=4$、$P_H=0$。根据式（2-1），该平面机构的自由度为

$$F = 3n - 2P_L - P_H = 3 \times 3 - 2 \times 4 - 0 = 1$$

机构的自由度 $F=1$，表明该机构能够运动，且机构只具有一个独立运动。

图 2-8a 中的三构件彼此用铰链连接。取构件 3 为机架，则按照上述方法可计算其自由度 $F = 3n - 2P_L - P_H = 3 \times 2 - 2 \times 3 - 0 = 0$。表明各构件间无相对运动，因此它是一个刚性桁架。

又如图 2-8b 中的四个构件用转动副连接在一起，选构件 3 为机架，则该构件

组合的自由度 $F = 3n - 2P_L - P_H = 3 \times 3 - 2 \times 5 - 0 = -1$。表明各构件之间无相对运动，它是一个超静定结构。

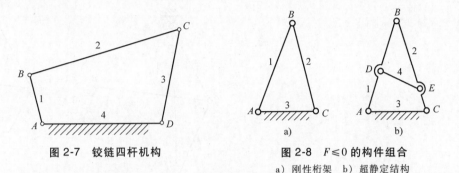

图 2-7　铰链四杆机构

图 2-8　$F \leqslant 0$ 的构件组合

a）刚性桁架　b）超静定结构

因此，可利用机构的自由度 F 去判别机构是否具有运动的可能性。若 $F > 0$，则表示机构能运动；若 $F \leqslant 0$，则表示机构不能运动。

二、平面机构具有确定运动的条件

机构的自由度即是机构具有独立运动的个数。由于原动件是由外界给定的具有独立运动的构件，而从动件是不能独立运动的，因此，机构具有确定运动的条件是：机构自由度数必须等于机构的原动件数。

例 2-2　试计算图 1-1b 内燃机机构的自由度。

解　图中曲轴 4 与齿轮 5 是刚性连接，则视为一个构件。同理，齿轮 6 与凸轮 7 也是同一构件。即 $n = 5$、$P_L = 6$、$P_H = 2$。由式（2-1）得

$$F = 3n - 2P_L - P_H = 3 \times 5 - 2 \times 6 - 2 = 1$$

此机构只有一个原动件——活塞。由于原动件数等于机构自由度数，故该机构的运动是确定的。

三、计算机构自由度时应注意的问题

用式（2-1）计算机构自由度时，需要注意和正确处理以下几个问题，否则可能出现计算出的机构自由度与实际不符的情况。

1. 复合铰链

当两个或两个以上的转动副轴线重合，在与轴线垂直的视图上，只能看到一个铰链，则此铰链称为复合铰链（图 2-9）。如有 m 个构件在一处组成复合铰链时，应含有 $m-1$ 个转动副。在计算机构自由度时，应注意机构中是否存在复合铰链，把转动副的数目搞清。

图 2-10a 所示为一压床机构的运动简图。机构中活动构件数为 5，低副数为 7（C 处为复合铰链，低副数为 2），高副数为 0。因此，压床机构的自由度 $F = 3n - 2P_L - P_H = 3 \times 5 - 2 \times 7 - 0 = 1$。

2. 局部自由度

图 2-11a 所示为平面凸轮机构，其功用是使顶杆获得预期的运动，而滚子只是为了减小磨损而加入的从动件。圆形滚子绕其自身轴心的自由转动并不影响顶杆的运动。这种与输出件运动无关的自由度称为局部自由度。

在计算自由度时，局部自由度的处理方法是将滚子与安装滚子的构件焊成一体（图 2-11b），预先排除局部自由度，然后进行计算。该凸轮机构 $n = 2$、$P_L = 2$、

$P_H = 1$，故机构的自由度由式（2-1）求得

$$F = 3n - 2P_L - P_H = 3 \times 2 - 2 \times 2 - 1 = 1$$

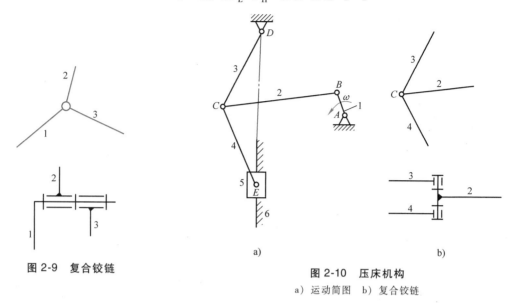

图 2-9 复合铰链

图 2-10 压床机构

a）运动简图   b）复合铰链

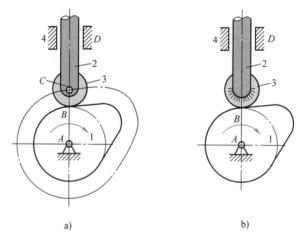

图 2-11 局部自由度

3. 虚约束

机构中有时存在着对运动起不到限制作用的重复约束，这种约束称为虚约束。在计算机构自由度时，应将虚约束去除，然后再计算机构的自由度。

虚约束常出现在下列情况：

（1）轨迹相同 当不同构件上两点间的距离保持恒定时，若在两点间加上一个构件和两个转动副，虽不改变机构运动，但却引入了一个虚约束。在图 2-12 所示的机构中存在虚约束，即三构件 AB、CD、EF 中缺省其中任意一个，均不会对余下的机构运动产生影响。计算自由度时可以去掉构件 EF。

（2）移动副导路平行 两构件构成多个移动副且导路互相平行，这时只有一个移动副起约束作用，其余为虚约束。在图 2-13 中，D、E 处存在虚约束。在计算自由度时需去除 D 或 E 中的一处。

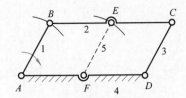

图 2-12　轨迹相同引起的虚约束

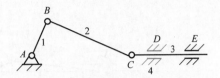

图 2-13　移动副导路平行引起的虚约束

（3）转动副轴线重合　两构件构成多个转动副且轴线互相重合，这时只有一个转动副起约束作用，其余为虚约束。在图 2-14 所示的机构中，点 A 和 A′处存在虚约束，计算自由度时可去除其中一处。

（4）对称结构　在输入件与输出件之间用多组完全相同的对称分布的运动链来传递运动时，只有一组起独立传递运动的作用，而其余各组引入的约束为虚约束。如图 2-15a 所示，图中的齿轮 2 和 2′在结构上完全对称，作用相同，计算自由度时需去除其中一个。如图 2-15b 所示的行星轮系，三个行星齿轮 2、2′、2″只有一个起约束作用，其余两个为虚约束。

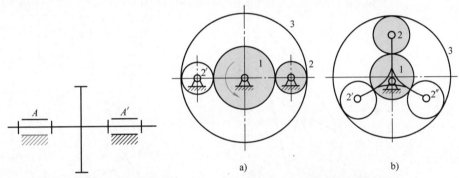

图 2-14　转动副轴线重合引起的虚约束　　　图 2-15　对称结构引起的虚约束

虚约束不会影响机构的运动，可以增加构件的刚性，使其受力均匀，因此，在机构设计中被广泛应用。需要特别指出的是，虚约束只有在特定的几何条件下才能成立，因此，在设计机构时，若要用到虚约束时，必须严格保证设计、加工、装配的精度，否则虚约束就会变成实约束而使机构不能运动。

拓展视频

中国创造：外骨骼机器人

习　题

2-1　指出图 2-16 所示机构运动简图中的复合铰链、局部自由度和虚约束，计算机构自由度并判断机构是否具有确定的运动。

2-2　分析图 2-17 所示机构的设计方案（结构组成）是否合理，若不合理请提出改进意见。

2-3　绘制图 2-18 所示压力机机构和图 2-19 所示水泵机构的机构运动简图并计算其机构自由度。

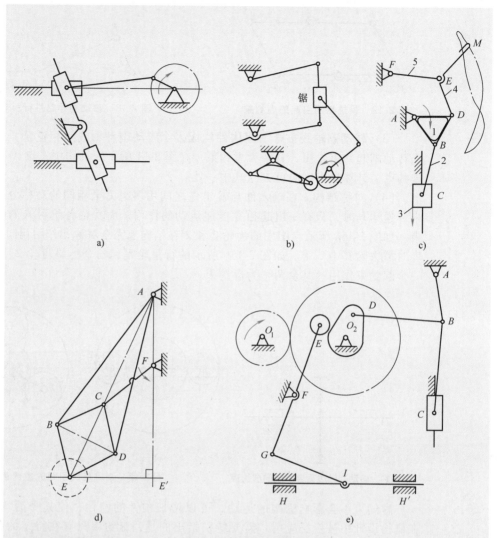

图 2-16　机构运动简图

a）压缩机压气机构　b）锯床机构　c）缝纫机引线、走针机构　d）圆盘锯机构　e）压床机构

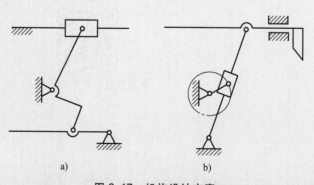

图 2-17　机构设计方案

a）脚踏推料机　b）牛头刨主体机构

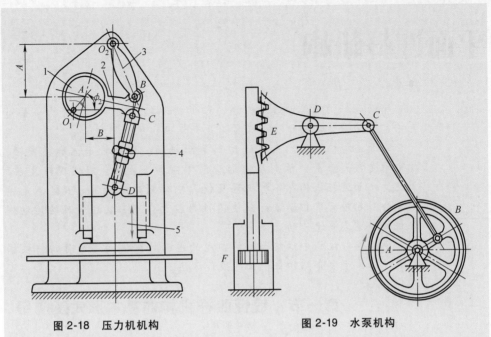

图 2-18 压力机机构   图 2-19 水泵机构

2-4 观察下列实际机构，画出机构运动简图，计算机构自由度并判断机构是否具有确定的运动。

1）公共汽车车门启闭机构。

2）汽车前窗刮水器。

3）自行车驱动机构。

第三章

平面连杆机构

　　平面连杆机构是由若干构件通过低副连接组成，且所有构件在同一平面或相互平行平面内运动的机构，又称为平面低副机构。

　　平面连杆机构的优点是运动副为面接触，压强较小，磨损较轻，便于润滑，故可承受较大载荷；低副几何形状简单，加工方便；能实现较复杂的运动轨迹。因此，平面连杆机构在各种机器及仪器中得到广泛应用。其缺点是运动副的制造误差会引起较大累积误差，致使惯性力较大；不易实现精确的运动规律。因此连杆机构不适宜高速传动。

　　平面连杆机构中以四个构件组成的平面四杆机构（简称四杆机构）应用最为广泛。本章主要介绍四杆机构的设计方法。

第一节　铰链四杆机构的基本形式及应用

　　运动副均采用转动副的四杆机构称为铰链四杆机构，如图 3-1 所示。图中固定不动的构件 4 称为机架；与机架相连的构件 1 和 3 称为连架杆，其中，做整周转动的连架杆称为曲柄，只能在某一角度范围内来回摆动的连架杆称为摇杆；不与机架直接相连的构件 2 称为连杆，它做平面复合运动。

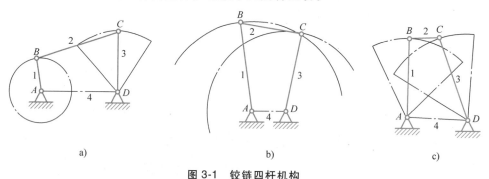

图 3-1　铰链四杆机构
a) 曲柄摇杆机构　b) 双曲柄机构　c) 双摇杆机构

　　铰链四杆机构按两连架杆的运动形式不同，可分为图 3-1 所示的三种基本形式：曲柄摇杆机构、双曲柄机构和双摇杆机构。

一、曲柄摇杆机构

　　在铰链四杆机构中，若两个连架杆中的一个为曲柄，另一个为摇杆，则该机构称为曲柄摇杆机构。曲柄摇杆机构应用于把整周转动变为往复摆动或把往复摆动变为整周转动的场合。

　　图 3-2 所示为缝纫机的踏板机构。原动摇杆 1（踏板）做往复摆动时，通过连杆 2 带动从动曲柄 3（大带轮）做整周转动，从而通过带传动使缝纫机头工作。

　　图 3-3 所示为插秧机机构。当曲柄摇杆机构 ABCD 工作时，连杆 BC 上的 E 点实现取秧和插秧的动作。

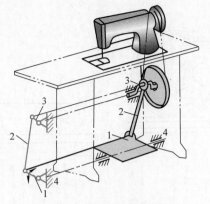

图 3-2 缝纫机的踏板机构

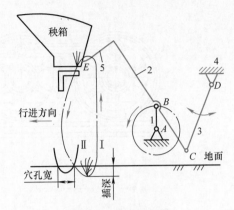

图 3-3 插秧机机构

图 3-4 所示为雷达天线俯仰机构。利用曲柄 1 匀速缓慢转动，通过连杆 2 使摇杆 3（雷达天线）往复摆动，即可调节天线俯仰角的大小。

图 3-5 所示的和面机机构也是曲柄摇杆机构。

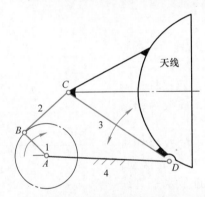

图 3-4 雷达天线俯仰机构

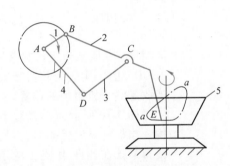

图 3-5 和面机机构

二、双曲柄机构

在铰链四杆机构中，两连架杆均为曲柄时称为双曲柄机构。在双曲柄机构中，用得最多的是平行双曲柄机构。图 3-6a 所示为正平行四边形机构，两个连架杆 AB 和 CD 以相同的角速度沿同一方向转动。正平行四边形机构的应用实例如图 3-7 所示的机车车轮联动机构。图 3-6b 所示为反平行四边形机构，即当曲柄 1 等速转动时，另一曲柄 3 做反向变速转动，反平行四边形机构的应用实例如图 3-8 所示的汽车车门启闭机构。

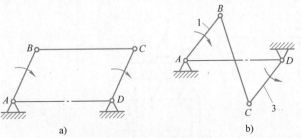

a)

b)

图 3-6 平行四边形机构

a）正平行四边形机构 b）反平行四边形机构

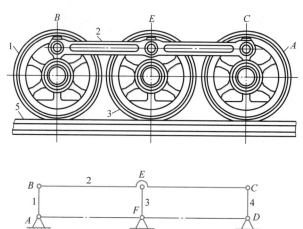

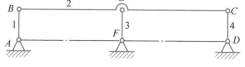

图 3-7　机车车轮联动机构
1、3、4—曲柄　2—连杆　5—机架

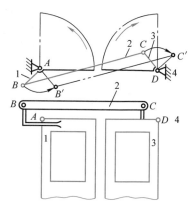

图 3-8　汽车车门启闭机构

三、双摇杆机构

两连架杆都是摇杆的铰链四杆机构称为双摇杆机构。

图 3-9 所示为飞机起落架机构中的双摇杆机构 ABCD。图中实线为起落架放下位置，虚线为起落架收起藏于机翼中的位置。

图 3-10 所示为鹤式起重机机构中的双摇杆机构。当摇杆 AB 摆动时，另一摇杆 CD 随之摆动，使得悬挂在连杆 M 点上的重物能沿近似水平直线的方向移动。该机构避免了重物平移时因不必要的升降所带来的能量消耗。

在双摇杆机构中，一般情况下两摇杆在同一时间内所摆过的角度是不相等的。图 3-11 所示为轮式车辆的前轮转向机构中的双摇杆机构。两摇杆（AB 与 CD）长度相等（又称为等腰梯形机构）。当汽车转弯时，在该机构作用下，可使两前轮轴线与后轮轴线近似汇交于一点，从而保证各轮相对于路面近似为纯

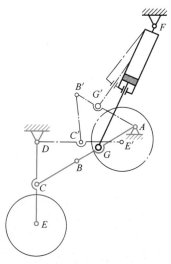

图 3-9　飞机起落架机构

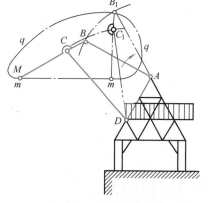

图 3-10　鹤式起重机机构

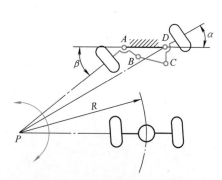

图 3-11　汽车前轮转向机构

滚动，以便减小轮胎与路面之间的磨损。

第二节　铰链四杆机构的传动特性

一、急回运动性质和行程速比系数

在图 3-12 所示的曲柄摇杆机构中，设曲柄 AB 为原动件，以等角速度 ω_1 做顺时针转动，而摇杆 CD 为从动件做往复变速摆动。曲柄在转动一周的过程中，两次与连杆 BC 共线，这时摇杆 CD 分别位于两极限位置 C_1D 和 C_2D。

摇杆在两极限位置间的夹角 ψ 称为摇杆的摆角；对应的曲柄两位置所夹的锐角 θ 称为极位夹角，其转角分别为 $\varphi_1 = 180° + \theta$，$\varphi_2 = 180° - \theta$。当曲柄顺时针转过这两个角度时，因 $\varphi_1 > \varphi_2$，所对应的时间 $t_1 > t_2$，在 t_1 时间内，摇杆上的 C 点从 C_1 摆到 C_2，其速度为 v_1；同理，在 t_2 时间内，C 点从 C_2 摆回 C_1，其速度为 v_2，由于 $t_1 > t_2$，所以 $v_1 < v_2$。由此可知，当曲柄等速转动时，

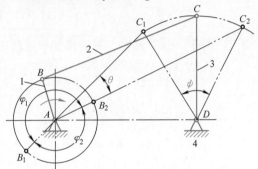

图 3-12　曲柄摇杆机构急回运动的性质

摇杆往复摆动的速度不同，具有急回运动性质。在生产中，常利用这个性质来缩短生产时间，提高生产率。从动摇杆的急回运动程度可用行程速比系数 K 来描述，即

$$K = \frac{v_2}{v_1} = \frac{\widehat{C_1 C_2}/t_2}{\widehat{C_1 C_2}/t_1} = \frac{t_1}{t_2} = \frac{\varphi_1}{\varphi_2} = \frac{180° + \theta}{180° - \theta} \tag{3-1}$$

或

$$\theta = 180° \frac{K-1}{K+1} \tag{3-2}$$

上式表明，曲柄摇杆机构的急回运动性质取决于极位夹角 θ。若 $\theta = 0$、$K = 1$，则该机构没有急回运动性质；若 $\theta > 0$、$K > 1$，则该机构具有急回运动性质，且 θ 角越大，K 值越大，急回运动性质也越显著。

对于一些要求具有急回运动性质的机械，可根据 K 值，计算出 θ 角，以便设计出各杆的尺寸。

二、压力角和传动角

在图 3-13 的曲柄摇杆机构中，若忽略各杆质量和运动副中的摩擦，原动曲柄 1 通过连杆 2 作用在从动摇杆 3 上的力 F 沿 BC 方向。从动件所受压力 F 与受力点速度 v_c 之间所夹的锐角 α 称为压力角，它是反映机构传力性能好坏的重要标志。在实际应用中，为度量方便，常以压力角 α 的余角 γ（即连杆和从动摇杆之间所夹的锐角）来判断连杆机构的传力性能，γ 角称为传动角。因 $\gamma = 90° - \alpha$，故 α 越小，γ 越大，机构的传力性能越好。当机构处于连杆与从动摇杆垂直状态时，即 $\gamma = 90°$，对传动最有利。

在机构运转过程中，传动角 γ（或压力角 α）是变化的，为了保证机构能正常工作，常取最小传动角 γ_{min} 大于或等于许用传动角 $[\gamma]$。$[\gamma]$ 的选取与传递功

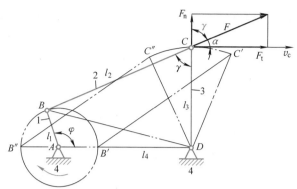

图 3-13　四杆机构的压力角和传动角

率、运转速度、制造精度和运动副中的摩擦等因素有关。对于一般传动，$[\gamma]$ = 40°；对于高速和大功率传动，$[\gamma]$ = 50°。曲柄摇杆机构的最小传动角 $\gamma_{\min}$ 出现在图中曲柄与机架共线的位置，即 AB' 或 AB'' 处。

三、死点位置

在图 3-12 所示的曲柄摇杆机构中，当以摇杆 3 作为原动件，以曲柄 1 作为从动件，在摇杆处于极限位置 C_1D 和 C_2D 时，连杆与曲柄两次共线。若忽略各杆的质量，则这时连杆传给曲柄的力，将通过铰链中心 A，此力对 A 点不产生力矩，因此，不能使曲柄转动。机构的该位置称为死点位置。

当机构处于死点位置时，具有以下两个特点：

1）传动角 $\gamma = 0$，机构发生自锁，从动件会出现卡死现象。

2）如果突然受到某些外力的影响，从动件会产生运动方向不确定现象。

可采取以下措施使机构顺利地通过死点。

1）利用从动件的惯性顺利地通过死点。例如，图 3-2 所示缝纫机的踏板机构是以摇杆为原动件，有时会出现踏不动或倒车现象，就是因为此时机构处于死点的原因。可借助大带轮 4（飞轮）的惯性作用使其越过死点，继续转动。

2）采用多组机构错位排列的方式，使各机构的死点相互错开，以顺利通过死点，如 V 型发动机（图 3-14）。

在生产中，也可利用机构在死点位置的自锁特性，使机构具有安全保险作用。图 3-9 所示的飞机起落架机构，轮子着陆后，构件 BC 和 AB 成一直线，传给构件 AB 的力通过铰链中心 A 点，无论该力有多大，均不会使起落架折回。同理，图 3-15 所示的钻床夹具，当工件夹紧后，无论反力 F 有多大，都不会使构件 CD 转动而将工件松脱。

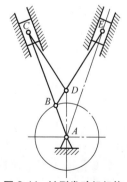

图 3-14　V 型发动机机构

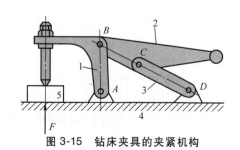

图 3-15　钻床夹具的夹紧机构

第三节 铰链四杆机构的曲柄存在条件

铰链四杆机构中是否存在曲柄，取决于机构中各构件的长度和机架的选择。下面，首先讨论铰链四杆机构各杆长度应满足什么条件才能有曲柄存在。

在图 3-16 的曲柄摇杆机构中，杆 1 为曲柄、杆 2 为连杆、杆 3 为摇杆、杆 4 为机架，各杆长度分别为 l_1、l_2、l_3、l_4。为保证曲柄 1 做整周转动，则曲柄必须能顺利通过与机架共线的两个位置，即 AB' 和 AB''。

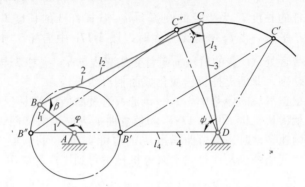

图 3-16 铰链四杆机构的曲柄存在条件

当曲柄 AB 处于 AB' 位置时，机构形成 $\triangle B'C'D$，根据三角形任意两边的长度之差必小于（极限情况是等于）第三边的长度可得

$$| l_3 - l_2 | \leq l_4 - l_1 \tag{3-3}$$

$$l_1 + l_2 \leq l_3 + l_4 \tag{3-4}$$

$$l_1 + l_3 \leq l_2 + l_4 \tag{3-5}$$

当曲柄 AB 处于 AB'' 位置时，机构形成 $\triangle B''C''D$，根据三角形任意两边长度之和必大于（极限情况是等于）第三边的长度可得

$$l_1 + l_4 \leq l_2 + l_3 \tag{3-6}$$

将式（3-4）、式（3-5）、式（3-6）两两相加并化简可得

$$l_1 \leq l_2 , \quad l_1 \leq l_3 , \quad l_1 \leq l_4 \tag{3-7}$$

因此，铰链四杆机构的曲柄存在条件为：

1）曲柄摇杆机构中，曲柄为最短杆。

2）最短杆与最长杆长度之和小于或等于其余两杆长度之和，即

$$l_{min} + l_{max} \leq l_{其余1} + l_{其余2}$$

根据相对运动原理可知，当铰链四杆机构中各杆长度不变，即满足上述条件2）时，取不同杆为机架，即可得到不同形式的铰链四杆机构：

1）若取最短杆为机架，则该机构为双曲柄机构。

2）若取最短杆的任一相邻杆为机架，则该机构为曲柄摇杆机构。

3）若取最短杆的相对杆为机架，则该机构为双摇杆机构。

注意：在铰链四杆机构中，当最短杆与最长杆的长度之和大于其余两杆长度之和时，无论取哪一杆为机架，该机构均为双摇杆机构。

第四节　铰链四杆机构的演化

铰链四杆机构是平面连杆机构中最基本的形式，它可以通过下列途径派生出其他形式的四杆机构。

一、改变构件长度得到曲柄滑块机构

在图 3-17a 所示的曲柄摇杆机构中，转动副 C 的运动轨迹是以 D 点为圆心、以摇杆的长度 l_3 为半径的圆弧 $\overset{\frown}{mm}$。若摇杆 3 的长度 l_3 增大，则 C 点的轨迹 $\overset{\frown}{mm}$ 将趋于平直。当 l_3 增至无穷大时，图 3-17b 中摇杆 3 与机架 4 的铰链中心 D 将位于无穷远处，C 点的轨迹 $\overset{\frown}{mm}$ 将变成直线 $\overline{mm}$，摇杆 3 与机架 4 组成的转动副演化成移动副，曲柄摇杆机构演化成曲柄滑块机构。

根据滑块的导路中心 m—m 是否通过曲柄转动中心 A，曲柄滑块机构可分为对心曲柄滑块机构（图 3-17c）和偏置曲柄滑块机构（图 3-17d），图中 e 为偏距。当曲柄匀速转动时，偏置曲柄滑块机构可实现急回运动。这类机构在内燃机、压力机、空气压缩机及往复式水泵等机械中得到了广泛应用。

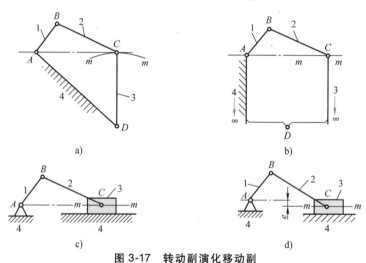

图 3-17　转动副演化移动副

二、扩大转动副得到偏心轮机构

在图 3-18a 所示的曲柄摇杆机构中，当主动曲柄 AB 很短时，需将转动副 B 扩大，使转动副 B 包含转动副 A，此时，曲柄就演化成回转轴线在 A 点的偏心轮。图 3-18b 中转动中心 A 与几何中心 B 间的距离 e 称为偏心距，它等于曲柄的长度。

通过扩大转动副得到的偏心轮机构，其相对运动关系不变，图 3-18b 的机构运动简图仍然为图 3-18a。同理，可将图 3-18c 所示曲柄滑块机构中的转动副 B 扩大，得到图 3-18d 所示的偏心轮机构。

把曲柄做成偏心轮，不仅可以增大轴颈尺寸，提高偏心轴的强度和刚度，而且当轴颈位于轴的中部时，便于安装整体式连杆，使结构简化。偏心轮机构广泛应用于曲柄销轴受较大冲击载荷或曲柄长度较短的机械中，如破碎机、压力机、剪床及内燃机等。

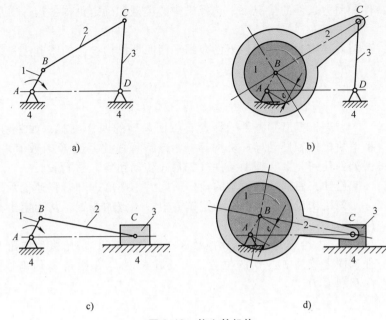

图 3-18 偏心轮机构

三、变换机架得到不同形式的机构

在构件长度、运动副数目及类型不变的情况下，选取不同构件作机架，可以得到不同形式的机构。如前所述，对存在曲柄的铰链四杆机构，选取不同的构件作机架，可得到不同形式的机构。见表 3-1。

同理，对于曲柄滑块机构，当选取不同构件作机架时，同样也可得到不同形式的机构，见表 3-1。

表 3-1 平面四杆机构两种基本形式及其演变

名称	基本形式	演化形式		
曲柄摇杆机构	$l_1 = \min,\ l_4 = \max$ $l_1 + l_4 \leqslant l_2 + l_3$	双曲柄机构	曲柄摇杆机构	双摇杆机构
曲柄滑块机构	$l_1 < l_2$	转动导杆机构	曲柄摇块机构	移动导杆机构

对于平面四杆机构的演化形式，可以利用前面所介绍的知识，对上述机构就曲柄存在条件、急回运动性质、压力角、传动角和死点位置等进行分析。

第五节　平面四杆机构的设计

平面四杆机构的设计主要是根据给定的工作要求，在满足几何条件、运动条件和动力条件的情况下，选择机构的类型和确定机构各构件的几何尺寸。

平面四杆机构的设计方法有图解法、解析法和实验法等。图解法直观，解析法精确，实验法简便。下面介绍平面四杆机构设计的图解法和实验法。

一、图解法设计四杆机构

1. 按给定的行程速比系数设计四杆机构

首先根据已知条件选择具有急回运动的四杆机构，如曲柄摇杆机构、偏置曲柄滑块机构和摆动导杆机构等。给定行程速比系数 K 的数值，利用机构在极限位置处的几何关系及辅助条件（如最小传动角等）进行设计。

已知：曲柄摇杆机构的摇杆长度 l_3、摆角 ψ 和行程速比系数 K。

该机构设计的实质是确定铰链中心 A 点的位置，从而定出其他三杆的长度 l_1、l_2 和 l_4。其设计步骤如下：

1）由给定的行程速比系数 K，按式（3-2）求出极位夹角 θ。如图 3-19 所示，任选固定铰链中心 D 的位置，由摇杆长度 l_3 和摆角 ψ 作出摇杆的两个极限位置 C_1D 和 C_2D。

$$\theta = 180° \frac{K-1}{K+1}$$

2）连接 C_1 和 C_2，并作 C_2M 线垂直于 C_1C_2。

3）作 $\angle C_2C_1N = 90°-\theta$，使线 C_1N 与 C_2M 相交于点 P。由三角形内角之和等于 $180°$ 可知，$\angle C_1PC_2 = \theta$。

4）作 $\triangle C_1PC_2$ 的外接圆，在圆上任选一点 A 作为曲柄与机架组成的固定铰链中心，并分别与 C_1、C_2 相连，得 $\angle C_1AC_2$。因同一圆弧的圆周角相等，故 $\angle C_1AC_2 = \angle C_1PC_2 = \theta$。

5）由机构在极限位置处曲柄和连杆共线的关系可知：$AC_1 = l_2-l_1$，$AC_2 = l_2+l_1$，从而得到曲柄长度 $l_1 = (AC_2-AC_1)/2$。再以点 A 为圆心、l_1 为半径作圆，交 C_1A 的延长线和 C_2A 于 B_1 和 B_2，从而得出 $B_1C_1 = B_2C_2 = l_2$ 及 $AD = l_4$。

由于点 A 是 $\triangle C_1PC_2$ 的外接圆上任选的一点，所以，若仅按行程速比系数 K 设计，可得无穷多解。点 A 位置不同，机构传动角的大小也不同。为了获得良好的传动质量，可按照最小传动角或其他辅助条件确定点 A 的位置。

2. 按给定的连杆位置设计四杆机构

对于实现预定连杆位置的设计问题，应用图解法是比较方便的。连杆位置可以用连杆平面上的两个点表示，如图 3-20 所示。对于实现预定连杆两位置 B_1C_1 和 B_2C_2，其作图方法为：分别作 B_1B_2 和 C_1C_2 连线的中垂线 b_{12} 和 c_{12}，则以 b_{12} 上任意点 A 和 c_{12} 上任一点 D 作为固定铰链中心，机构 AB_1C_1D 即可实现要求的预定连杆两个位置。显然，此时有无穷多解。

可用上述同样方法设计一个四杆机构实现预定连杆的三个位置：分别作 B_1B_2、B_2B_3 的中垂线 b_{12}、b_{23} 交于一点 A，再作 C_1C_2、C_2C_3 的中垂线 c_{12}、c_{23} 交于一点 D，则由 AB_1C_1D 组成的四杆机构是实现预定连杆三位置的唯一四杆机构，如图 3-21 所示。

二、实验法设计四杆机构

四杆机构在运动时，其连杆做平面运动，连杆上任一点的轨迹通常为封闭曲

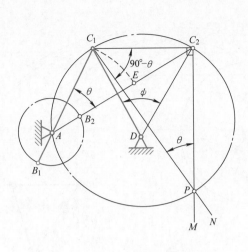

图 3-19 按 K 值设计曲柄摇杆机构

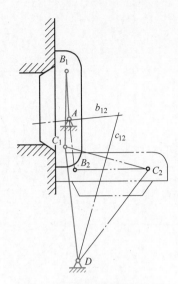

图 3-20 按给定连杆两位置
设计四杆机构

线。这些曲线称为连杆曲线。连杆曲线的形状将随连杆上点的位置和各构件的长度不同而变化，所以连杆曲线是多种多样的。而连杆曲线可以满足多种要求，有着广泛的用途。

根据预期的运动轨迹来设计四杆机构，这是一个比较复杂的问题，一般可借助于"四连杆机构分析图谱"来设计。即根据预期的运动轨迹，从图谱中查出相吻合的曲线，再查出与其相应的杆件长度。这种方法称为图谱法。

图 3-22 所示为描述连杆曲线的仪器模型。设原动件 AB 的长度为单位长度，而其余各构件相对于构件 AB 的相对长度则可以调节。在连杆上固定一块多孔薄板，板上钻有一定数量的小孔，代表连杆平面上不同点的位置。转动曲柄 AB，即可将连杆平面上各点的连杆曲线记录下来，得到一组连杆曲线。依次改变 BC、CD、AD 相对 AB 的长度，就可得出许多组连杆曲线。将它们按顺序整理并编排成册，即成连杆曲线图谱。图 3-23 所示为"四连杆机构分析图谱"中的一张。

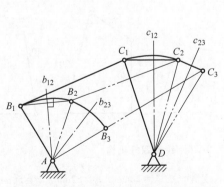

图 3-21 按给定连杆三位置设计四杆机构

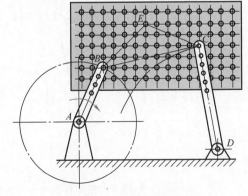

图 3-22 连杆曲线的绘制

根据预期的运动轨迹进行设计时，可从图谱中查出形状与要求实现的轨迹相似的连杆曲线；然后，按照图上的文字说明，得出所求四杆机构各杆长度的比值；再用缩放仪求出图谱中连杆曲线和所要求的轨迹之间相差的倍数，并由此确定所求

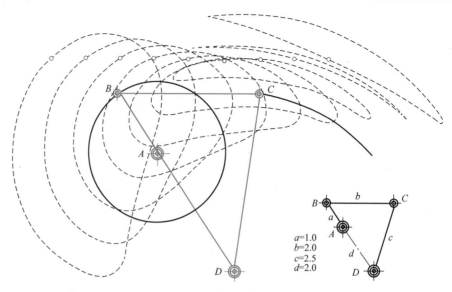

图 3-23　四连杆机构分析图谱

四杆机构各杆的长度；最后，根据连杆曲线上的小圆圈与铰链 B、C 的相对位置，即可确定描绘轨迹之点在连杆上的位置。

拓展视频

"东方红"拖拉机

习　题

3-1　试根据图 3-24 中注明的尺寸判断各铰链四杆机构的类型。

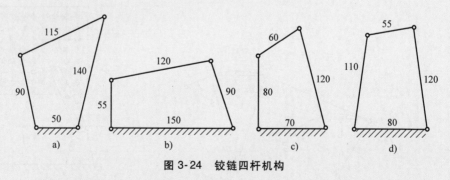

图 3-24　铰链四杆机构

3-2　在铰链四杆机构中，各杆长度分别为 $l_1 = 28\text{mm}$、$l_2 = 52\text{mm}$、$l_3 = 50\text{mm}$、$l_4 = 72\text{mm}$，试用图解法求：

1）当取杆 4 为机架时，求该机构的极位夹角 θ 和摇杆 3 的最大摆角 ψ。

2）求该机构的最小传动角 $\gamma_{\min}$。

3）试讨论该机构在什么条件下具有死点位置，并绘图表示。

3-3 试画出图 3-25 所示机构的传动角 γ 和压力角 α,并判断哪些机构在图示位置正处于"死点位置"。

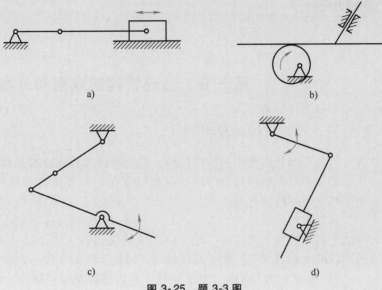

图 3-25 题 3-3 图

3-4 如图 3-26 所示,设计一铰链四杆机构。已知摇杆 CD 的长度 $l_{CD} = 75mm$、行程速比系数 $K = 1.5$、机架 AD 的长度为 $l_{AD} = 100mm$,又知摇杆的一个极限位置与机架间的夹角 $\psi = 45°$,试求曲柄长度 l_{AB} 和连杆长度 l_{BC}。(有两个解)

3-5 设计一曲柄摇杆机构。已知摇杆长度 $l_3 = 100mm$、摆角 $\psi = 30°$、摇杆的行程速比系数 $K = 1.2$,试根据最小传动角 $\gamma_{min} \geq 40°$ 的条件确定其余三杆的尺寸。

3-6 试设计一偏置曲柄滑块机构。已知滑块的行程速比系数 $K = 1.4$、滑块行程 $l_{c1c2} = 60mm$、导路偏距 $e = 20mm$,试用图解法求曲柄 AB 和连杆 BC 的长度。

3-7 试设计一脚踏轧棉机的曲柄摇杆机构。如图 3-27 所示,要求踏板机构 CD 在水平位置上下各摆 10°,且 CD 的长度为 500mm,AD 的长度为 1000mm,试用图解法求曲柄 AB 和连杆 BC 的长度。

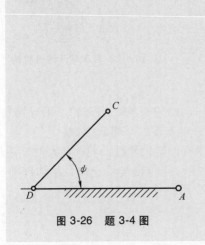

图 3-26 题 3-4 图

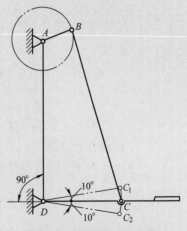

图 3-27 脚踏轧棉机机构

第四章

凸轮机构

第一节　凸轮机构的应用和分类

一、凸轮机构的应用

凸轮机构是机械中的常用机构，当原动件做等速连续运动时，从动件的位移、速度和加速度能够严格地按照预定规律变化。凸轮机构在各种机械，特别是在自动机械中得到广泛应用。

凸轮机构是由凸轮（原动件）、从动件和机架三部分组成的高副机构。图 4-1 所示为内燃机配气机构。凸轮 1 以等角速度回转，由于其具有变化的向径，当不同部位的轮廓与气阀上端平面接触时，可推动气阀 2 按一定的运动规律启闭气门。

图 4-2 所示为自动钻床送进机构。通过带传动使主轴以一定的转速旋转。当凸轮 1 转动时，推动从动件 2 往复摆动，使扇形齿轮带动齿条往复移动，从而使主轴上的钻头完成钻削工作。

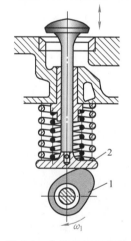

图 4-1　内燃机配气机构
1—凸轮　2—气阀

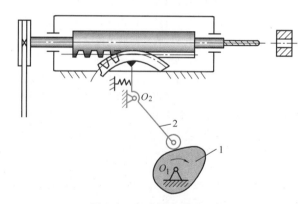

图 4-2　自动钻床送进机构
1—凸轮　2—从动件

图 4-3 所示为缝纫机切断织物的移动凸轮机构。当凸轮 1 沿导路往复移动时，推动杠杆 2 转动，当其上刃口 a 与下刃口 b 接触时切断织物。

图 4-4 所示为自动送料机构。当带有凹槽的圆柱凸轮 1 转动时，通过槽中与从动件铰接的滚子驱使从动件 2 做往复移动。凸轮每转一周，从动件即从储料器中推出一个毛坯，送到加工位置，以完成送料任务。

二、凸轮机构的分类

凸轮机构的类型很多，通常可按如下方法分类。

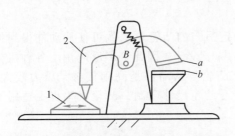

图 4-3 缝纫机切断织物的移动凸轮机构
1—凸轮 2—杠杆 a—上刃口 b—下刃口

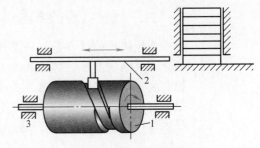

图 4-4 自动送料机构

1. 按凸轮的形状分类

（1）盘形凸轮 如图 4-1 和图 4-2 所示，凸轮是具有变化向径的盘形零件，当它绕固定轴转动时，从动件在垂直于凸轮轴的平面内运动。盘形凸轮是凸轮的基本形式。盘形凸轮机构的结构较简单，应用广泛。但从动件的行程不能太大，否则将使凸轮的径向尺寸变化太大，对工作不利。

（2）移动凸轮 如图 4-3 所示，移动凸轮做直线往复移动，它可看成是回转中心在无穷远处的盘形凸轮。

（3）圆柱凸轮 如图 4-4 所示，圆柱凸轮是在圆柱表面上加工出曲线槽或在圆柱端面上加工出曲线轮廓的凸轮。圆柱凸轮可看成是将移动凸轮轮廓卷绕在圆柱体上形成的。

2. 按从动件的形式分类

（1）尖顶从动件 如图 4-5a、b 所示，从动件与凸轮接触的一端为尖顶。尖顶从动件能与复杂的凸轮轮廓接触，因而可实现复杂的运动规律。但尖顶与凸轮是点或线接触，易磨损，故只适用于受力不大的低速凸轮机构中。

（2）滚子从动件 如图 4-5c、d 所示，从动件的端部装有可自由转动的滚子。滚子与凸轮做相对运动时为滚动摩擦，因此，摩擦阻力和磨损均较小，可承受较大载荷。它的应用最广泛，是从动件中最常用的一种形式。但它的结构比较复杂，而且在滚子处存在间隙，故不宜用于高速传动。

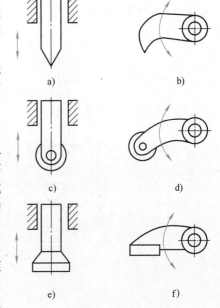

图 4-5 从动件的形式
a）、b）尖顶从动件 c）、d）滚子从动件
e）、f）平底从动件

（3）平底从动件 如图 4-5e、f 所示，从动件与凸轮接触的一端是平面。这种凸轮机构传力性能较好，当不考虑摩擦时，凸轮与从动件之间的作用力始终与从动件的平底相垂直（即压力角 $\alpha = 0$）。当凸轮回转速度较高时，接触面间易形成油膜，有利于润滑，故常用于高速凸轮机构中。但由于凸轮轮廓不能制成凹形，故运动规律受到一定限制。

以上三种从动件都可以相对机架做往复直线移动或做往复摆动。为了使凸轮始终与从动件保持接触，可以利用重力、弹簧力或依靠凸轮上的凹槽（图 4-4）来实现。

三、凸轮机构的特点

凸轮机构的优点是：只需确定适当的凸轮轮廓就可使从动件得到预期的运动规律。其结构简单、体积较小、易于设计，因此，广泛应用于各种机械、仪器和控制装置中。它的缺点是：由于凸轮与从动件是高副接触，压力较大，易磨损，故不宜用于大功率传动；又由于受凸轮尺寸限制，凸轮机构也不适用于要求从动件工作行程较大的场合。

第二节　从动件的常用运动规律

一、从动件的位移线图

设计凸轮机构时，首先应根据工作要求确定从动件的运动规律，然后按照这一运动规律设计凸轮轮廓。下面以尖顶直动从动件盘形凸轮机构为例，说明从动件的运动规律与凸轮轮廓之间的相互关系。

图 4-6a 所示为对心尖顶直动从动件盘形凸轮机构。凸轮轮廓是由 $ABCD$ 所围成的曲线和圆弧组成的，凸轮的最小向径 r_b 称为基圆半径，以 r_b 为半径所做的圆称为基圆。

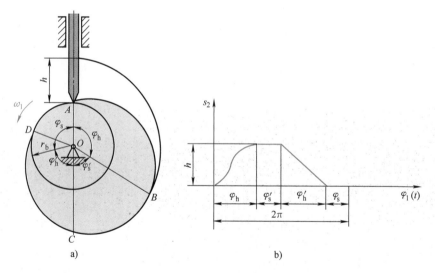

图 4-6　从动件的位移线图

当从动件的尖顶与凸轮轮廓上的点 A（基圆与凸轮轮廓曲线的交点）接触时，从动件处于上升的起始位置。当凸轮以等角速度 ω_1 逆时针方向转动时，向径渐增的凸轮轮廓 AB 与尖顶接触，从动件以一定运动规律被凸轮推向远方。待凸轮由点 A 转到点 B 时，从动件上升到距凸轮回转中心 O 最远的位置，从动件的这一行程称为推程 h，对应的凸轮转角 φ_h 称为推程运动角。

当凸轮继续回转，尖顶与以 O 为中心的圆弧 BC 接触时，从动件在最远位置停留，此间转过的角度 φ_s' 称为远休止角。

当向径渐减的凸轮轮廓 CD 与尖顶接触时，从动件以一定运动规律下降到初始位置，这一行程称为回程 h，所对应的凸轮转角 φ'_h 称为回程运动角。

随后当基圆 DA 弧与尖顶接触时，从动件在距凸轮回转中心 O 最近的位置停留不动，此间转过的角度 φ_s 称为近休止角。

从动件在推程或回程中，径向移动的最大距离 h 称为行程。

凸轮连续回转，从动件将重复前面所述的升—停—降—停的运动循环。为了直观地表示出从动件的位移变化规律，将上述运动规律画成图 4-6b 所示的曲线图，这一曲线图称为从动件的位移线图。直角坐标系的横坐标代表凸轮的转角 φ_1（或时间 t），纵坐标代表从动件的位移 s_2，这样可画出从动件位移 s_2 与凸轮转角 $\varphi_1(t)$ 之间的关系曲线，即从动件的位移线图。位移线图 s_2-t 对时间 t 连续求导，可分别得到速度线图 $v-t$ 和加速度线图 $a-t$。

在设计凸轮机构时，首先应按其在机械中所要完成的工作任务，选用从动件合适的运动规律，绘制出位移线图，并以此作为设计凸轮轮廓的依据。为了便于讨论与比较，下面介绍几种推程阶段的从动件常用运动规律。

二、从动件的常用运动规律

1. 等速运动规律

当凸轮等速回转时，从动件在推程（或回程）的速度 v_0 为常数，称为等速运动规律。

图 4-7 给出的是从动件做等速运动时的位移、速度和加速度线图。由图可知，从动件在运动时，由于速度为常数，故其加速度为零。但在运动开始时，速度由 0 突变为 v_0，理论上将产生无穷大的加速度值，即 $a_2=+\infty$；运动终止时，速度由 v_0 突变为 0，则 $a_2=-\infty$。因此，在 A、B 两点理论上将产生无穷大的惯性力，致使凸轮机构产生强烈冲击，这种冲击称为刚性冲击。因此，等速运动规律只适用于低速轻载的场合，且不宜单独使用。在运动开始和终止段应当用其他运动规律过渡，以减轻刚性冲击。

2. 等加速等减速运动规律

等加速等减速运动规律是指从动件在推程（或回程）的前半程做等加速运动，后半程做等减速运动，通常加速度和减速度的绝对值相等。采用此运动规律，可使凸轮机构的动力特性有一定的改善。

图 4-8 所示为从动件按等加速等减速运动规律运动的位移、速度和加速度线图。由图可知，加速度线图为两段平行于横坐标轴的直线，速度线图由两段斜直线组成，而位移线图是两段光滑连接的抛物线。

从动件的位移线图可以用作图法画出，如图 4-8a 所示。

从运动线图可以看出，其速度曲线是连续的，但是在运动开始、终止和等加速等减速变换的瞬间，即图中 A、B、C 三点处，加速度出现有限值的突变，因而会产生有限惯性力的突变，从而导致柔性冲击。因此，等加速等减速运动规律只适用于中、低速凸轮机构。

除上述几种运动规律外，工程上还常采用简谐运动规律和摆线运动规律。为适应现代机械对重载、高速的要求，还可采用一些改进型的运动规律，如多项式运动规律、组合运动规律等，使加速度曲线保持连续而避免凸轮机构发生冲击。

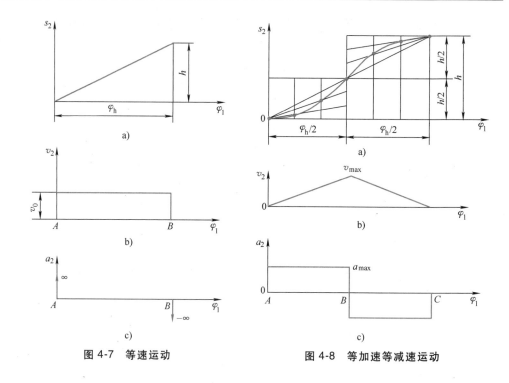

图 4-7　等速运动　　　　　图 4-8　等加速等减速运动

第三节　按已知运动规律绘制平面凸轮轮廓

一、凸轮轮廓设计的反转法原理

用图解法绘制凸轮轮廓时，首先需要根据工作要求合理地选择从动件的运动规律，画出位移线图，初步确定凸轮的基圆半径 r_b，然后绘制凸轮轮廓。

由于凸轮机构工作时凸轮是转动的，而在绘制凸轮轮廓时，需要使凸轮与图纸相对静止不动。因此，凸轮轮廓设计采用了"反转法"原理。

根据相对运动关系，若给整个机构加上绕凸轮回转中心 O 的公共角速度 $-\omega_1$，机构各构件间的相对运动关系不变。而此时，凸轮相对静止不动，原来固定不动的导路（机架）以角速度 $-\omega_1$ 绕 O 点转动，从动件除以角速度 $-\omega_1$ 绕 O 点转动外，同时还按照给定的运动规律在导路中往复移动，如图 4-9 所示。由于尖顶始终与凸轮轮廓接触，所以，反转后尖顶的运动轨迹就是凸轮轮廓。下面介绍几种常用盘形凸轮轮廓的绘制方法。

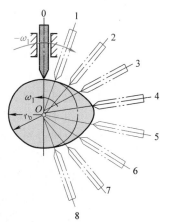

图 4-9　反转法原理图

二、直动从动件盘形凸轮轮廓的绘制

1. 对心直动尖顶从动件盘形凸轮轮廓的绘制

图 4-10a 所示为一对心直动尖顶从动件盘形凸轮机构。已知凸轮的基圆半径

r_b，设凸轮以等角速度 ω_1 顺时针方向转动。要求按照给定的从动件位移线图（图 4-10b）绘出凸轮轮廓。

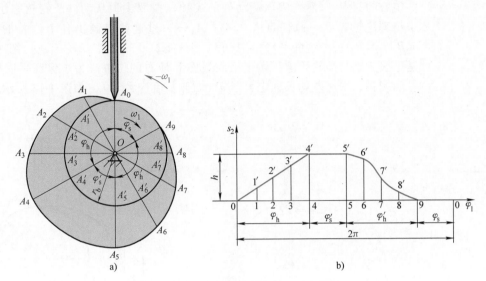

图 4-10 对心直动尖顶从动件盘形凸轮机构
a）凸轮机构 b）从动件位移线图

作图步骤：

1）选定合适的比例尺，以 r_b 为半径作基圆，此基圆与导路的交点 A_0 即是从动件尖顶的起始位置。另外以同一长度比例尺和适当的角度比例尺作出从动件的位移线图 $s_2-\varphi_1$。

2）将位移线图的推程运动角和回程运动角等分。

3）自 OA_0 沿 $-\omega_1$（逆时针）方向依次取角度 φ_h、φ_s'、φ_h'、φ_s，并将它们各分成与图 4-10b 相对应的若干等分，在基圆上得到点 A_1'、A_2'、A_3'……

4）过点 A_1'、A_2'、A_3'……作射线，这些射线 OA_1'、OA_2'、OA_3'……便是反转后从动件导路的各个位置。

5）量出图 4-10b 相应的各个位移量 s_2，截取 $A_1A_1' = 11'$、$A_2A_2' = 22'$、$A_3A_3' = 33'$……得到反转后尖顶的一系列位置 A_1、A_2、A_3……

6）将点 A_0、A_1、A_2、A_3……连成光滑曲线，便得到所要求的凸轮轮廓。

画图时，推程运动角和回程运动角的等分数要根据运动规律的复杂程度和精度要求来决定。

2. 对心直动滚子从动件盘形凸轮轮廓的绘制

滚子从动件盘形凸轮轮廓的设计方法如图 4-11 所示。首先，把滚子中心视为尖顶从动件的顶点，按上述方法先求得尖顶从动件盘形凸轮轮廓线 β_0，称为滚子从动件盘形凸轮的理论轮廓线。再以理论轮廓线上的各点为圆心、以滚子半径为半径，画一系列圆，这些圆的内包络线 β 便是滚子从动件盘形凸轮的实际轮廓线。

由作图过程可知，滚子从动件盘形凸轮的基圆半径 r_b 应当在理论轮廓上度量。同一理论轮廓线的凸轮，当滚子半径不同时就有不同的实际轮廓线，它们与相应的滚子配合均可实现相同的从动件运动规律。注意：凸轮制成后，不得随意改变滚子半径，否则从动件的运动规律会改变。

3. 对心直动平底从动件盘形凸轮轮廓的绘制

平底从动件的凸轮轮廓绘制方法如图 4-12 所示。首先，将从动件的平底与导路中心的交点 A_0 看作尖顶从动件的尖顶，按照尖顶从动件凸轮轮廓绘制的方法，求出理论轮廓上一系列点 A_1、A_2、A_3……过这些点画出各个位置的平底 A_1B_1、A_2B_2、A_3B_3……这些平底形成的包络线便是凸轮的实际轮廓线。图中位置 3、7 是平底分别与凸轮轮廓相切于平底最左和最右的位置。为了保证平底始终与凸轮轮廓接触，平底左侧长度应大于 a，右侧长度应大于 b，如图 4-12 所示。

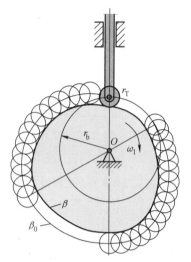

图 4-11　对心直动滚子从动件盘形凸轮

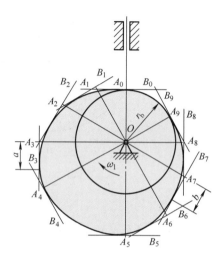

图 4-12　对心直动平底从动件盘形凸轮

为了使平底从动件始终保持与凸轮实际轮廓相切，要求凸轮实际轮廓线全部为外凸曲线。

4. 偏置尖顶直动滚子从动件盘形凸轮轮廓的绘制

如图 4-13 所示，偏置直动从动件的导路与凸轮回转中心之间存在偏距 e，因

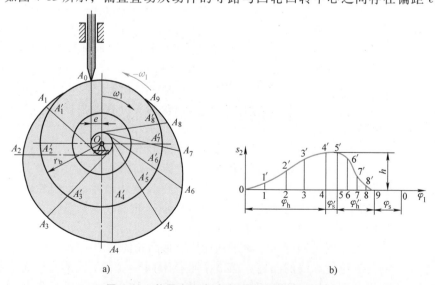

a)　　　　　　　　b)

图 4-13　偏置尖顶直动滚子从动件盘形凸轮

a) 凸轮轮廓　b) 从动件位移线图

此，在绘制凸轮轮廓时，应以点 O 为圆心，画出偏距圆和基圆，以导路与偏距圆的切点作为从动件的起始位置，沿 $-\omega_1$ 方向将偏距圆分成与位移线图相应的等分点，再过这些等分点分别作偏距圆的切线，这就是反转后导路的一系列新位置。其余的步骤均可参照对心直动从动件盘形凸轮轮廓的绘制方法进行。

用图解法绘制凸轮轮廓比较简便，能满足一般机械的要求。当精确度要求高（如高速凸轮和凸轮靠模）时，需要用解析法逐点计算。

第四节　凸轮机构设计中应注意的几个问题

在设计凸轮机构时，不仅要保证从动件实现预定的运动规律，还要求传力性能良好、结构紧凑，因此，在绘制凸轮时，应注意下面几个问题。

一、滚子半径的选择

增大滚子半径对减小凸轮与滚子间的接触应力有利。但是，滚子半径增大后对凸轮实际轮廓线有很大影响，如图 4-14 所示。设理论轮廓线外凸部分的最小曲率半径为 ρ_{min}，滚子半径为 r_T，则相应位置实际轮廓的曲率半径 ρ' 为

$$\rho' = \rho_{min} - r_T$$

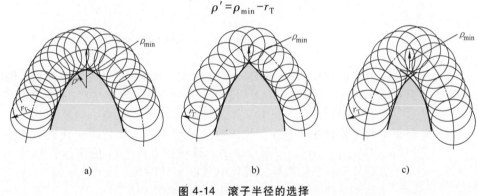

图 4-14　滚子半径的选择

a）当 $\rho_{min} > r_T$ 时　b）当 $\rho_{min} = r_T$ 时　c）当 $\rho_{min} < r_T$ 时

当 $\rho_{min} > r_T$ 时，$\rho' > 0$，实际轮廓线为一平滑曲线，如图 4-14a 所示。

当 $\rho_{min} = r_T$ 时，$\rho' = 0$，在凸轮实际轮廓线上产生尖点，如图 4-14b 所示。由于尖点的接触应力很大，极易磨损，会改变原定的运动规律，故应避免。

当 $\rho_{min} < r_T$ 时，$\rho' < 0$，实际轮廓线发生相交，如图 4-14c 所示。图中部分轮廓线在实际加工时将被切去，因此，凸轮机构工作时，这部分运动规律无法实现，即出现运动失真，这是不允许的。

为了使凸轮轮廓在任何位置都不变尖更不相交，滚子半径 r_T 必须小于理论轮廓外凸部分的最小曲率半径 ρ_{min}（理论轮廓的内凹部分对滚子半径的选择没有影响）。如果 ρ_{min} 过小，则允许选择的滚子半径太小而不能满足安装和强度要求时，应当加大凸轮基圆半径，重新设计凸轮轮廓线。

二、压力角

凸轮机构的压力角是指从动件运动方向与其受力方向所夹的锐角。

图 4-15a 所示为尖顶直动从动件盘形凸轮机构在推程的一个瞬时位置。若不考

虑摩擦的影响，则凸轮对从动件的作用力 F 沿法线 $n\text{-}n$ 方向，从动件运动方向与 $n\text{-}n$ 方向之间的夹角 α 即为压力角。力 F 可以分解为沿从动件运动方向的有效分力 $F' = F\cos\alpha$ 和使从动件压紧导路的有害分力 $F'' = F\sin\alpha$，且有 $F'' = F'\tan\alpha$。

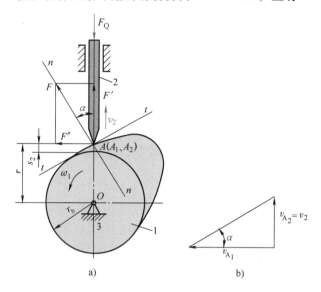

图 4-15　凸轮机构受力分析

压力角 α 越大，则有害分力 F'' 也越大，凸轮驱动从动件越困难，机构效率越低。当 α 增大到一定程度时，由 F'' 引起的摩擦力大于有效分力 F'，凸轮机构将发生自锁。

为了保证凸轮机构正常工作，提高传动效率，减小磨损，应对压力角 α 加以限制。凸轮轮廓曲线上各点的压力角是变化的，设计时应使最大压力角不超过许用值，即 $\alpha_{max} \leqslant [\alpha]$。一般设计中，许用压力角 $[\alpha]$ 的推荐值为：

直动从动件凸轮机构，推程中 $[\alpha] = 30° \sim 35°$。

摆动从动件凸轮机构，推程中 $[\alpha] = 40° \sim 45°$。

从动件在回程中一般不承受工作载荷，只是在重力或弹簧力等作用下返回。所以，回程发生自锁的可能性很小，因此不论是直动从动件凸轮机构还是摆动从动件凸轮机构，其回程的许用压力角均可取 $[\alpha] = 70° \sim 80°$。

如果 α_{max} 超过许用值，则应考虑修改设计。通常采用加大凸轮基圆半径的方法，使 α_{max} 减小。

三、基圆半径

由图 4-15a 可知，从动件位移 s_2 与点 A 处凸轮向径 r 和基圆半径 r_b 的关系为

$$r = r_b + s_2$$

从动件位移 s_2 根据工作需要事先给定。如果凸轮基圆半径 r_b 增大，r 也增大，凸轮机构的尺寸相应增大。因此，为使凸轮机构紧凑，r_b 应尽可能取小一些。但是，根据凸轮机构的运动分析，凸轮上点 A 的速度为 $v_{A_1} = r\omega_1$，由图 4-15b 的速度多边形可以求出从动件上点的速度 v_2，即

$$v_2 = v_{A_1}\tan\alpha = r\omega_1\tan\alpha$$

$$r = \frac{v_2}{\omega_1\tan\alpha}$$

$$r_{\mathrm{b}} = \frac{v_2}{\omega_1 \tan\alpha} - s_2 \qquad (4\text{-}1)$$

由式（4-1）可知，当给定运动规律后，ω_1 和 s_2 均为已知，如果要减小凸轮基圆半径 r_{b}，就要增大从动件的压力角 α，基圆半径过小，则压力角将超过许用值，使得机构效率太低，甚至发生自锁。为此，应在保证最大压力角不超过许用值的条件下，缩小凸轮机构尺寸。基圆半径推荐为

$$r_{\mathrm{b}} = (0.8 \sim 1)d + r_{\mathrm{T}}$$

式中，d 为凸轮轴直径；r_{T} 为滚子半径。

拓展视频

延安 250 型越野汽车

习　题

4-1　试在图 4-16 所示的三个凸轮机构中，画出凸轮的基圆以及按规定转向 ω 转过 45°时机构的压力角。

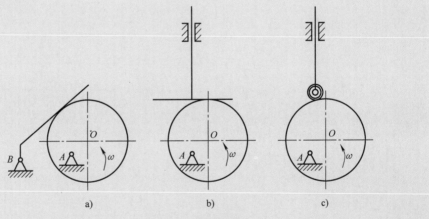

图 4-16　凸轮机构

4-2　试设计一对心直动滚子从动件盘形凸轮机构。已知凸轮基圆半径 $r_{\mathrm{b}} = 40\mathrm{mm}$、滚子半径 $r_{\mathrm{T}} = 10\mathrm{mm}$。当凸轮沿顺时针方向等速回转时，从动件以等速运动规律上升，升程 $h = 30\mathrm{mm}$，回程以等加速等减速运动规律返回原处。对应于从动件各运动阶段，凸轮转角为 $\varphi_h = 150°$、$\varphi_s' = 30°$、$\varphi_h' = 120°$、$\varphi_s = 60°$。试绘制从动件的位移线图和凸轮的轮廓线。

4-3　图 4-17a 所示为对心直动尖顶从动件偏心圆凸轮机构。其中，O 为凸轮几何中心，O_1 为凸轮转动中心，直线 $AC \perp BD$，$O_1O = OA/2$，圆盘半径 $R = 60\mathrm{mm}$，试求：

1）根据图 4-17a 及上述条件确定基圆半径 r_0、行程 h、C 点压力角 α_C 和 D 点接触时的位移 h_D、压力角 α_D。

2）若偏心圆凸轮几何尺寸不变，仅将从动件由尖顶改为滚子，如图 4-17b 所示，滚子半径 $r_{\mathrm{T}} = 10\mathrm{mm}$，试问上述参数 r_{b}、h、α_C、h_D、α_D 有否改变？

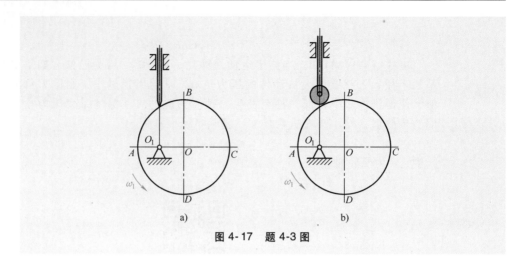

图 4-17 题 4-3 图

第五章

间歇运动机构

当原动件连续运动时，从动件出现周期性间歇运动的机构称为间歇运动机构。间歇运动机构在自动机械中获得广泛应用，如自动机床的进给机构、刀架的转位机构、包装机的送进机构和电影放映机构等。间歇运动机构的类型很多，本章主要介绍常用的棘轮机构和槽轮机构，简单介绍其他常用机构。

第一节 棘 轮 机 构

一、棘轮机构的工作原理

图 5-1 所示为棘轮机构，它主要由棘轮、棘爪、摇杆和机架组成。棘轮 3 用键与轴相连接，其轮齿分布在轮的外缘（也有分布在内缘或端面的）。驱动棘爪 2 与摇杆 1 组成转动副。摇杆空套在轴上，做往复摆动。当摇杆逆时针摆动时，使驱动棘爪 2 插入棘轮 3 的齿槽中，推动棘轮沿逆时针方向转过一定角度；当摇杆顺时针方向摆动时，驱动棘爪 2 在棘轮 3 的齿上滑过，此时，止动棘爪 4 插入棘轮的齿槽，阻止棘轮转动。因此，当摇杆做连续往复摆动时，棘轮只做单向间歇转动。

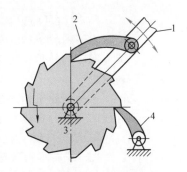

图 5-1　棘轮机构
1—摇杆　2—驱动棘爪
3—棘轮　4—止动棘爪

二、棘轮机构的类型和应用

1. 单动式棘轮机构

图 5-1 所示为棘轮机构，其特点是当原动件往复摆动一次，棘轮只能单向间歇转动一次。

2. 双动式棘轮机构

图 5-2 所示为直头双动式棘爪和钩头双动式棘爪，其特点是当原动件往复摆动时都能驱使棘轮向同一方向转动，但每次停歇的时间较短，棘轮每次的转角也较小。

3. 可变向棘轮机构

图 5-3a 所示为一种可变向棘轮机构，其棘轮轮齿为方形，通过改变棘爪的位置，棘轮可做变向间歇运动。当棘爪 2 处于实线位置时（图 5-3a），棘轮 1 沿逆时针方向做间歇运动，当棘爪翻转到双点画线位置时，棘轮将沿顺时针方向做间歇运动。

图 5-3b 所示为另一种可变向棘轮机构。当棘爪 2 在图示位置时，棘轮 1 沿逆时针方向做间歇运动。若将棘爪提起并绕自身轴线旋转 180° 后再插入棘轮齿中，棘轮将做顺时针方向间歇运动；若将棘爪提起并绕自身轴线旋转 90° 后再插入棘轮齿中，棘爪将被架在壳体顶部的平面上，使棘轮与棘爪分开，当棘爪往复摆动时，

棘轮静止不动。牛头刨床工作台的进给机构使用的就是这种机构。

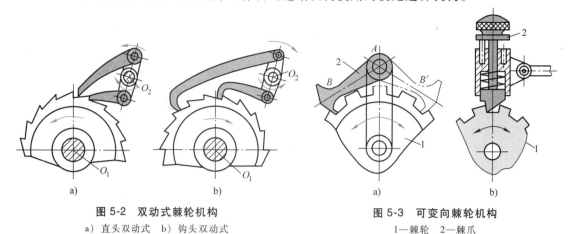

图 5-2 双动式棘轮机构

a）直头双动式　b）钩头双动式

图 5-3 可变向棘轮机构

1—棘轮　2—棘爪

4. 转角可调式棘轮机构

上述棘轮机构在原动件摆角一定的条件下，棘轮每次的转角是固定的。若要调节棘轮的转角，可通过改变摇杆的摆角实现，也可采用图 5-4 所示的转角可调式棘轮机构。

该种棘轮机构的特点是在棘轮 2 上加一遮板 5，改变遮板的位置，可使棘爪 3 行程的一部分在遮板上滑过，不与棘轮轮齿接触，从而改变棘轮转角的大小。

5. 摩擦式棘轮机构

图 5-5 所示为摩擦式棘轮机构，它的工作原理与轮齿式棘轮机构相同，只不过是用偏心扇形块代替棘爪，用摩擦轮代替棘轮。当原动件逆时针方向转动时，棘爪（扇形块）1 楔紧棘轮（摩擦轮）2，使其一同逆时针方向转动，这时止回扇形块打滑；当原动件顺时针方向转动时，扇形块 1 在摩擦轮 2 上打滑，这时止回扇形块楔紧摩擦轮，以防止其倒转。这种棘轮机构实现了当原动件做连续反复摆动时，摩擦轮 2 得到单向的间歇运动。

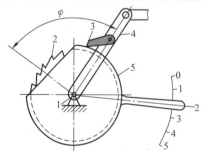

图 5-4 转角可调式棘轮机构

1—机架　2—棘轮　3—棘爪

4—摇杆　5—遮板

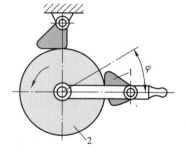

图 5-5 摩擦式棘轮机构

1—扇形块　2—摩擦轮

棘轮机构的结构简单，广泛应用于各种自动机械和仪表中。其缺点是在运动开始和终止时都会产生冲击，所以不宜用于高速机械和具有很大质量的轴上。棘轮机构除用于实现间歇运动外，也可用于防止机构逆转的停止器，如图 5-6 所示。这种棘轮停止器广泛用于卷扬机、提升机等运输设备中。

三、棘轮机构的主要参数和几何尺寸计算

1. 棘轮齿面斜角 φ

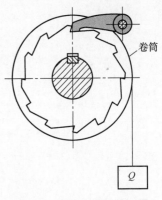

图 5-6　提升机棘轮停止器

在图 5-7 中，为了使棘爪受力最小，应使棘轮齿顶 A 和棘爪转动中心 O_2 的连线垂直于棘轮半径 O_1A，即 $\angle O_1AO_2 = 90°$。轮齿对棘爪作用的力有：正压力 F_n 和摩擦力 F_f。F_n 可分解为圆周力 F_t（通过棘爪的转动中心 O_2）和径向力 F_r。力 F_r 驱使棘爪落向齿根，而摩擦力 F_f 阻止棘爪落向齿根。为了保证棘轮机构正常工作，必须使棘爪顶住棘轮齿根，即使 F_n 对 O_2 的力矩大于 F_f 对 O_2 的力矩

$$F_n l \sin\varphi > F_f l \cos\varphi$$

将 $F_f = f F_n$ 和 $f = \tan\rho$（ρ 为齿与爪间的摩擦角）代入上式得

$$\tan\varphi > \tan\rho$$

故

$$\varphi > \rho \tag{5-1}$$

一般可取摩擦因数 $f = 0.2 \sim 0.25$，则 $\rho = \arctan f = 11.3° \sim 14°$。通常取 $\varphi = 20°$。

2. 棘轮、棘爪的几何尺寸

棘轮和棘爪的几何尺寸计算公式见表 5-1 和图 5-7。

表 5-1　棘轮机构的几何尺寸计算公式

名　称	符号	计　算　公　式	备　注
模　数	m	$m = d_a / z$ 由强度计算或类比法确定，并选用标准值	标准模数：1，1.5，2，3，3.5，4，5，6，8，10，12，14，16 等
齿　数	z	通常在 12~60 范围内选用	
顶圆直径	d_a	$d_a = mz$	
齿　高	h	$h = 0.75m$	
根圆直径	d_f	$d_f = d_a - 2h$	
齿　距	p	$p = \pi d_a / z = \pi m$	
齿顶厚	a	$a = m$	
齿槽夹角	θ	$\theta = 60°$ 或 $55°$	根据铣刀的角度而定
棘爪工作高度	h_1	当 $m \leqslant 2.5$ 时，$h_1 = h + (2 \sim 3)$ 当 $m = 3 \sim 5$ 时，$h_1 = (1.2 \sim 1.7)m$	
棘爪尖顶圆角半径	r_1	$r_1 = 2$	
棘爪底平面长度	a_1	$a_1 = (1 \sim 0.8)m$	
齿　宽	b	$b = \psi_m m$ 式中，ψ_m 为齿宽系数。铸铁 $\psi_m = 1.5 \sim 6.0$；铸钢 $\psi_m = 1.5 \sim 4.0$；锻钢 $\psi_m = 1 \sim 2$	

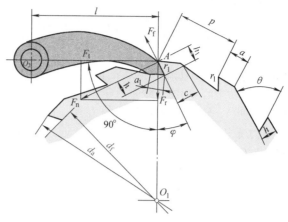

图 5-7　棘爪受力分析

第二节　槽 轮 机 构

一、槽轮机构的工作原理

在图 5-8 中，槽轮机构由带有圆柱销的拨盘 1、具有径向槽的槽轮 2 和机架 3 组成。拨盘为原动件，驱动槽轮做间歇转动。当拨盘沿逆时针方向做匀速连续转动时，在销 A 未进入槽轮的径向槽时，槽轮的内凹锁住弧 β 被拨盘上的外凸圆弧 γ 卡住，槽轮静止不动。当圆柱销 A 开始进入槽轮的径向槽时，锁住弧被松开，圆柱销驱动槽轮转动。当圆柱销开始脱出径向槽时，槽轮的另一内凹锁住弧又被拨盘上的外凸圆弧卡住，致使槽轮静止不动。直到圆柱销再进入下一个径向槽时，再驱动槽轮转动。如此重复循环，使槽轮实现单向间歇转动。图 5-8 所示为具有四个径向槽的槽轮机构，当拨盘转动一周时，槽轮只转过 1/4 周。同理，对于六槽槽轮机构，当拨盘转动一周时，槽轮只转过 1/6 周，其他依此类推。

槽轮机构结构简单、工作可靠、传动效率高，在进入和脱离接触时运动比较平稳，能准确控制转动角度。但槽轮的转角不可调节，故只能用于定转角的间歇

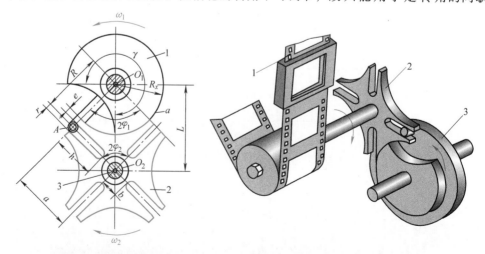

图 5-8　槽轮机构
1—拨盘　2—槽轮　3—机架

图 5-9　电影放映机构中的卷片机构
1—胶片　2—槽轮　3—拨盘

运动机构中，如自动机床、电影机械、包装机械等。图 5-9 所示为电影放映机构中用于卷片的槽轮机构。

二、槽轮机构的主要参数和几何尺寸计算

1. 槽轮机构的主要参数

槽轮机构的主要参数为槽轮的槽数 z 和拨盘上的圆柱销数 K，如图 5-8 所示。为了使槽轮开始和终止转动的瞬时角速度为零，避免圆柱销与槽轮发生冲击，应使圆柱销进入或退出径向槽时，槽的中心线 O_2A 垂直于圆柱销中心的回转半径 O_1A。设 z 为槽轮上均匀分布的径向槽数，当槽轮 2 转过 $2\varphi_2$ 弧度时，拨盘 1 的转角为 $2\varphi_1$，则

$$2\varphi_1 = \pi - 2\varphi_2 = \pi - \frac{2\pi}{z}$$

在一个运动循环内，槽轮的运动时间 t_m 与拨盘的运动时间 t 之比称为运动系数 τ。当拨盘匀速转动时，τ 可用 $2\varphi_1$ 与 2π 之比表示，即

$$\tau = \frac{t_m}{t} = \frac{2\varphi_1}{2\pi} = \frac{\pi - \dfrac{2\pi}{z}}{2\pi} = \frac{1}{2} - \frac{1}{z} = \frac{z-2}{2z} \tag{5-2}$$

由上式可知：

1）对于间歇运动机构，运动系数 τ 必须大于零，故槽轮的槽数 z 应等于或大于 3。

2）单圆柱销槽轮机构的 τ 值总是小于 0.5，即槽轮的运动时间总是小于静止时间。

3）如要求槽轮每次转动的时间大于停歇时间，即 $\tau > 0.5$ 时，则可在拨盘上安装多个圆柱销。设均匀分布的圆柱销数目为 K，则在一个运动循环中，槽轮的运动时间为只有一个圆柱销时的 K 倍，即

$$\tau = \frac{K(z-2)}{2z} < 1 \tag{5-3}$$

$\tau = 1$ 表示槽轮做连续转动，故 τ 应小于 1，即

$$K < \frac{2z}{z-2} \tag{5-4}$$

由上式可知，当 $z=3$ 时，K 可取 1～5；当 $z=4$ 或 5 时，K 可取 1～3；当 $z \geq 6$ 时，K 可取 1～2。

由于当 $z=3$ 时，槽轮在工作过程中角速度变化大；当中心距一定时，z 越多，槽轮的尺寸越大，转动时的惯性力矩也越大，且由式（5-2）可知，当 $z>9$ 时，随着槽数 z 的增加，τ 的变化不大，故通常取 $z=4$～8。

2. 槽轮机构的几何尺寸

槽轮机构的几何尺寸计算公式见表 5-2 和图 5-8。

表 5-2　外啮合槽轮机构的几何尺寸计算公式

名　　称	符号	计　算　公　式	备　　注
圆柱销的回转半径	R	$R = L\sin\dfrac{\pi}{z}$	L 为中心距
圆柱销半径	r	$r \approx \dfrac{1}{6}R$	

（续）

名　　称	符号	计　算　公　式	备　注
槽顶高	a	$a = L\cos\dfrac{\pi}{z}$	
槽底高	b	$b < L-(R+r)$ 一般取 $b = L-(R+r)-(3\sim5)$	
槽　深	h	$h = a-b$	
锁住弧半径	R_x	$R_x = k_z a$ 其中，$\begin{array}{c\|ccccc} z & 3 & 4 & 5 & 6 & 8 \\ \hline k_z & 1.4 & 0.7 & 0.48 & 0.34 & 0.2 \end{array}$	
锁住弧张开角	γ	$\gamma = \dfrac{2\pi}{K}-2\varphi_1 = 2\pi\left(\dfrac{1}{K}+\dfrac{1}{z}-\dfrac{1}{2}\right)$	
槽顶侧壁厚	e	$e > 3\sim5\text{mm}$	

第三节　其他间歇运动机构

一、不完全齿轮机构

图 5-10 所示为不完全齿轮机构。不完全齿轮机构的主动轮一般为只有一个或几个齿的不完全齿轮，从动轮可以是普通的完整齿轮，也可以是一个不完全齿轮。这样，当主动轮的有齿部分作用时，从动轮随主动轮转动；当主动轮的无齿部分作用时，从动轮则静止不动，因而当主动轮做连续回转运动时，从动轮可以得到间歇运动。为了防止从动轮在停止期间的运动，一般在齿轮上装有锁止弧。

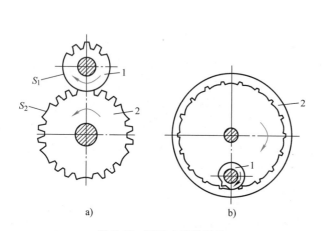

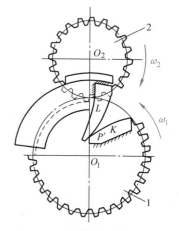

图 5-10　不完全齿轮机构
a）外啮合不完全齿轮机构　b）内啮合不完全齿轮机构

图 5-11　具有瞬心线附加杆的
不完全齿轮机构

不完全齿轮机构的结构简单、制造方便，从动轮的运动时间和静止时间的比例可不受机构结构的限制。但因为齿轮传动为定传动比运动，所以从动轮从静止到转动或从转动到静止时，速度有突变，冲击较大，所以一般只用于低速或轻载场合。如用于高速运动，可以采用一些附加装置，如图 5-11 所示的具有瞬心线附加杆的不完全齿轮机构等，以降低因从动轮速度突变而产生的冲击。

二、凸轮间歇运动机构

凸轮间歇运动机构一般有两种形式，即圆柱凸轮间歇运动机构和蜗杆凸轮间歇运动机构。

1. 圆柱凸轮间歇运动机构

该机构由凸轮 1、转盘 2 和机架组成，如图 5-12 所示。凸轮为具有曲线槽的圆柱体，转盘 2 端面上有若干个滚子 3。当凸轮转动时，凸轮曲线槽推动滚子转过一定角度。设凸轮为匀速转动，通过改变曲线槽设计，就可以得到预定运动规律的间歇运动。

2. 蜗杆凸轮间歇运动机构

凸轮 1 形似蜗杆，滚子 2 分布在转盘 3 的圆柱面上，形似蜗轮。设凸轮做匀速转动，通过设计不同的凸轮曲线突脊，就可以得到预定运动规律的间歇运动，如图 5-13 所示。

凸轮间歇运动机构运转可靠，传动平稳，转盘可以实现任何运动规律，以适用于高速运转的要求。凸轮间歇运动机构常用于需要间歇转位的分度装置中和要求步进动作的机械中。

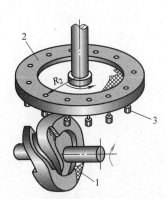

图 5-12　圆柱凸轮间歇运动机构
1—凸轮　2—转盘　3—滚子

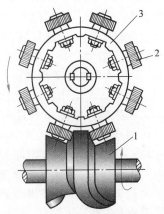

图 5-13　蜗杆凸轮间歇运动机构
1—凸轮　2—滚子　3—转盘

习　　题

5-1　一个四槽单圆柱销外啮合槽轮机构，已知停歇时间为 24s，求主动拨盘转速 n_1 和槽轮转位时间。

5-2　设计一槽轮机构。已知中心距 $L = 300$mm，槽轮的槽数 $z = 6$，圆柱销数 $K = 1$，试决定此机构的尺寸。又若主动拨盘的转速 $n_1 = 60$r/min 时，求槽轮的运动时间 t_m、静止时间 t_s 和运动系数 τ。

5-3　牛头刨床工作台的横向进给螺杆的导程为 4mm，与螺杆联动的棘轮齿数为 40，求棘轮的最小转动角度和该刨床的最小横向进给量。

5-4　已知一棘轮机构，棘轮模数 $m = 8$mm，齿数 $z = 12$，试确定此机构的几何尺寸并画出棘轮的齿形。

第六章

机械的调速与平衡

第一节　机械速度波动的调节

一、调节机械速度波动的目的和方法

机械是在外力（包括驱动力和阻力）作用下运转的。如果驱动力所做的功 W_d 等于阻力所做的功 W_c，则机械的主轴将保持匀速运转。但是，大多数机械在运转中，其驱动功与阻力功不是时时相等的，当 $W_d > W_c$ 时会出现盈功，使机械的动能增加；反之会出现亏功，使机械的动能减少。驱动功与阻力功的差值称为盈亏功。盈亏功引起机械动能的增减，从而导致机械运转速度波动。机械速度的波动致使运动副中产生附加动压力，导致机械振动加剧、传动效率降低、寿命缩短、工作质量下降。例如，发电机速度波动会导致输出电压波动，机床速度波动会降低零件的加工质量，电风扇速度波动会产生噪声等。因此，为减小上述不良影响，必须设法调节机械的速度波动，将其限制在许用范围内。机械的速度波动可分为周期性速度波动和非周期性速度波动两种。

1. 周期性速度波动及其调节方法

当机械动能作周期性变化时，其主轴角速度作周期性波动，如图 6-1 中虚线所示。主轴的角速度 ω 经过一个运动周期 T 后，又回到初始状态，其动能没有增减。这说明在整个周期中 $W_d = W_c$。但是，在周期的某段时间间隔内，$W_d \neq W_c$，因此，出现速度波动。机械的这种有规律的速度波动称为周期性速度波动。图中机械的运动周期 T 对应于机械主轴回转一周（如压力机和二冲程内燃机）、两周（如四冲程内燃机）或数周（如轧钢机）的时间。

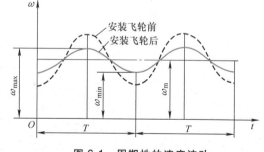

图 6-1　周期性的速度波动

调节周期性速度波动的方法，通常是在机械的转动构件上加装一个转动惯量较大的转子——飞轮。当 $W_d > W_c$ 出现盈功时，飞轮的转速略增，将多余的能量储存起来；反之，当 $W_d < W_c$ 出现亏功时，飞轮的转速略降，把储存的能量释放出来，补偿亏功，以减少机械速度波动，达到调速的目的。图 6-1 中实线为安装飞轮后速度的波动，其幅值变化已大大减小。此外，由于飞轮能够储存和释放能量，因而可以利用飞轮克服短期过载。所以在选择原动机功率时，只需考虑它的平均功率，而不必考虑高峰负荷所需的瞬时最大功率。因此，安装飞轮不仅可以避免机械运转速度发生过大波动，而且可以选择功率较小的原动机。

2. 非周期性速度波动及其调节方法

机械在运转过程中，如果驱动力不断增加或工作阻力不断减小，在很长一段

时间内出现 $W_\mathrm{d} > W_\mathrm{c}$，将使机械运转速度不断升高，直至超过强度所允许的极限转速而导致机械损坏；反之，在很长一段时间内出现 $W_\mathrm{d} < W_\mathrm{c}$，将使机械运转速度不断下降，直至停车。这种速度波动是不规则的，没有一定的周期，因此，称为非周期性速度波动。

非周期性速度波动的产生原因是 W_d 一直大于或小于 W_c，故这种速度波动不能依靠飞轮来调节，而必须采用调速器使 W_d 与 W_c 保持平衡，以达到新的稳定运转状态。

图 6-2 所示为机械式离心调速器的工作原理图。图中工作机与原动机相连，原动机通过一对锥齿轮驱动调速器轴 Z 转动。当载荷突然减小时，使调速器轴 Z 的转速升高，重球 K 因离心力增大而张开，带动套筒 N 向上滑动，控制连杆机构将节流阀关小，减小进气量，致使驱动功与阻力功平衡；反之，当载荷突然增加时，使调速器轴 Z 转速降低，重球收回，套筒下滑，通过连杆机构使节流阀开大，增加进气量，使驱动功与阻力功平

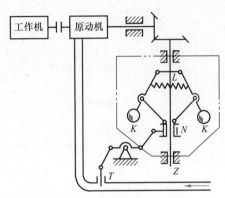

图 6-2 机械式离心调速器

衡，以保持速度稳定，使机械达到新的稳定运转状态。机械式调速器结构复杂，灵敏度低，现代机器上已改用电子器件实现自动控制。

二、飞轮设计的基本原理

飞轮是具有较大转动惯量的转子，利用飞轮的惯性来储存和释放能量，故飞轮设计的基本问题是确定飞轮的转动惯量，使机械运转速度不均匀的相对程度控制在许用范围内。

由图 6-1 可知，机械运转时的最大角速度为 ω_max，最小角速度为 ω_min，其平均角速度近似为

$$\omega_\mathrm{m} = \frac{\omega_\mathrm{max} + \omega_\mathrm{min}}{2} \qquad (6\text{-}1)$$

通常机械铭牌上的"满载转速"指的就是平均转速。机械速度波动的相对程度，通常用不均匀系数 δ 来表示，即

$$\delta = \frac{\omega_\mathrm{max} - \omega_\mathrm{min}}{\omega_\mathrm{m}} \qquad (6\text{-}2)$$

由上式可知，若 δ 越小，则角速度的差值也越小，机械运转越平稳。当已知 ω_m 和 δ 时，ω_max、ω_min 可由式（6-1）和式（6-2）求得

$$\left.\begin{array}{l} \omega_\mathrm{max} = \omega_\mathrm{m}\left(1 + \dfrac{\delta}{2}\right) \\[2mm] \omega_\mathrm{min} = \omega_\mathrm{m}\left(1 - \dfrac{\delta}{2}\right) \end{array}\right\} \qquad (6\text{-}3)$$

　　各种机械许用的不均匀系数 δ，是根据它们的工作要求确定的。如驱动发电机的活塞式内燃机，如果主轴的速度波动太大，势必影响输出电压的稳定性，所以对于这类机械，δ 值应当取得小一些；反之，如压力机和破碎机等机械，速度波动对其工艺性能影响不大，则 δ 的数值可取大些。表 6-1 列举了几种常用机械的许用 δ 值。

表 6-1　常用机械的许用 δ 值

机 械 名 称	δ	机 械 名 称	δ
碎石机	1/5 ~ 1/20	水泵、鼓风机	1/30 ~ 1/50
压力机和剪床	1/7 ~ 1/10	造纸机、织布机	1/40 ~ 1/50
轧压机	1/10 ~ 1/25	纺纱机	1/60 ~ 1/100
汽车、拖拉机	1/20 ~ 1/60	直流发电机	1/100 ~ 1/200
金属切削机床	1/30 ~ 1/40	交流发电机	1/200 ~ 1/300

　　在一般机械中，其他构件的动能与飞轮相比，其值甚小。因此，在近似设计中，可以认为飞轮的动能即是整个机械的动能。当飞轮处于最大角速度 $\omega_{\max}$ 时，具有最大动能 $E_{\max}$；当飞轮处于最小角速度 $\omega_{\min}$ 时，具有最小动能 $E_{\min}$。$E_{\max}$ 与 $E_{\min}$ 之差表示在一个周期内动能的最大变化量，称为最大盈亏功，以 $W_{\max}$ 表示，即

$$W_{\max} = E_{\max} - E_{\min} = \frac{1}{2}J(\omega_{\max}^2 - \omega_{\min}^2) = J\omega_{\mathrm{m}}^2 \delta \qquad (6\text{-}4)$$

式中，J 为飞轮的转动惯量。

　　设飞轮轴每分钟的转速为 n，则 $\omega_{\mathrm{m}} = \dfrac{\pi n}{30}$，由此可得

$$J = \frac{W_{\max}}{\omega_{\mathrm{m}}^2 \delta} = \frac{900 W_{\max}}{\pi^2 n^2 \delta} \qquad (6\text{-}5)$$

由上式可知：

　　1）当 $W_{\max}$ 与 ω_{m} 一定时，飞轮转动惯量 J 与不均匀系数 δ 之间的关系为一等边双曲线，如图 6-3 所示。当 δ 很小时，略微减小 δ 值就会使飞轮转动惯量增加很多。因此，过分追求机械运转的均匀性将会使飞轮笨重，增加成本。

　　2）当 J 与 ω_{m} 一定时，$W_{\max}$ 与 δ 成正比，即最大盈亏功越大，机械运转越不均匀。

　　3）当 $W_{\max}$ 与 δ 一定时，J 与 ω_{m} 的平方成反比。因此，为了减小飞轮的转动惯量，宜将飞轮安装在高速轴上。但考虑到有些机械的主轴刚性较好，仍将飞轮安装在机械的主轴上。

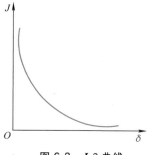

图 6-3　J-δ 曲线

　　当飞轮的转动惯量求出后，可根据有关资料确定飞轮直径、宽度和轮缘厚度等尺寸。在实际机械中，有时用增大带轮或齿轮的尺寸和质量的方法，使其兼起飞轮的作用，这种带轮或齿轮同时也就是飞轮。

第二节　机 械 平 衡

一、机械平衡的目的

机械运转时，由于构件的质心与回转中心不重合，将产生离心惯性力，它会在运动副中产生附加动压力，增加摩擦磨损，降低传动效率，缩短使用寿命。随着惯性力的不断变化，会使机械和基础产生有害振动，从而降低机械的工作可靠性和安全性，降低机械精度和增大噪声，严重时会造成机械的破坏。机械平衡的目的是完全或部分地消除惯性力给机械带来的不良影响，改善机械的工作性能和延长机械的使用寿命。机械中绕固定轴线转动的构件称为转子（或回转件）。下面介绍用于一般机械中的刚性转子的平衡原理与方法。对于高速汽轮机和发电机转子等，因构件回转时的变形问题不容忽视，故应属于挠性转子，其平衡原理和方法请参阅有关资料。

二、转子的静平衡

转子的质量分布在同一回转面内的平衡问题称为静平衡。

1. 转子的静平衡原理

对于轴向宽度 B 很小的转子（$B \leqslant 0.2D$，D 为转子直径）的平衡，应使其质心与回转轴线相重合，此时转子质量对回转轴线的静力矩为零，该转子可以在转动时的任何位置保持静止，这种平衡称为静平衡。静平衡的条件是：分布于转子上各个质量的离心力的矢量和等于零。

2. 转子的静平衡试验

静平衡试验通常在静平衡架上进行。图 6-4a 所示为刀口式静平衡架，其主要部分为水平安装的两条相互平行的刀口形导轨。试验时，将转子的轴颈支承在导轨上。如果质心不处在铅垂下方，则转子将在重力矩的作用下沿轨道滚动，直到质心 S 转到铅垂下方时，转子才会停止滚动。为此可在质心的相反方向加一适当的平衡质量，并逐步调整其大小或径向位置，经反复试验，直到该转子能在任意位置都保持静止为止。这种试验方法设备简单、平衡精度高，但必须保证两导轨在同一水平面内，且互相平行，故调整较困难。

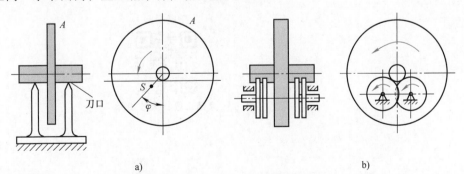

a)　　　　　　　　　　　　　　　　b)

图 6-4　导轨式静平衡架

a）刀口式静平衡架　b）圆盘式静平衡架

图 6-4b 所示为圆盘式静平衡架。试验时，将被平衡转子的轴颈支承在两对滚子上，平衡方法与刀口式静平衡架相同。这种试验方法应用较方便，但因滚轮的

摩擦阻力较大，故平衡精度较低。

三、转子的动平衡

转子的质量分布在不同回转面上的平衡问题称为动平衡。

1. 转子的动平衡原理

对于轴向尺寸比较大的转子（当 $B>0.2D$ 时）在运动状态下保持平衡，不仅要平衡惯性力，同时还要平衡惯性力矩，这种平衡称为动平衡。动平衡的条件是：分布于转子上的各个质量的离心力的矢量和等于零；同时离心力所引起的离心力矩的矢量和也等于零。

2. 转子的动平衡试验

动平衡试验机可分为机械式和电测式两大类。常用的是电测式动平衡试验机，其工作原理如图 6-5 所示。当安装在动平衡试验机上的转子 5 通过电动机 1、带传动 2 和传动轴 3 驱动转动时，离心力使两支承 4 产生振动。利用测振传感器 6、7 将机械振动变为电信号，再通过校正器 8 进行处理，然后经放大器 9 将信号放大，由仪表 10 指示出不平衡质径积的大小。同时由一对等传动比齿轮 11 带动基准信号发生器 12 产生与试件转速同步的信号，经鉴相器 13 与放大器 9 输入的信号进行比较，在仪表 14 上指示不平衡质径积的相位。关于动平衡机的详细情况，请读者参阅有关的文献和资料。

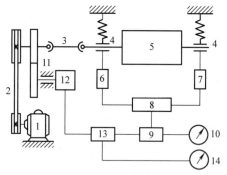

图 6-5 电测式动平衡试验机

1—电动机 2—带传动 3—传动轴 4—支承 5—转子 6、7—测振传感器
8—校正器 9—放大器 10、14—仪表 11—齿轮 12—基准信号发生器 13—鉴相器

拓展视频

大国工匠：大技贵精

习 题

6-1 在电动机驱动的剪床中，已知作用在剪床主轴上的阻力矩 M_c 的变化规律如图 6-6 所示。设驱动力矩 M_d 为常数，电动机转速 $n=800\mathrm{r/min}$，机组的不均匀系数 $\delta=0.05$，求所需安装在电动机轴上的飞轮的转动惯量。

6-2 已知某轧钢机的原动机功率 $P_d = 2500kW$，钢材通过轧辊时消耗的功率 $P_c = 3800kW$，钢材通过轧辊的时间 $t = 5s$，主轴平均转速 $n = 60r/min$，机械运动不均匀系数 $\delta = 0.1$，求：

1）安装在主轴上的飞轮转动惯量。

2）飞轮的最大转速和最小转速。

3）此轧钢机的运转周期。

6-3 如图 6-7 所示，在车床上加工质量为 10kg 的工件 A 上的孔。工件质心 S 偏离圆孔中心 O 120mm。今将工件用压板 B、C 压在车头花盘 D 上，设两压板质量各为 2kg，回转半径 $r_B = 120mm$，$r_C = 160mm$。若花盘回转半径 100mm 处可装平衡质量，求达到静平衡需加的质量和位置。

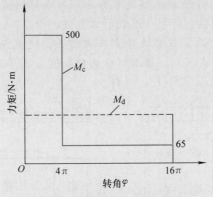

图 6-6 阻力矩 M_c 的变化规律

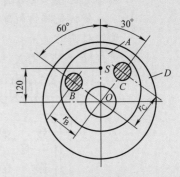

图 6-7 加工工件

第七章

连接

为便于机器的设计、制造、安装、维修和运输，一般将机器分成若干个部件，部件又分成若干个零件，这些零件只有连接起来才能组成一部完整的机器。因此，连接是组成机器的重要环节。

机器中的连接按拆开时是否会破坏连接中的零件分为可拆连接和不可拆连接两类。可拆连接是指不损坏连接中的零件即可拆开的连接，它可多次拆装并保持其使用性能，常见的有螺纹连接、键连接、销连接等。不可拆连接是指拆开时必须损坏连接中的零件，常见的有铆接、焊接、胶接和过盈连接等。

铆接是将铆钉穿过被连接件孔后，压制或锤击成铆钉头，使被连接件处于两端铆钉头的夹紧之中。按接头的形式不同，铆缝可分为搭接缝（图 7-1a）、单盖板对接缝（图 7-1b）和双盖板对接缝（图 7-1c）三种。

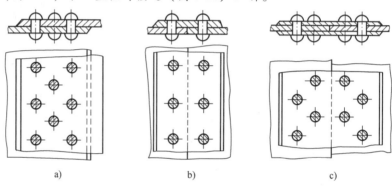

图 7-1　典型铆缝
a）搭接缝　b）单盖板对接缝　c）双盖板对接缝

铆接具有工艺简单、耐冲击、牢固可靠等优点，但结构较笨重，铆接时噪声大，劳动条件差。目前，除在桥梁、建筑、造船、重型机械及飞机制造等工业部门使用外，应用已日渐减少，并逐步被焊接、胶接等所代替。

焊接是利用局部加热熔合的方法将被连接件连接成一个整体。工业上常用的焊接方法有电弧焊、电阻焊、气焊、压焊和钎焊等焊接方法，其中尤以电弧焊应用最广。电弧焊如图 7-2 所示。

焊接比铆接强度高、工艺简单、劳动条件好、成本低，因此应用日益广泛，尤其在金属结构、容器和壳体制造中，多用焊接代替铆接。另外用焊件代替铸件可以节约大量金属，缩短制造周期，便于加工成不同材料的组合件。

胶接是利用胶结剂将被连接件连接在一起的方法，如图 7-3 所示。

胶接的优点是：可连接不同材料的零件，工艺简单，无须加工连接孔，密封性和耐蚀性好等。缺点是：胶接强度受环境因素（如温度、湿度等）影响较大，胶接件的缺陷不易被发现等。

过盈连接是利用零件间配合的过盈量实现连接的方法，如图 7-4 所示。

圆柱面过盈连接的装配可以采用压入法和温差法。压入法是利用压力机将被包容件直接压入包容件中；温差法是加热包容件或冷却被包容件后进行装配，恢

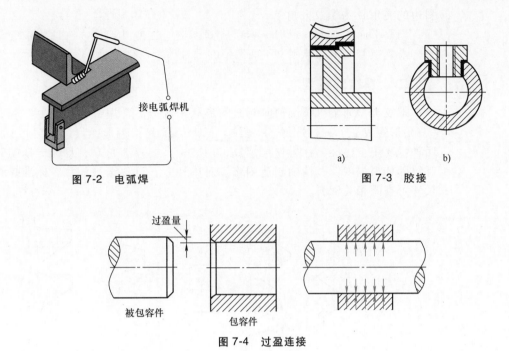

图 7-2 电弧焊

图 7-3 胶接

图 7-4 过盈连接

复常温后即可达到牢固连接。

过盈连接结构简单、定心性好、强度和韧性较大，但要求配合表面加工精度较高。

本章主要介绍几种常用的可拆连接方法。

第一节 螺 纹

螺纹连接是应用广泛的可拆连接，它具有结构简单、工作可靠、成本低廉、装卸和使用方便等优点。

一、螺纹的形成

螺纹的形成原理如图 7-5 所示。将一底边长为 πd_2，高为 P_h 的直角三角形绕在直径为 d_2 的圆柱体上，则三角形的斜边在圆柱体上便形成一条螺旋线，底边与

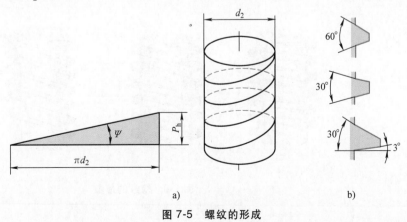

图 7-5 螺纹的形成

斜边的夹角 ψ 为螺纹升角。

当取平面图形为三角形、梯形或锯齿形等，使其保持与圆柱体轴线呈共面状态，沿着螺旋线运动，则该平面图形在圆柱体上所划过的形体称为螺纹。

二、螺纹的类型

螺纹类型通常以螺纹轴向断面的形状来区分。常用螺纹类型主要有普通螺纹（三角形螺纹）、管螺纹、矩形螺纹、梯形螺纹和锯齿形螺纹，如图 7-6 所示。前两种主要用于连接，称为连接螺纹；后三种主要用于传动，称为传动螺纹。矩形螺纹因牙根强度低、精确制造困难、对中性差，已逐渐被淘汰。标准螺纹的基本尺寸可查阅相关资料。

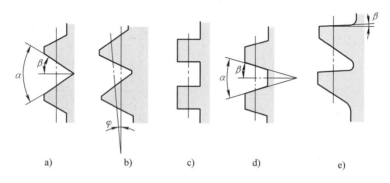

图 7-6　常用螺纹的类型

a) 三角形螺纹　b) 管螺纹　c) 矩形螺纹　d) 梯形螺纹　e) 锯齿形螺纹

按照螺旋线的旋向，螺纹分为右旋螺纹（图 7-7a）和左旋螺纹（图 7-7b）。机械制造中常用右旋螺纹，只有在特殊情况下才使用左旋螺纹。

按照螺旋线的数目，螺纹分为单线螺纹（图 7-8a）和多线螺纹（图 7-8b、c）。为了制造方便，螺纹线数一般不超过 4。单线螺纹传动效率低，但自锁性好，常用作连接螺纹；多线螺纹的传动效率高，故用作传动螺纹。

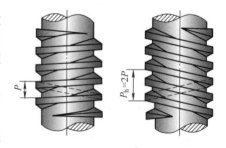

图 7-7　螺纹的旋向

a) 右旋螺纹　b) 左旋螺纹

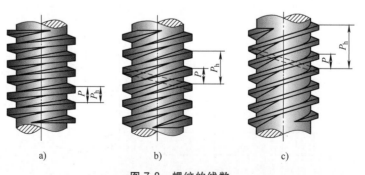

图 7-8　螺纹的线数

a) 单线螺纹　b)、c) 多线螺纹

按照所采用的单位制，螺纹分为米制螺纹和寸制螺纹。我国除部分管螺纹保留寸制外，其余螺纹都采用米制螺纹。

按照螺纹母线形状，可将螺纹分成圆柱螺纹和圆锥螺纹。圆锥螺纹用于管螺纹，圆柱螺纹用于连接、传动、测量和调整等场合。

三、螺纹的主要参数

分布于圆柱体外的螺纹称为外螺纹；分布于圆柱孔内的螺纹称为内螺纹。它们共同组成螺旋副。

现以圆柱普通螺纹的外螺纹为例说明螺纹的主要几何参数（GB/T 196—2003），如图 7-9 所示。

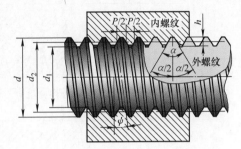

图 7-9　圆柱普通螺纹的主要参数

（1）大径 d　与外螺纹牙顶相切的假想圆柱体的直径，并确定为螺纹的公称直径。

（2）小径 d_1　与外螺纹牙底相切的假想圆柱体的直径。

（3）中径 d_2　螺纹轴向截面内，母线通过牙型上沟槽和凸起宽度相等的假想圆柱面的直径，它近似等于螺纹的平均直径，$d_2 \approx \dfrac{1}{2}(d+d_1)$。

（4）线数 n　形成螺纹的螺旋线数目。为了便于制造，一般螺纹的线数 $n \leqslant 4$。

（5）螺距 P　相邻两螺纹牙在中径上对应点间的轴向距离。

（6）导程 P_h　同一条螺旋线上相邻两螺纹牙在中径线上对应两点间的轴向距离。$P_h = nP$。

（7）螺纹升角 ψ　螺纹中径 d_2 处，螺旋线的切线与垂直于螺纹轴线的平面间的夹角，$\psi = \arctan \dfrac{nP}{\pi d_2}$。

（8）牙型角 α　螺纹轴向截面内，螺纹牙型两侧边的夹角。螺纹牙型两侧边与螺纹轴线的垂直平面的夹角称为牙侧角 β，对称牙型的牙侧角 $\beta = \alpha/2$。

（9）接触高度 h　内外螺纹旋合后，螺纹接触面的径向高度。

四、常用螺纹

在工程上常用的螺纹有三角形螺纹、梯形螺纹和锯齿形螺纹，它们均已标准化，设计时可查阅相关资料。常用螺纹类型、特点和应用见表 7-1。

表 7-1　常用螺纹类型、特点和应用

类型	牙 型 图	特点和应用
普通螺纹		牙型为等边三角形，牙型角 $\alpha = 60°$。外螺纹牙根允许有较大圆角，以减小应力集中。同一公称直径的普通螺纹有多种螺距，其中螺距最大的为粗牙螺纹，其余均为细牙螺纹

（续）

类型	牙 型 图	特点和应用
矩形螺纹		牙型为矩形，牙型角 $\alpha = 0°$。传动效率较其他螺纹高，但对中性差，牙根强度低，螺纹副磨损后，间隙难以补偿，传动精度低，目前逐步被梯形螺纹所代替
梯形螺纹		牙型为等腰梯形，牙型角 $\alpha = 30°$。传动效率较矩形螺纹低，但牙根强度高，加工工艺性好，对中性好。如用剖分螺母，还可以调整间隙。梯形螺纹是最常用的传动螺纹
锯齿形螺纹		牙型为不等腰梯形，牙型角 $\alpha = 33°$（承载面斜角 3°，非承载面斜角 30°）。传动效率高，牙根强度高，用于单向受力的螺旋传动

1. 三角形螺纹

（1）普通螺纹（图 7-10）　普通螺纹的牙型角 $\alpha = 60°$，对称牙型。以大径 d 为公称直径，螺纹代号为 M。同一公称直径下可以有多种螺距的螺纹，其中螺距最大的称为粗牙螺纹，其余均称为细牙螺纹。细牙螺纹的螺距小、螺纹升角小、小径大，所以自锁性较好、强度高。但由于牙细小不

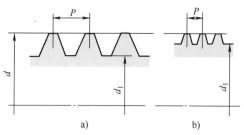

图 7-10　粗牙与细牙普通螺纹
a）粗牙普通螺纹　b）细牙普通螺纹

耐磨，容易滑扣。一般连接多用粗牙螺纹；细牙螺纹常用于细小零件、薄壁管件或受冲击、振动和变载荷的连接中，也可用于微调机构的调整螺纹。普通螺纹的基本尺寸见表 7-2。

表 7-2　普通螺纹的基本尺寸（摘自 GB/T 196—2003）　（单位：mm）

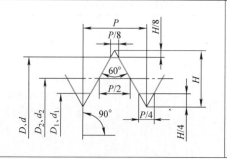

$H = 0.866025P$

$D_1 = D - 1.082531P, d_1 = d - 1.082531P$

$D_2 = D - 0.649519P, d_2 = d - 0.649519P$

D、d——内、外螺纹大径

D_1、d_1——内、外螺纹小径

D_2、d_2——内、外螺纹中径

P——螺距

标记示例：M10——粗牙螺纹，大径 10，螺距 1.5

M10×1——细牙螺纹，大径 10，螺距 1

（续）

| 公称直径 | 粗 牙 | | | 细牙 |
D、d	螺距 P	中径 D_2、d_2	小径 D_1、d_1	螺距 P
3	0.5	2.675	2.459	0.35
4	0.7	3.545	3.242	0.5
5	0.8	4.480	4.134	
6	1	5.350	4.917	0.75
8	1.25	7.188	6.647	1,0.75
10	1.5	9.026	8.376	1.25,1,0.75
12	1.75	10.863	10.106	1.5,1.25,1
16	2	14.701	13.835	1.5,1
20	2.5	18.376	17.294	2,1.5,1
24	3	22.051	20.752	
30	3.5	27.727	26.211	

（2）管螺纹　管螺纹分为三种：55°非密封管螺纹（55°圆柱管壁，$\alpha = 55°$）、55°密封管螺纹（$\alpha = 55°$，有圆柱内螺纹与圆锥外螺纹、圆锥内螺纹与圆锥外螺纹两种配合）和60°密封管螺纹（60°圆锥管壁，$\alpha = 60°$）。管螺纹一般用于气体或液体管路的管接头、阀门连接等。前两种管螺纹的公称直径为管子的公称通径。

2. 矩形螺纹、梯形螺纹和锯齿形螺纹

这三种螺纹多用作传动螺纹，其中矩形螺纹的牙型角 $\alpha = 0°$，传动效率最高。但由于其存在牙根强度低、对中精度差、螺纹副磨损后难以补偿或修复等缺点，常用梯形螺纹代替。梯形螺纹与矩形螺纹相比工艺性好、牙根强度高、对中性好，如采用剖分螺母可调整间隙，其传动效率比矩形螺纹略低，是最常用的传动螺纹。锯齿形螺纹的传动效率较矩形螺纹略低，其牙根强度高、对中性好、工艺性好，适用于单向受力的螺旋传动。

第二节　螺旋副的受力分析、效率和自锁

螺旋副是由内、外螺纹旋合而成的。下面介绍螺旋副的受力分析、效率和自锁。

一、矩形螺纹

在矩形螺纹副中（图7-11a），可将螺母视为一滑块。当拧紧螺母时，可视为受轴向载荷为 F_a 的滑块沿螺纹斜面向上移动（图7-11b），也可视为滑块沿螺纹中径 d_2 展开后所得到的斜面向上移动（图7-11c）。

设 F 为作用在螺纹中径上的推力、F_N 为斜面法向反力、f 为摩擦因数，$F_f = fF_N$ 为摩擦力，ψ 为螺纹升角，ρ 为摩擦角。滑块沿斜面等速上升时（图7-11b），摩擦力与运动方向相反，故全反力 F_R 与轴向载荷 F_a 的夹角为 $\psi + \rho$，则推力 F 可由力平衡条件求得，即

$$F = F_a \tan(\psi + \rho) \tag{7-1a}$$

拧紧螺旋副需要的驱动力矩为

$$T = F \frac{d_2}{2} = \frac{d_2}{2} F_a \tan(\psi + \rho) \tag{7-1b}$$

当螺母转动一周时，输入功为 $2\pi T$，此时举升重物所做的有效功为 $F_a P_h$，故螺旋副的效率 η 为

$$\eta = \frac{F_a P_h}{2\pi T} = \frac{\tan\psi}{\tan(\psi + \rho)} \tag{7-2}$$

由式（7-2）可知，当摩擦角 ρ 一定时，螺旋副的效率只取决于螺纹升角 ψ 的大小。但过大的螺纹升角会造成加工困难，故一般 ψ 应不大于 $20° \sim 25°$。

当拧松螺母时，相当于物体沿斜面下滑（图 7-11c），此时 F 不是推力，而是支持力，合力 F_R 与轴向力 F_a 的夹角等于 $\psi - \rho$。则支持力 F 可由力平衡条件求得

$$F = F_a \tan(\psi - \rho) \tag{7-3a}$$

拧紧螺旋副需要的驱动力矩为

$$T = \frac{d_2}{2} F_a \tan(\psi - \rho) \tag{7-3b}$$

由式（7-3a）可知，当 $\psi \leqslant \rho$ 时，$F \leqslant 0$。这说明无论轴向载荷有多大，物体也不会自动下滑，这种现象称为螺旋副的自锁，故自锁条件为

$$\psi \leqslant \rho \tag{7-4}$$

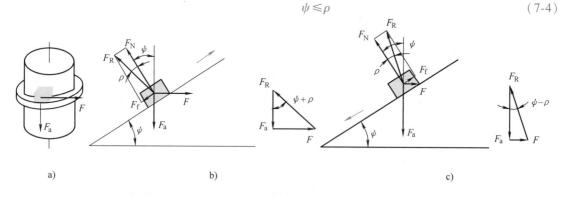

图 7-11 矩形螺纹副的受力分析

a）螺纹副简化模型　b）滑块沿斜面上移　c）滑块沿斜面下滑

二、非矩形螺纹

矩形螺纹的牙侧角 $\beta = 0$。非矩形螺纹是指牙侧角 $\beta \neq 0$ 的三角形螺纹、梯形螺纹和锯齿形螺纹。非矩形螺纹副的受力情况如图 7-12b 所示。矩形螺纹相当于平滑块与平斜面的作用，而非矩形螺纹相当于楔形滑块与楔形斜面的作用。比较图 7-12a、b 可知，如不计螺纹升角的影响，在相同的轴向力 F_a 作用下，矩形螺纹的法向反力 $F_N = F_a$（图 7-12a），而

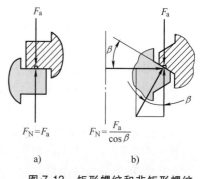

图 7-12 矩形螺纹和非矩形螺纹

a）矩形螺纹　b）非矩形螺纹

非矩形螺纹的法向反力 $F_N = F_a/\cos\beta$，则非矩形螺纹的摩擦力为

$$fF_N = \frac{f}{\cos\beta}F_a = f_v F_a \qquad (7-5)$$

式中，f_v 为当量摩擦因数，$f_v = \dfrac{f}{\cos\beta}$。

则当量摩擦角 $\rho_v = \arctan f_v$。将摩擦因数 f 换成当量摩擦因数 f_v，摩擦角 ρ 换成当量摩擦角 ρ_v，则非矩形螺纹相应的计算公式如下：

当滑块沿斜面匀速上升时，推力为

$$F = F_a \tan(\psi + \rho_v) \qquad (7-6)$$

拧紧螺旋副需要的驱动力矩为

$$T = F_a \frac{d_2}{2} \tan(\psi + \rho_v) \qquad (7-7)$$

当滑块沿斜面下降时，支持力为

$$F = F_a \tan(\psi - \rho_v) \qquad (7-8)$$

拧松螺旋副需要的驱动力矩为

$$T = F_a \frac{d_2}{2} \tan(\psi - \rho_v) \qquad (7-9)$$

非矩形螺纹的自锁条件为

$$\psi \leqslant \rho_v \qquad (7-10)$$

螺旋副的效率为

$$\eta = \frac{\tan\psi}{\tan(\psi + \rho_v)} \qquad (7-11)$$

由于 $f_v > f$、$\rho_v > \rho$，故非矩形螺纹比矩形螺纹效率低，但自锁性好。

第三节　螺 纹 连 接

一、螺纹连接的基本类型

螺纹连接有以下四种基本类型：

1. 螺栓连接

螺栓连接的特点是在被连接件上加工出通孔，使用时不受被连接件材料的限制，结构简单，装拆方便，故应用最为广泛。螺栓连接主要用于被连接件厚度不大且可加工通孔的场合。

常见的普通螺栓连接，如图 7-13a 所示，螺栓和通孔间留有间隙，通孔的加工精度要求低。当螺栓承受横向载荷时，可选用加强杆螺栓连接，如图 7-13b 所示。其通孔和螺栓多采用基孔制过渡配合（H7/m6、H7/n6）。这种连接既能承受横向载荷，又能精确固定被连接件的相对位置，起定位作用，但孔的加工精度要求较高。

2. 双头螺柱连接（图 7-14a）

双头螺柱两端均有螺纹，其一端拧紧在被连接件的螺纹孔中，另一端穿过另一被连接件的通孔与螺母旋合。这种连接适用于受结构限制而不能采用螺栓连接的场合，如被连接件之一太厚不宜制成通孔，且需要经常拆装的场合。

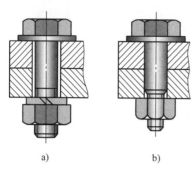

图 7-13　螺栓连接

a）普通螺栓连接　b）加强杆螺栓连接

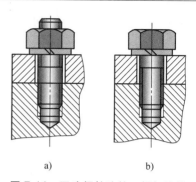

图 7-14　双头螺柱连接、螺钉连接

a）双头螺柱连接　b）螺钉连接

3. 螺钉连接（图 7-14b）

螺钉连接是将螺钉直接拧入被连接件的螺纹孔中，不用螺母，在结构上比双头螺柱连接简单、紧凑。其用途与双头螺柱连接相似，但若经常拆装，易使被连接件螺纹孔磨损失效，故多用于受力不大，不需要经常拆装的场合。

4. 紧定螺钉连接（图 7-15）

这种连接是利用拧入被连接件螺纹孔中的螺钉末端顶住另一被连接件的表面或顶入相应的凹槽中，用以固定其相对位置，防止产生相对运动的连接。紧定螺钉连接适用于传递较小力或转矩的场合。

除以上四种基本类型外，还有一些特殊结构的连接。例如，将机器固定在地基上的地脚螺栓连接（图 7-16）；用于起吊零部件的吊环螺钉连接（图 7-17）；用于机床工作台或试验装置上的 T 形槽螺栓连接（图 7-18a）和用于固定中小型支架的膨胀螺栓连接（图 7-18b）等。

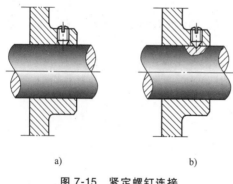

图 7-15　紧定螺钉连接

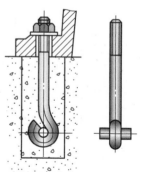

图 7-16　地脚螺栓连接

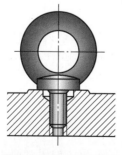

图 7-17　吊环螺钉连接

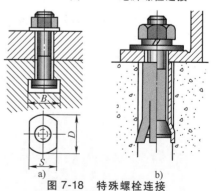

图 7-18　特殊螺栓连接

a）T 形槽螺栓连接　b）膨胀螺栓连接

二、螺纹连接件

标准螺纹连接件的类型很多，常用的有螺栓、双头螺柱、螺钉、螺母和垫圈等。这些零件大都已标准化，设计时可根据相关标准选用。

第四节 螺纹连接的预紧和防松

一、螺纹连接的预紧

通常螺纹连接在装配时须预先拧紧，以增强连接的可靠性、紧密性和刚度，防止受载后被连接件间出现缝隙或发生相对滑移。

螺纹连接的预紧力是通过拧紧力矩来控制的。拧紧螺母需要克服的阻力矩有螺纹阻力矩 M_1 和螺母支承面阻力矩 M_2。

对于常用 M10~M68 普通粗牙螺纹的钢制螺栓，在无润滑时，螺母与支承面间的摩擦因数 $f=0.15$，则拧紧力矩 M（N·mm）为

$$M = M_1 + M_2 = 0.2F'd \tag{7-12}$$

式中，F' 是预紧力，螺栓的预紧力可达材料屈服强度 R_{eH} 的 50%~70%；d 是螺纹大径。

拧紧力矩的大小对螺纹连接的可靠性、强度和紧密性均有很大影响。拧紧力矩过小起不到应有作用，过大可能拧断螺栓。因此，常用测力矩扳手或定力矩扳手来控制拧紧力矩（图 7-19）。

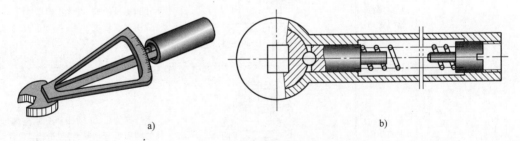

a)   b)

图 7-19 测力矩扳手和定力矩扳手
a）测力矩扳手 b）定力矩扳手

二、螺纹连接的防松

据研究，通常在静载和温度变化不大时，普通螺纹连接能够满足自锁条件（$\psi < \rho_v$），在螺栓连接拧紧以后，其接合面粗糙度会被压平一些，使预紧力有所减小，但不会自动松脱。但是在冲击、振动或温度变化较大时，会使预紧力减小而引起连接松动。所以，在设计螺纹连接时，必须采取有效的防松措施。

防松的目的在于防止螺纹副相对转动。按其工作原理，防松方法可分为摩擦防松、机械防松和永久性防松三类。表 7-3 中列举了几种常用的防松方法。

表 7-3　螺纹连接常用的防松方法

防松方法		结构形式	特点和应用
摩擦防松	对顶螺母		两螺母对顶拧紧后,使旋合螺纹间始终受到附加压力和摩擦力的作用而防止松脱 结构简单,适用于低速重载的连接
	弹簧垫圈		拧紧螺母后,靠弹簧垫圈的弹力使旋合螺纹间保持一定的压紧力和摩擦力,另外垫圈切口也可阻止螺母松脱 结构简单,使用方便,但受冲击、振动时,防松不可靠,多用于不太重要的连接
	自锁螺母		螺母一端制成非圆形收口或开缝后径向收口。拧紧螺母后,收口胀开,利用收口的弹力使旋合螺纹间压紧 结构简单,防松可靠,可用于多次装拆的连接
机械防松	开口销与槽形螺母		拧紧槽形螺母后,将开口销穿过螺栓尾部的小孔和螺母的槽,以防止螺母松脱 适用于有较大冲击、振动的高速机械中运动部件的连接
	止动垫圈		螺母拧紧后,止动垫圈分别与螺母和被连接件的侧面折弯贴紧,将螺母锁住 结构简单,使用方便,防松可靠
永久性防松	冲点防松		用冲头在螺栓与螺母的旋合缝处冲 2~3 点防松 防松可靠,但连接件拆开后不能重复使用
	黏合防松		将黏结剂涂于螺纹旋合表面,拧紧螺母后,黏结剂自行固化 防松效果良好,但不可拆卸

第五节　螺纹连接的强度计算

螺纹连接大多是成组使用的，为了便于设计、制造及安装，同一组连接螺栓通常都采用相同的形状和尺寸。而螺母及其他螺纹连接件是根据强度原则及使用经验确定的，一般情况下，不需进行强度计算。因此，螺纹连接的计算主要是确定螺栓组中受力最大的螺栓危险截面直径或校核其强度。按螺栓的主要受力方式可分为受拉螺栓连接和受剪螺栓连接。普通螺栓工作时主要受拉力；加强杆螺栓工作时主要受剪力。

一、受拉螺栓连接

受拉螺栓在静载荷作用下，主要失效形式是螺纹部分发生塑性变形或断裂；在变载荷作用下，主要失效形式是疲劳断裂。因此，其设计准则是保证螺栓的静力或疲劳强度。

（一）松螺栓连接

松螺栓连接装配时，螺母不需要拧紧。所以，螺栓不受预紧力的作用，只是在工作时才受轴向载荷。图7-20 所示的滑轮架螺栓连接为典型的松螺栓连接。设轴向载荷为 F，其螺栓的强度条件为

$$\sigma = \frac{4F}{\pi d_1^2} \le [\sigma] \tag{7-13}$$

或
$$d_1 \ge \sqrt{\frac{4F}{\pi[\sigma]}} \tag{7-14}$$

式中，d_1 为螺纹小径（mm）；$[\sigma]$ 为松螺栓连接的许用拉应力（MPa），对一般的松螺栓连接可以取 $[\sigma] = R_{eH}/(1.2\sim1.7)$。

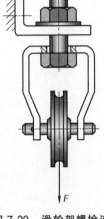

图 7-20　滑轮架螺栓连接

（二）紧螺栓连接

紧螺栓连接在装配时就已拧紧，承受工作载荷之前，螺栓与被连接件已受到预紧力的作用。按所受工作载荷的方向不同，紧螺栓连接分为受横向载荷的紧螺栓连接和受轴向载荷的紧螺栓连接两种。

1. 受横向载荷的紧螺栓连接

如图7-21 所示，横向载荷 F 的方向与螺栓轴线垂直，螺栓和孔间留有间隙。为保证被连接件之间无相对滑动，螺母要预先拧紧，使接触面间产生足够的摩擦力，以平衡横向载荷。在拧紧螺母时，螺栓一方面受预紧力 F' 的拉伸作用，另一方面受螺纹拧紧力矩 M 的扭转作用。F' 使螺栓产生轴向拉应力 σ，M 使螺栓产生扭转切应力 τ，对于常用的钢制普通螺栓（$d=10\sim68$mm），可取 $\tau = 0.5\sigma$，根据第四强度理论求出其计算应力 σ_{ca}

$$\sigma_{ca} = \sqrt{\sigma^2 + 3\tau^2} = \sqrt{\sigma^2 + 3(0.5\sigma^2)} \approx 1.3\sigma$$

螺栓的强度条件为

$$\sigma_{ca} = \frac{1.3F'}{\pi d_1^2/4} \le [\sigma] \tag{7-15}$$

或
$$d_1 \geq \sqrt{\frac{4 \times 1.3 F'}{\pi [\sigma]}}$$
$\qquad$ (7-16)

对于普通螺栓连接，要求承受横向载荷后被连接件间不得有相对滑动。因此，根据被连接件的平衡条件可求得

$$f_s F' nm = K_f F$$

由此可求得每个螺栓所需要的预紧力 F' 为

$$F' = \frac{K_f F}{f_s nm}$$
$\qquad$ (7-17)

式中，f_s 为接合面间的摩擦因数，钢或铸铁的无润滑表面 $f_s = 0.10 \sim 0.16$；m 为接合面对数；n 为螺栓数目；K_f 为可靠性系数，$K_f = 1.1 \sim 1.3$。

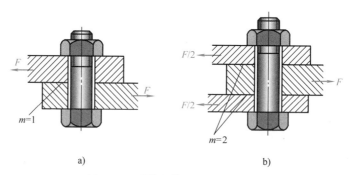

图 7-21 受横向载荷的紧螺栓连接

靠摩擦力抵抗横向载荷的普通螺栓连接，要求施加较大的预紧力。若取 $f_s = 0.15$、$K_f = 1.2$、$m = 1$、$n = 1$，则预紧力 $F' = K_f F/(f_s nm) = 8F$，这样会造成螺栓尺寸增大。为了克服上述缺点，可采用销、套筒或键等减载装置的连接，如图 7-22 所示。

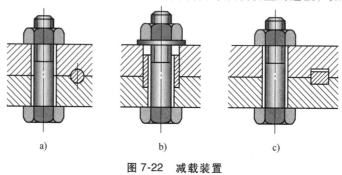

图 7-22 减载装置
a) 销 b) 套筒 c) 键

2. 受轴向载荷的紧螺栓连接

这种连接比较常见，压力容器的顶盖和壳体凸缘的连接为其典型实例，如图 7-23 所示。压力容器内气压为 p、气缸内径为 D，作用在容器盖上的总工作载荷为 $F_\Sigma = p\pi D^2/4$，由连接凸缘的 z 个螺栓承受，每个螺栓所受的轴向工作载荷为 $F = p\pi D^2/4z$。

拧紧螺母前连接件与被连接件均不受力也不产生变形。拧紧螺母后，由于预紧力 F' 的作用，螺栓伸长 δ_1（图 7-23a），被连接件缩短 δ_2（图 7-23b），力与变形的关系（图 7-24a、b），左右合并后为图 7-24c。

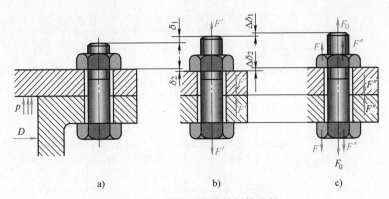

图 7-23 受轴向载荷的螺栓连接

a）螺母未拧紧　b）螺母已拧紧　c）已承受工作载荷

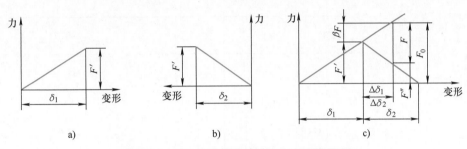

图 7-24 螺栓和被连接件的力与变形的关系

当连接承受工作载荷 F 时，如图 7-23c 所示。螺栓继续伸长 $\Delta\delta_1$，总伸长量为 $\delta_1+\Delta\delta_1$；此时被连接件随螺栓的伸长而回缩 $\Delta\delta_2$，其总压缩量为 $\delta_2-\Delta\delta_2$，$\Delta\delta_1=\Delta\delta_2=\Delta\delta$。此时，被连接件仅受残余预紧力 F'' 作用，螺栓所受的总拉力 F_0 为工作载荷与残余预紧力之和，即

$$F_0 = F + F'' \tag{7-18}$$

为了保证连接的紧密性，应使 $F''>0$。对于一般连接，工作载荷稳定时取 $F''=(0.2\sim0.6)F$，不稳定时取 $F''=(0.6\sim1.0)F$；有密封性要求时取 $F''=(1.5\sim1.8)F$；对地脚螺栓连接取 $F''>F$。

由图 7-24c 可得出，螺栓所受总拉力 F_0 也等于预紧力 F' 与工作拉力的一部分 βF 之和，即

$$F_0 = F' + \beta F \tag{7-19}$$

式中，β 为连接的相对刚度。若被连接件的材料为钢或铸铁，连接不用垫片或用金属垫片时取 $\beta=0.2\sim0.3$；铜皮石棉垫片 $\beta=0.8$；橡胶垫片 $\beta=0.9$。

螺栓的强度条件为

$$\sigma_{ca} = \frac{4\times1.3F_0}{\pi d_1^2} \leqslant [\sigma] \tag{7-20}$$

或

$$d_1 \geqslant \sqrt{\frac{4\times1.3F_0}{\pi[\sigma]}} \tag{7-21}$$

式中，$[\sigma]$ 为螺栓许用应力（MPa），参见表 7-4。

表 7-4　螺纹连接件的许用应力计算公式和安全因数

螺栓类型	受载情况		许用应力计算公式	安 全 因 数				
				不控制预紧力				控制预紧力
				直径 材料	M6~M16	M16~M30	M30~M60	所有直径
普通螺栓连接	紧连接	静载	$[\sigma]=\dfrac{R_{eH}}{S}$	碳钢	5~4	4~2.5	2.5	1.2~1.5
				合金钢	5.7~5	5~3.4	3.4	
		变载	按最大应力 $[\sigma]=\dfrac{R_{eH}}{S}$	碳钢	12.5~8.5	8.5	8.5	
				合金钢	10~6.8	6.8	6.8	
			按循环应力幅 $[\sigma_a]=\dfrac{\varepsilon\sigma_{-1}}{S_a k_\sigma}$	$S_a=2.5~5$				$S_a=1.5~2.5$
	松连接		$[\sigma]=\dfrac{R_{eH}}{S}$	1.2~1.7				
加强杆螺栓连接	静载	钢	$[\tau]=\dfrac{R_{eH}}{S_\tau}$	2.5				
			$[\sigma_P]=\dfrac{R_{eH}}{S_P}$	1.25				
		铸铁	$[\sigma_P]=\dfrac{R_m}{S_P}$	2~2.5				
	变载	钢	$[\tau]=\dfrac{R_{eH}}{S_\tau}$	3.5~5				
			$[\sigma_P]$	许用应力比静载荷降低 20%~30%				
		铸铁	$[\sigma_P]$					

注：σ_{-1}—材料的对称循环疲劳极限（MPa）；ε—尺寸系数；k_σ—有效应力集中系数。

二、受剪螺栓连接

受剪螺栓在横向载荷作用下，主要失效形式是螺栓被剪断及螺栓或被连接件的孔壁被压溃。因此，其强度条件是保证螺栓的抗剪强度和连接的抗压强度。

图 7-25 所示为加强杆螺栓连接，此种连接所受预紧力很小，强度计算时可忽略不计。

抗剪强度条件为

$$\tau=\frac{4F}{\pi d_0^2}\leqslant[\tau] \qquad (7\text{-}22)$$

抗压强度条件为

$$\sigma_p=\frac{F}{d_0 h}\leqslant[\sigma_p] \qquad (7\text{-}23)$$

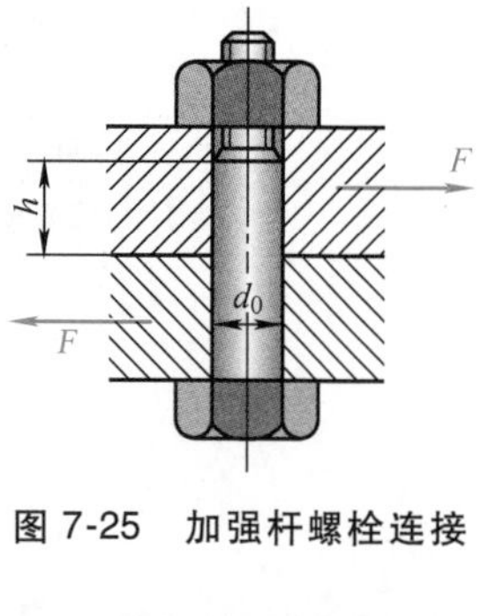

图 7-25　加强杆螺栓连接

式中，d_0 为螺栓受剪面直径（mm）；F 为横向载荷（N）；h 为接触面最小轴向长度；$[\tau]$ 为螺栓许用切应力（MPa），参见表 7-4；$[\sigma_p]$ 为螺栓或孔壁较弱材料的许用挤压应力（MPa），参见表 7-4。

第六节 螺纹连接件的材料及许用应力

一、螺纹连接件的材料

国家标准规定，螺纹连接件按材料的力学性能分出等级（表 7-5，详见 GB/T 3098.1—2010 和 GB/T 3098.2—2015）。螺栓、螺柱、螺钉的性能等级分为 10 级，从 3.6 到 12.9。小数点前面的数字乘以 100 等于材料的抗拉强度 R_m，小数点后的数字乘以抗拉强度 R_m 再除以 10 等于材料的屈服强度 R_{eH}。例如，性能等级 4.6 中，4 表示材料的抗拉强度 $R_m = 4×100MPa = 400MPa$，6 表示材料的屈服强度 $R_{eH} = 6×400MPa/10 = 240MPa$。螺母的性能等级分为 7 级，从 4 到 12，性能等级乘以 100 等于材料的抗拉强度 R_m。

螺纹连接件在图样中只标注性能等级，不标注材料牌号。

适合制造螺纹连接件的材料品种很多，常用材料有 Q215、Q235、10 钢、35 钢和 45 钢等。对于承受冲击、振动或变载荷的螺纹连接件，可采用 15MnVB、40Cr、30CrMnSi 等合金钢。标准规定 8.8 级和以上级的中碳钢或中碳合金钢都须经淬火并回火处理。对于特殊用途（如防锈、防磁、导电或耐高温等）的螺纹连接件，可采用特种钢或铜合金、铝合金等，并经表面处理（如氧化、镀锌钝化、磷化、镀镉等）。螺栓、螺钉、螺柱和螺母的力学性能等级见表 7-5。

表 7-5　螺栓、螺钉、螺柱和螺母的力学性能等级

机械或物理性能			性 能 等 级							8.8 (≤M16)	8.8 (≤M16)			
			3.6	4.6	4.8	5.6	5.8	6.8	8.8 (≤M16)	8.8 (≤M16)	9.8	10.9	12.9
螺栓、螺钉、螺柱	抗拉强度 R_m/MPa	公称值	300	400		500		600	800		900	1000	1200
		最小值	300	400	420	500	520	600	800	830	900	1040	1220
	屈服强度 R_{eH}/MPa	公称值	180	240	320	300	400	480	640	640	720	900	1080
		最小值	190	240	340	300	420	480	640	620	720	940	1100
	布氏硬度 HBW	最小值	90	114	124	147	152	181	245	250	286	316	380
	推荐材料		碳素钢或合金钢						碳素钢淬火并回火或合金钢淬火并回火				
相配合螺母	性能等级		4	5			6		8 或 9	9		10	12
	推荐材料		碳素钢	碳素钢淬火并回火			碳素钢		碳素钢淬火并回火				

注：1. 9.8 级仅适用于螺纹大径 $d ≤ 16mm$ 的螺栓、螺钉和螺柱。
　　2. 规定性能等级的螺纹连接件在图样标注中只标注力学性能等级，不应再标出材料。

普通垫圈的材料，推荐采用 Q235、15 钢、35 钢，弹簧垫圈用 65Mn 制造，并经热处理和表面处理。

二、螺纹连接件的许用应力

螺纹连接件的许用应力与螺纹连接件的材料、结构尺寸、载荷性质、装配情况等因素有关。其许用应力可按下式确定

$$许用拉应力 \qquad [\sigma] = \frac{R_{eH}}{S} \qquad\qquad (7-24)$$

许用切应力
$$[\tau] = \frac{R_{eH}}{S_\tau} \tag{7-25}$$

许用挤压应力

对于钢
$$[\sigma_P] = \frac{R_{eH}}{S_P} \tag{7-26}$$

对于铸铁
$$[\sigma_P] = \frac{R_m}{S_P} \tag{7-27}$$

式中，R_{eH}、R_m 分别为螺纹连接件材料的屈服强度和抗拉强度，见表 7-5，常用铸铁被连接件的 R_m 可取 200~250MPa；S、S_τ、S_P 为安全因数，见表 7-4。

例 7-1　图 7-26 所示为一凸缘联轴器，用 8 个普通螺栓连接。已知联轴器传递的转矩 $M = 1.25$kN·m，螺栓均匀分布在直径 $D = 200$mm 的圆周上，试确定螺栓的直径。

　解　**1. 螺栓受力分析**

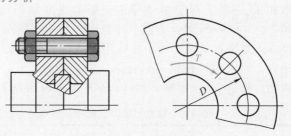

图 7-26　凸缘联轴器

采用普通螺栓连接，工作前拧紧螺栓，靠两个半联轴器凸缘接触面上产生的摩擦力来传递转矩。此种工况与受横向载荷的螺栓连接相近，故每个螺栓所需的预紧力 F' 按式（7-17）计算，式中摩擦因数 $f_s = 0.10~0.16$，取为 0.15；可靠性系数 $K_f = 1.1~1.3$，取为 1.2。

$$F' = \frac{K_f F}{f_s nm} = \frac{K_f T}{f_s n \dfrac{D}{2} m} = \frac{1.2 \times 1.25 \times 1000}{0.15 \times 8 \times \dfrac{200}{2} \times 1} \text{kN} = 12.5 \text{kN}$$

　2. 选择螺栓材料，确定许用应力

选择螺栓的性能等级为 4.6，由表 7-4 查得材料的屈服强度 $R_{eH} = 240$MPa，按表 7-5 取安全因数 $S = 1.5$，许用应力为

$$[\sigma] = \frac{R_{eH}}{S} = \frac{240}{1.5}\text{MPa} = 160\text{MPa}$$

　3. 确定螺栓直径

由式（7-16）得

$$d_1 \geqslant \sqrt{\frac{4 \times 1.3 F'}{\pi [\sigma]}} = \sqrt{\frac{4 \times 1.3 \times 12.5 \times 1000}{\pi \times 160}} \text{mm} = 11.37\text{mm}$$

由机械设计手册查得，当 $d = 14$mm 时，$d_1 = 11.835$mm，略大于 11.37mm，与原假设接近，故选择 M14 螺栓。

第七节　提高螺栓连接强度的措施

螺栓连接强度主要取决于螺栓强度。影响螺栓强度的因素主要有螺纹牙间的载荷分布、应力集中、附加弯曲应力、应力变化幅度和制造工艺等。下面分析各种因素对螺栓强度的影响以及提高螺栓连接强度的措施。

一、改善螺纹牙间的载荷分布

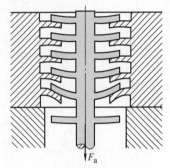

图 7-27　旋合螺纹承载时的变形

由于螺栓和螺母的刚度和变形性质不同，即使螺栓连接制造和装配精确，旋合各圈螺纹牙的受力也是不均匀的，如图 7-27 所示。在旋合段，螺栓所受拉力自下而上递减，螺距增大；螺母所受压力自上而下递增，螺距减小。从螺母支承面向上，第一圈螺纹牙的受力最大，以后各圈递减（图 7-28），到第 8~10 圈以后，螺纹牙受力很小，所以，采用加高螺母或增加旋合圈数的方法不能提高螺纹连接的性能。

采用悬置螺母（图 7-29a）或环槽螺母（图 7-29b），使螺母受拉，则螺母与螺栓均为拉伸变形，有利于减小螺母与螺栓的螺距变化差值，从而使螺纹牙间的载荷分布趋于均匀。

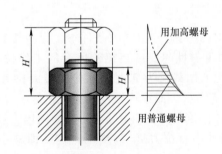

图 7-28　旋合螺纹间的载荷分布

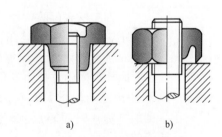

图 7-29　悬置螺母和环槽螺母
a）悬置螺母　b）环槽螺母

二、减小应力集中

在螺栓杆与螺栓头之间或螺纹收尾处都存在较大的应力集中，据统计，这两处也是常发生断裂的部位。为减小应力集中，可以增大螺栓头部的过渡圆角（图 7-30a）、增大螺纹牙根的过渡圆角（图 7-30b）、采用卸载槽（图 7-30c），从而提高螺栓的疲劳强度。

三、避免或减小附加应力

由于设计、制造或安装不当（图 7-31），使螺栓受到附加弯曲应力作用，严重时会造成疲劳断裂。几种避免或减少附加弯曲应力的结构措施如图 7-32 所示。

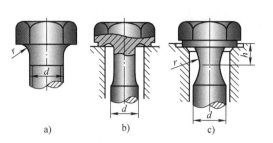

图 7-30　减小螺栓应力集中的方法

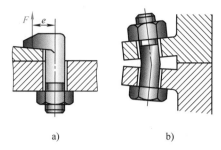

图 7-31　螺栓受到附加弯曲应力的原因

a）螺栓受偏心载荷　b）被连接件刚度不够

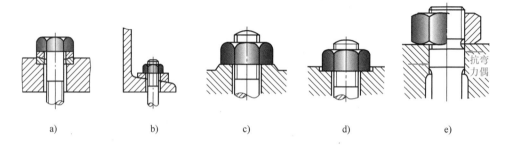

图 7-32　避免或减少附加弯曲应力的结构措施

a）采用球面垫圈　b）采用斜垫圈　c）采用凸台　d）采用沉头座　e）采用环腰螺栓

四、降低影响螺栓疲劳强度的应力幅

受轴向变载荷的紧螺栓连接，在最大应力相同的条件下，应力幅越小，则螺栓越不容易发生疲劳破坏，连接的可靠性越高。当螺栓所受的工作拉力为零时，螺栓只受预紧力 F'；当螺栓所受的工作载荷为 F 时，螺栓受最大拉力为 F_0。所以，螺栓所受的总拉力变化范围是 $F' \sim F_0$。减小这个范围的措施是增大预紧力 F'，使 F' 接近 F_0。增大 F' 可用减小螺栓刚度的方法（图 7-33），或用增大被连接件刚度的方法（图 7-34），都可以达到减小总拉力 F_0 的变动范围，即减小应力幅的目的。

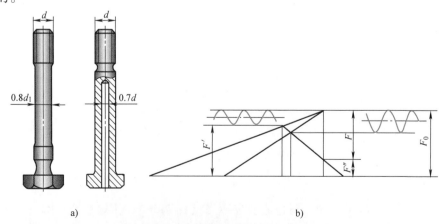

图 7-33　减小螺栓刚度以减小应力幅

a）细长螺栓与空心螺栓　b）力-变形图

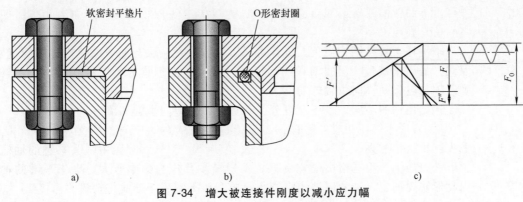

图 7-34 增大被连接件刚度以减小应力幅
a）错误 b）正确 c）力-变形图

五、制造工艺

制造工艺对螺栓疲劳强度有重要影响。辗制螺纹时，由于冷作硬化作用，表层有残余压应力，螺栓疲劳强度比车制螺纹高 30%～40%；热处理后再滚压的效果更好。

碳氮共渗、渗氮、喷丸处理等都能提高螺栓的疲劳强度。

GB/T 3098.22—2009《紧固件机械性能 细晶非调质钢螺栓、螺钉和螺柱》中，当使用非调质钢作为螺栓的材料时，可以减少调质工序，提高螺栓的强度，用于性能等级 8.8 级以上的螺栓，有利于节约材料、节能减排。

第八节 轴 毂 连 接

轴毂连接的功能主要是实现轴和传动零件（如齿轮、蜗轮）之间的周向固定，以传递转矩。轴毂连接的类型很多，常用的有键连接、花键连接和销连接等。

一、键连接和花键连接

键分为平键、半圆键、楔键等类型，并已标准化。键连接设计的主要内容为：选择键的类型、确定键的尺寸和校核键连接的强度。

1. 键连接的类型

（1）平键连接 图 7-35a 所示为平键连接的结构形式。键的两侧面是工作面

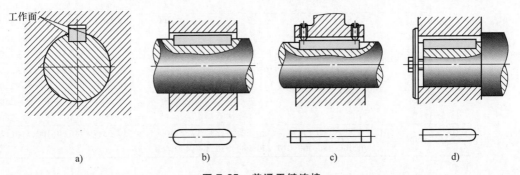

图 7-35 普通平键连接
a）平键连接 b）圆头平键 c）平头平键 d）单圆头平键

并与键槽两侧面配合。配合面相互挤压，以传递转矩。键的上表面与轮毂槽底面之间留有间隙。

平键连接具有结构简单、工作可靠、装拆方便、轴与轮毂的对中性好等优点，因此，是应用最为广泛的轴毂连接形式。平键连接不具有轴向承载能力，不具有确定轴与轮毂间轴向位置的功能。

根据用途的不同，平键又可分为普通平键、导向平键和滑键。

1）普通平键用于轴与轮毂间的静连接。按键的端部形状分为圆头（A 型）、平头（B 型）和单圆头（C 型）三种（图 7-35b、c、d）。图中圆头平键的轴槽用指形铣刀加工，键在槽中固定良好，但键槽端部应力集中较大。平头平键的轴槽用盘形铣刀加工，轴的应力集中较小。单圆头平键用于轴端与轮毂的连接。

普通平键的尺寸见表 7-6。

表 7-6　普通平键的尺寸　　　　　　　　　　　（单位：mm）

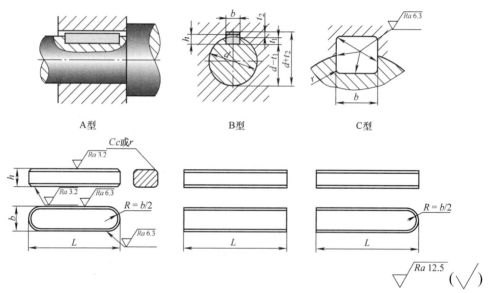

A 型　　　　　　　　　　　B 型　　　　　　　　　　　C 型

标记示例：

GB/T 1096　键 16×100　　（圆头普通平键（A 型），$b = 16$，$h = 10$，$L = 100$）
GB/T 1096　键 B16×100　（平头普通平键（B 型），$b = 16$，$h = 10$，$L = 100$）
GB/T 1096　键 C16×100　（半圆头普通平键（C 型），$b = 16$，$h = 10$，$L = 100$）

轴的直径 d	键的公称尺寸			轴的直径 d	键的公称尺寸		
	b	h	L		b	h	L
6~8	2	2	6~20	>38~44	12	8	28~140
>8~10	3	3	6~36	>44~50	14	9	36~160
>10~12	4	4	8~45	>50~58	16	10	45~180
>12~17	5	5	10~56	>58~65	18	11	50~200
>17~22	6	6	14~70	>65~75	20	12	56~220
>22~30	8	7	18~90	>75~85	22	14	63~250
>30~38	10	8	22~110	>85~95	25	14	70~280
L 系列	6,8,10,12,14,16,18,20,22,25,28,32,36,40,45,50,56,63,70,80,90,100,110,125,140,160,180,200,220,250,280,320,360,400,450,500						

2）导向平键和滑键用于轴与轮毂间的动连接，如图 7-36、图 7-37 所示，导向平键较长，需用螺钉固定在轴槽中。为便于装拆，在键上制出起键螺纹孔。导

向平键分为导向 A 型平键（圆头）、导向 B 型平键（平头）。当轴上零件滑移距离较大时，为避免导向平键过长，宜采用滑键。滑键固定在轮毂上并随轮毂一起在轴槽中做轴向滑动。

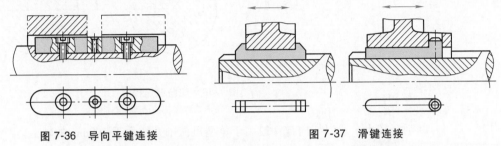

图 7-36　导向平键连接　　　　　　　　图 7-37　滑键连接

（2）半圆键连接　半圆键用于静连接（图 7-38），键的两侧面是工作面。半圆键能在轴槽中摆动，可适应轮毂键槽的倾斜，对中性好，装卸方便。但轴上键槽较深，对轴的强度削弱较大。半圆键主要用于轻载和锥形轴端的连接。

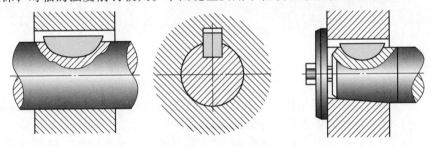

图 7-38　半圆键连接

（3）楔键连接　楔键用于静连接（图 7-39）。键的上下表面是工作面，键的上表面和轮毂键槽底面均有 1∶100 的斜度，装配时，靠两斜面楔紧产生的摩擦力传递转矩，并可承受单向轴向力。由于楔键打入时造成轴与轮毂偏心，因此，楔键仅用于定心精度要求不高、载荷平稳和低速的场合。

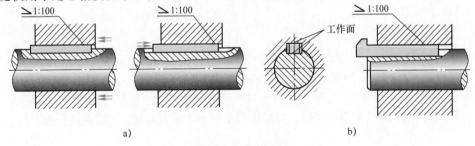

a)　　　　　　　　　　　　　　b)

图 7-39　楔键连接

a）普通楔键　b）钩头楔键

楔键分为普通楔键和钩头楔键两种。普通楔键有圆头、半圆头和平头三种形式（GB/T 1564—2003）。钩头楔键便于拆卸。

（4）切向键连接　切向键由一对斜度为 1∶100 的楔键组成（图 7-40），装配时将两键楔紧。键的窄面为工作面，工作时，靠工作面上的挤压力和键与轮毂间的摩擦力传递转矩，能传递较大的转矩。用一个切向键时，只能传递单向转矩；当要传递双向转矩时，必须用两个切向键，两者间的夹角为 120°～130°。由于键槽对轴的强

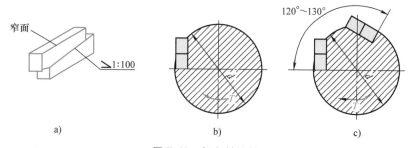

图 7-40 切向键连接

a）切向键 b）单键连接 c）双键连接

度削弱较大，所以切向键一般用于重型机械中直径大于 100mm 的轴上。

2．键连接的强度校核

（1）平键尺寸的选择 平键的主要尺寸有键的横截面尺寸（键宽 b×键高 h）和长度 L。键的截面尺寸 b×h 可按轴的直径 d 从表 7-6 中选取。普通平键长度 L 按轮毂长度确定，即键的长度应等于或略小于轮毂的长度；导向平键的长度则按轮毂长度及滑动距离而定。另外所选的键长应符合标准规定的长度系列。重要的键连接在选定尺寸后还应进行强度校核。

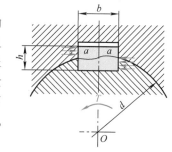

图 7-41 平键连接受力情况

（2）平键连接的强度校核 平键连接传递转矩时，连接内各零件的受力情况如图 7-41 所示。普通平键连接（静连接）的主要失效形式是工作面的压溃。除非过载严重，一般不会出现键的剪断。因此，通常按工作面上挤压应力对普通平键进行强度校核。对于导向平键连接（动连接），其主要失效形式是工作面过度磨损，通常按工作面上的压强进行条件性的强度校核。

假设载荷在工作面上分布均匀，普通平键的强度条件为

静连接 挤压强度计算
$$\sigma_{\mathrm{p}}=\frac{2T}{dkl}\leqslant[\sigma_{\mathrm{p}}] \tag{7-28}$$

动连接 耐磨性计算
$$p=\frac{2T}{dkl}\leqslant[p] \tag{7-29}$$

式中，T 为传递的转矩（N·mm）；d 为轴的直径（mm）；l 为键的工作长度（mm）；k 为键与轮毂键槽的接触高度（mm）；$[\sigma_{\mathrm{p}}]$ 为许用挤压应力（MPa），见表 7-7；$[p]$ 为许用压强（MPa），见表 7-7。

若平键强度不够，可采用两个呈 180°布置的键，考虑载荷分配不均，其强度按 1.5 个键校核。

表 7-7 键连接的许用挤压应力和许用压强　　（单位：MPa）

许用挤压应力 许用压强	轮毂材料	载 荷 性 质		
		静 载 荷	轻 微 冲 击	冲 击
$[\sigma_{\mathrm{p}}]$	钢	120~150	100~120	60~90
	铸铁	70~80	50~60	30~45
$[p]$	钢	50	40	30

注：1. 表中许用挤压应力和许用压强值按连接中最弱的零件选取。

　　2. 动连接中经淬火的连接零件，许用压强值提高 2~3 倍。

3. 花键连接

花键连接由轴外表面的外花键和孔内表面的内花键组成。内外花键结构如图 7-42 所示，花键连接工作时，依靠内外花键工作齿面间的挤压传递转矩。与平键相比，花键的优点有：接触齿数多，接触面积大，承载能力大；齿槽浅，齿根应力集中小；制造精度高，轴与轮毂对中性好；花键连接常用于重载、

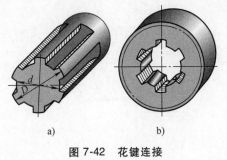

图 7-42　花键连接
a）外花键　b）内花键

高速场合，可用于静连接或动连接，对于动连接有较好的导向性。花键的缺点是需专用设备加工，成本较高。

花键按齿形不同，可分为矩形花键和渐开线花键两种。

（1）矩形花键（图 7-43）　矩形花键容易制造，应用广泛。主要参数有齿数 N、小径 d、大径 D、键宽 B。矩形花键标准中规定有两个系列：轻系列用于较轻载荷的静连接；中系列用于中等载荷的连接。矩形花键采用小径定心，其定心精度高且稳定性好。其标记方法为 $N×d×D×B$。

（2）渐开线花键　渐开线花键的齿廓形状为渐开线。安装时，靠内、外花键的齿侧面定心。渐开线花键的制造工艺与渐开线齿轮相同，常用标准压力角 α 有 30°和 45°等几种，压力角为 30°的渐开线花键（图 7-44）应用最广泛。模数为 0.5~10mm 共 15 种。渐开线花键齿根较厚，齿顶圆角大，强度高，有较大的承载能力，定心精度高，工艺性好。

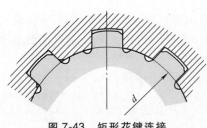

图 7-43　矩形花键连接

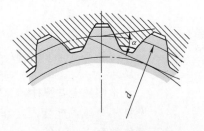

图 7-44　渐开线花键连接

二、无键连接和销连接

1. 无键连接

（1）型面连接　型面连接是利用非圆截面的轴与孔组成的轴毂连接，如图 7-45 所示。轴和孔的连接表面可以做成柱形或锥形。柱形只能传递转矩，锥形既可以传递转矩，又可以传递轴向力。

型面连接的特点是：装拆方便，对中性好，没有应力集中源，但加工需要专用设备。

（2）胀套连接　胀套连接是在轴与孔之间安装一组或多组锥形胀套，在外加轴向力作用下，内套缩小，外套胀大，形成过盈配合。工作时靠产生的摩擦力传递轴向力和转矩，如图 7-46 所示。

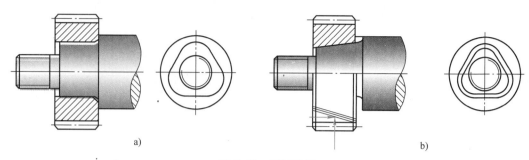

图 7-45　型面连接

a）柱形型面连接　b）锥形型面连接

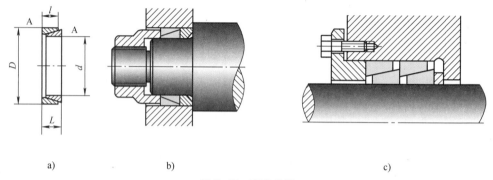

图 7-46　胀套连接

　　胀套连接的特点是：对中性好，装拆方便，承载能力高，不削弱被连接件的强度，能起到密封作用，适用于大直径轴与孔的连接。

　　2. 销连接

　　销主要用于固定零件间的相对位置，也可以用于轴毂连接或其他零件的连接，可传递不大的载荷（图 7-47），还可以用作安全装置中的过载剪断元件（图 7-48）。

　　常用的销有圆柱销、圆锥销（图 7-47）、槽销（图 7-49）和开口销（图 7-50）。圆柱销靠过盈配合固定在销孔中，经多次装拆后其定位精度和可靠性会有所降低；圆锥销有 1：50 的锥度，安装方便，定位精度高，可多次装拆而不影响定位精度；槽销上有辗轧或模锻出的三条纵向沟槽，打入销孔后与孔壁压紧，不易松脱，用于承受振动和变载荷的场合，可多次装拆；开口销用于锁定其他紧固件，是一种防松零件。

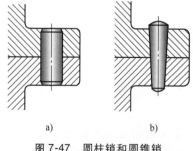

图 7-47　圆柱销和圆锥销

a）圆柱销　b）圆锥销

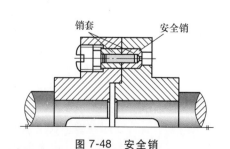

图 7-48　安全销

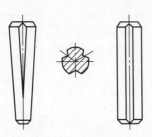

图 7-49 槽销

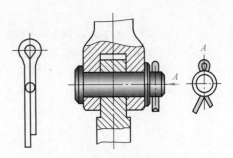

图 7-50 开口销

销的常用材料是 35 钢、45 钢。开口销用低碳钢制造。

例 7-2 图 7-51 所示为一凸缘联轴器。已知其传递功率为 5.5kW，转速 $n=90$r/min，单向传动，轻微冲击，联轴器材料为 Q235，试选择平键并校核键连接的强度。

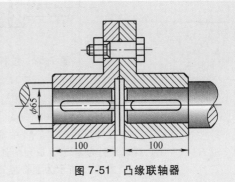

图 7-51 凸缘联轴器

解 1. 选择键的类型及尺寸

由题意选用普通圆头平键。

由表 7-6 查得，当轴径为 65mm 时，平键断面尺寸 $b \times h$ 为 18mm×11mm。半联轴器轮毂长 100mm，取键长 $L=90$mm。键标记为：键 18×11 GB/T 1096—2003。

2. 强度校核

由式（7-28），平键的挤压强度条件为 $\sigma_p = \dfrac{2T}{dkl} \leqslant [\sigma_p]$

$$T=9550 \times P/n = (9550 \times 5.5/90) \text{N} \cdot \text{m} = 584\text{N} \cdot \text{m}$$
$$k=h/2 = 11\text{mm}/2 = 5.5\text{mm}$$
$$l=L-b = 90\text{mm} - 18\text{mm} = 72\text{mm}$$

由表 7-7 查得 $[\sigma_p] = 100 \sim 120\text{MPa}$

$$\sigma_p = [2 \times 584000/(65 \times 5.5 \times 72)]\text{MPa} = 45.4\text{MPa} < [\sigma_p]$$

挤压强度满足要求。

习 题

7-1 螺纹的主要参数有哪些？各参数间的关系如何？

7-2 受轴向工作载荷的紧螺栓连接，螺栓所受的总载荷为什么不等于工作载荷与预紧力之和而等于工作载荷与残余预紧力之和？

7-3 试述平键连接特点和强度校核的方法。

7-4 试画出：1）双头螺柱连接结构图；2）螺钉连接结构图（螺钉、弹簧垫圈、被连接件装配在一起的结构）。

7-5 图 7-52 所示为某机构上的拉杆端部采用粗牙普通螺纹连接。已知拉杆所受最大载荷 $F=15$kN，载荷变动小，拉杆材料为 Q235，试确定拉杆的螺纹直径。

7-6　图 7-53 所示为一刚性联轴器,联轴器材料为 Q235,其上用四个 M16 加强杆螺栓连接。螺栓材料为 45 钢,受剪面处螺栓直径 $d_0 = 17\text{mm}$,螺栓光柱长度为 42mm,其他尺寸见图示,许用最大转矩 $T = 1.5\text{kN} \cdot \text{m}$,试校核其强度。

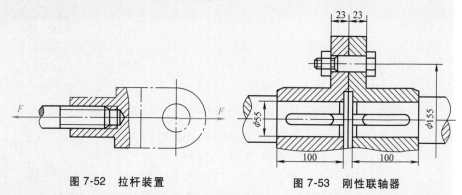

图 7-52　拉杆装置　　　　　图 7-53　刚性联轴器

7-7　选择并校核齿轮轮毂与轴的平键连接,如图 7-54 所示。轮毂宽 $B = 60\text{mm}$,轴径 $d = 42\text{mm}$,传递转矩 $T = 250\text{N} \cdot \text{mm}$,有轻微冲击。齿轮与轴的材料均为 45 钢。

7-8　已知作用在图 7-54 中轴承盖上的力 $F = 10\text{kN}$,轴承盖用四个螺钉固定于铸铁箱体上,螺钉材料为 Q235,取残余预紧力 $F'' = 0.4F$,不控制预紧力,求所需的螺钉直径。

7-9　图 7-55 所示为在直径 $d = 80\text{mm}$ 的轴端安装一钢制直齿圆柱齿轮,轮毂长 $L = 1.5d$,传递转矩 $T = 1000\text{N} \cdot \text{m}$,工作时有轻微冲击,试确定平键的连接尺寸,并校核其强度。

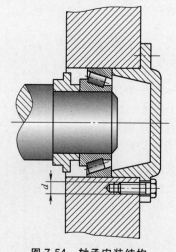
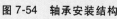
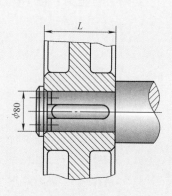

图 7-54　轴承安装结构　　　　　图 7-55　直齿圆柱齿轮键连接

第八章

挠性传动

带传动与链传动都是采用挠性件（带或链）来传递运动和动力的。这两种传动形式适用于两轴中心距较大的场合，因此，在现代机械中得到广泛应用。

第一节　带传动概述

带传动是由主动带轮 1、从动带轮 2 和传动带 3 组成的，如图 8-1 所示。工作时，靠带和带轮间的摩擦或啮合来传递运动和动力。

一、带传动的类型

根据工作原理不同，带传动可分为摩擦型带传动和啮合型带传动。按照带的截面形状，摩擦型带传动又可分为平带传动、V 带传动、圆带传动和多楔带传动等，如图 8-2a～d 所示；啮合型带传动为同步带传动，如图 8-2e 所示。

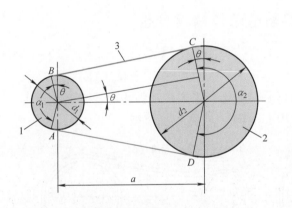

图 8-1　带传动示意图

1—主动带轮　2—从动带轮　3—传动带

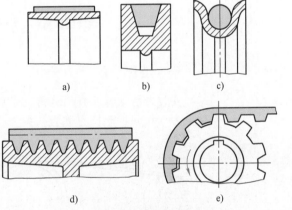

图 8-2　带传动的类型

a) 平带传动　b) V 带传动　c) 圆带传动
d) 多楔带传动　e) 同步带传动

平带传动靠带的底面与轮面接触，结构简单，带轮也容易制造，常用于传动中心距较大的场合，也广泛用于高速带传动。常用的平带有胶帆布平带、编织平带、尼龙片复合平带和高速环形胶带等。

V 带传动靠带的两侧面与轮槽接触，带的底面与轮槽不接触。在相同的张紧力作用下，V 带传动所产生的摩擦力要大于平带传动，因此，能传递较大的功率，应用更广泛。

圆带传动传递的功率较小，一般用于轻载、小型机械，如缝纫机、牙科医疗器械等。

多楔带传动兼有平带传动和 V 带传动的优点，带与带轮接触面数较多，摩擦力和横向刚度较大，故宜用于要求结构紧凑且传递功率较大的场合。

同步带传动是通过带齿的环形带与带轮上的轮齿进行啮合的传动，带与带轮间无相对滑动，能保证准确的传动比。带的柔性好，能缓冲、吸振，故允许的线速度较高。同步带用于要求传动比准确的中、小功率传动，如录音机、放映机、磨床、纺织机等。

本章主要讲述 V 带传动。

二、带传动的特点及应用

带传动的优点是：①适用于远距离传递运动和动力，通过改变带的长度可适应不同的中心距；②传动带具有弹性，可以起到缓冲、吸振的作用，因而传动平稳、噪声小；③过载时，带在带轮上打滑，可防止其他零部件损坏，起安全保护作用；④结构简单，制造和维护方便，成本低廉。

缺点是：①带传动的外廓尺寸大，结构不紧凑；②带与带轮之间有相对滑动，不能保证准确的传动比；③传动效率较低，带的寿命较短；④需要设置张紧装置。

带传动应用广泛，多用于传递功率不大（$\leqslant 50\text{kW}$）、速度适中（$v = 5 \sim 25\text{m/s}$）、传动比要求不严格，且中心距较大的场合；不宜用于高温、易燃等场合。在多级传动系统中，通常将其置于高速级（直接与原动机相连），这样可起到过载保护作用，同时还可减小其结构尺寸和重量。

第二节 带传动的工作情况分析

一、带传动的受力分析

安装带传动时，必须将传动带张紧在带轮上。当带传动静止时，带上各处所受拉力均相同，此拉力称为初拉力，用 F_0 表示，如图 8-3a 所示。

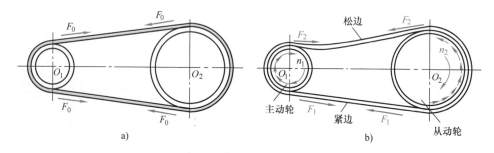

图 8-3 带传动的受力分析

a）静止时 b）工作时

当带传动工作时，设主动带轮以转速 n_1 转动，如图 8-3b 所示。由于主、从动带轮对传动带摩擦力 F_f 的作用，传动带上、下两边的拉力发生了变化。绕上主动带轮的一边被进一步拉紧，拉力由 F_0 增加到 F_1，称为紧边；绕上从动带轮的一边被放松，拉力由 F_0 减小到 F_2，称为松边。此时紧、松两边的拉力之差 $F_1 - F_2$ 就是带传动中起传递动力作用的有效拉力 F_e，即

$$F_e = F_1 - F_2 \tag{8-1}$$

设工作时带的总长度不变，则紧边拉力的增加量 $F_1 - F_0$ 等于松边拉力的减小量 $F_0 - F_2$，即

$$F_1 - F_0 = F_0 - F_2 \tag{8-2}$$

或

$$F_1 + F_2 = 2F_0 \tag{8-3}$$

有效拉力 F_e 等于带和带轮接触面上各点摩擦力的总和 F_f，即

$$F_e = F_f = F_1 - F_2 \tag{8-4}$$

带传动所能传递的功率为

$$P = F_e v / 1000 \tag{8-5}$$

式中，P 为带传递的功率（kW）；F_e 为有效拉力（N）；v 为带的速度（m/s）。

由式（8-3）和式（8-4），可得

$$\left. \begin{array}{l} F_1 = F_0 + F_e/2 \\ F_2 = F_0 - F_e/2 \end{array} \right\} \tag{8-6}$$

当 F_f 达到极限值 F_{lim} 时，带传动的有效拉力达到最大值，这时，F_1 与 F_2 的关系可用柔韧体摩擦的欧拉公式表示，即

$$F_1 = F_2 e^{f\alpha} \tag{8-7}$$

式中，e 为自然对数的底（e = 2.718…）；f 为摩擦因数（对于 V 带，用当量摩擦因数 f_V 代替 f，$f_V = f/\sin\dfrac{\varphi}{2}$，$\varphi$ 为 V 带轮槽角，见表 8-9）；α 为带在带轮上的包角（rad）。

将式（8-7）代入式（8-6），可得最大有效拉力为

$$F_{ec} = 2F_0 \frac{e^{f\alpha} - 1}{e^{f\alpha} + 1} = F_1 \left(1 - \frac{1}{e^{f\alpha}} \right) \tag{8-8}$$

由式（8-8）可知，带传动的最大有效拉力与摩擦因数、包角和初拉力有关。

（1）初拉力 F_0　F_{ec} 与 F_0 成正比。F_0 越大，带与带轮间的正压力越大，摩擦力就越大，最大有效拉力 F_{ec} 也越大。但 F_0 应适当，过大时，将导致带的磨损加剧，工作寿命缩短。

（2）包角 α　F_{ec} 随 α 增大而增大。α 越大，所产生的总摩擦力就越大。因此，在设计水平布置的带传动时，应将松边放置在上边，以利于增大包角 α。

（3）摩擦因数 f　因为摩擦因数 f 越大，带与带轮间的摩擦力就越大，故 F_{ec} 随 f 增大而增大。

二、带的应力分析

带传动工作时，在带中将产生以下三种应力，即紧、松边拉应力，离心应力和弯曲应力。

1. 拉应力

紧、松边拉力 F_1 和 F_2 产生的紧、松边拉应力 σ_1、σ_2（单位为 MPa，下同）分别为

$$\left. \begin{array}{l} \sigma_1 = F_1/A \\ \sigma_2 = F_2/A \end{array} \right\} \tag{8-9}$$

式中，A 为带的横截面积（mm²）；F_1、F_2 为紧、松边拉力（N）。

2. 离心应力

当带绕过带轮时，随着带轮做圆周运动，会产生离心力。虽然离心力只产生在接触弧上，但由它引起的离心应力 σ_c 却作用在整个带长上，其值为

$$\sigma_c = qv^2/A \tag{8-10}$$

式中，q 为传动带单位长度的质量（kg/m）；v 为带速（m/s）。

3. 弯曲应力

当带绕过带轮时，带将因弯曲而产生弯曲应力 σ_b，其值为

$$\sigma_b \approx E\frac{h}{d_d} \tag{8-11}$$

式中，E 为带的弹性模量（MPa）；h 为带的厚度（mm）；d_d 为带轮的基准直径（mm）。

由式（8-11）可知，带轮直径 d_d 越小，带的高度 h 越大，带受到的弯曲应力 σ_b 越大，而带离开带轮后所受 σ_b 将消失。显然，小带轮上的弯曲应力大于大带轮上的弯曲应力。为防止带所受弯曲应力过大，对各种型号的 V 带都规定了最小带轮基准直径 d_{dmin}，见表 8-6。

图 8-4 所示为带工作时上述三种应力沿带长的分布情况。由图可知，带在工作过程中，各点的应力大小是不同的，最大应力发生在带的紧边进入小带轮处（图中 A 点），最大应力为

$$\sigma_{max} = \sigma_1 + \sigma_c + \sigma_{b1} \tag{8-12}$$

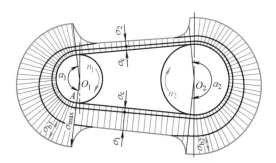

图 8-4　带工作时的应力分布情况

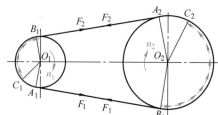

图 8-5　带的弹性滑动

带的弹性滑动与打滑

三、带的弹性滑动和打滑

带是弹性体，受到拉力时会产生弹性变形。由于带在紧、松边上所受的拉力不同，因而产生的弹性变形也不同，如图 8-5 所示。当带从 A_1 点开始绕上主动带轮到在 B_1 点离开主动带轮的过程中，带由紧边转入松边，带所受的拉力由 F_1 逐渐减小到 F_2，同时带的弹性变形伸长量也相应减小，即带的变形在主动带轮包角范围内逐渐减小，带相对于带轮会发生局部微量滑动，使带速 v 小于主动带轮的圆周速度 v_1；同理，在从动带轮上，由于带的拉力由 F_2 逐渐增加到 F_1，致使带在从动带轮包角范围内弹性变形逐渐增加，同样会发生局部微量滑动，使带速 v 大于从动轮的圆周速度 v_2。这种由于带的弹性变形变化而引起的滑动称为弹性滑动。带传动工作时，带在带轮两边总是有拉力差，因此，弹性滑动是带传动工作时不可避免的物理现象。

弹性滑动将导致从动带轮的圆周速度 v_2 低于主动带轮的圆周速度 v_1，其速度降低程度用滑动率 ε 表示，即

$$\varepsilon = \frac{v_1 - v_2}{v_1} \times 100\% \tag{8-13}$$

将 $v_1 = \dfrac{\pi d_1 n_1}{60 \times 1000}$、$v_2 = \dfrac{\pi d_2 n_2}{60 \times 1000}$ 分别代入上式，经整理后可得带传动的传动比计算

公式

$$i = \frac{n_1}{n_2} = \frac{d_2}{d_1(1-\varepsilon)} \tag{8-14}$$

通常 V 带传动的滑动率 $\varepsilon = 1\% \sim 2\%$，其值甚微，在不需要精确计算从动带轮的转速时，可取传动比为

$$i = \frac{n_1}{n_2} \approx \frac{d_2}{d_1} \tag{8-15}$$

弹性滑动与有效拉力的大小有关，故在不同有效拉力下滑动率不同，导致带传动不能保证恒定的传动比。另外，弹性滑动还将使带传动效率下降。

带传动工作时，随着载荷增加，有效拉力 F_e 相应增加。当有效拉力 F_e 达到带与小带轮之间摩擦力总和的极限值时，带将在带轮的整个接触弧上发生相对滑动，这种现象称为打滑。打滑时带的磨损加剧，从动带轮转速急剧降低，甚至停止转动，致使传动失效。因此，打滑现象必须避免。

第三节　V 带传动的设计

一、V 带的类型和结构

V 带有普通 V 带、窄 V 带、宽 V 带、接头 V 带、联组 V 带、齿形 V 带、大楔角 V 带等类型，如图 8-6 所示。其中普通 V 带应用最广，近年来窄 V 带的应用也趋于广泛。

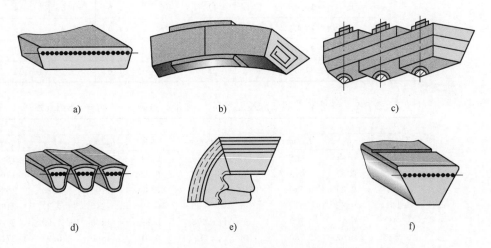

图 8-6　V 带类型（普通 V 带、窄 V 带除外）

a) 宽 V 带　b)、c) 接头 V 带　d) 联组 V 带　e) 齿形 V 带　f) 大楔角 V 带

普通 V 带呈无接头环形。其结构由顶胶、抗拉体、底胶和包布组成，如图 8-7 所示。按抗拉体材料的不同，可分为帘布芯结构和绳芯结构两种。帘布芯结构制造较方便、抗拉强度高、型号齐全，故应用较广；绳芯结构较

图 8-7　普通 V 带的结构

a) 帘布芯结构　b) 绳芯结构

柔软、易弯曲，适用于带轮直径小、载荷不大和转速较高的场合。

按截面尺寸由小到大来分，普通 V 带有 Y、Z、A、B、C、D、E 七种，其截面尺寸见表 8-1。当 V 带弯曲时，顶胶伸长，底胶缩短，只有在两者之间的中性层长度保持不变，称其为节面。节面宽度称为节宽 b_p（表 8-1），带弯曲时，节宽保持不变。带的节面（线）长度称为带的基准长度，即带的公称长度，以 L_d 表示。其基准长度系列 L_d 和带长系数 K_L 见表 8-2。在 V 带轮上，与之相配用 V 带的节宽 b_p 相对应的直径称为基准直径 d_d，见表 8-6。

表 8-1　V 带的截面尺寸（摘自 GB/T 13575.1—2008）　（单位：mm）

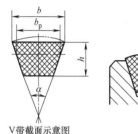

规定标记：

型号为 A 型基准长度为 1250mm 的普通 V 带

标记示例：

A1250　GB/T 13575.1—2008

V 带截面示意图

型　　号		节宽 b_p	顶宽 b	高度 h	楔角 α	露出高度 h_T		适用槽形的基准宽度	每米质量 $q/(\text{kg/m})$
						最大	最小		
普通 V 带	Y	5.3	6	4	40°	+0.8	-0.8	5.3	0.023
	Z	8.5	10	6		+1.6	-1.6	8.5	0.060
	A	11.0	13	8		+1.6	-1.6	11	0.105
	B	14.0	17	11		+1.6	-1.6	14	0.170
	C	19.0	22	14		+1.5	-2.0	19	0.300
	D	27.0	32	19		+1.6	-3.2	27	0.630
	E	32.0	38	23		+1.6	-3.2	32	0.970

表 8-2　普通 V 带的基准长度系列 L_d 和带长系数 K_L（摘自 GB/T 13575.1—2008）

Y		Z		A		B		C	
L_d/mm	K_L	L_d/mm	K_L	L_d/mm	K_L	L_d/mm	K_L	L_d/mm	K_L
200	0.81	405	0.87	630	0.81	930	0.83	1565	0.82
224	0.82	475	0.90	700	0.83	1000	0.84	1760	0.85
250	0.84	530	0.93	790	0.85	1100	0.86	1950	0.87
280	0.87	625	0.96	890	0.87	1210	0.87	2195	0.90
315	0.89	700	0.99	990	0.89	1370	0.90	2420	0.92
355	0.92	780	1.00	1100	0.91	1560	0.92	2715	0.94
400	0.96	920	1.04	1250	0.93	1760	0.94	2880	0.95
450	1.00	1080	1.07	1430	0.96	1950	0.97	3080	0.97
500	1.02	1330	1.13	1550	0.98	2180	0.99	3520	0.99
		1420	1.14	1640	0.99	2300	1.01	4060	1.02
		1540	1.54	1750	1.00	2500	1.03	4600	1.05
				1940	1.02	2700	1.04	5380	1.08
				2050	1.04	2870	1.05	6100	1.11
				2200	1.06	3200	1.07	6815	1.14
				2300	1.07	3600	1.09	7600	1.17
				2480	1.09	4060	1.13	9100	1.21
				2700	1.10	4430	1.15	10700	1.24

二、带传动的设计准则和单根 V 带的基本额定功率

由于带传动的主要失效形式为带传动打滑和带的疲劳损坏，因此，带传动的设计准则为：在保证带传动不打滑的条件下，使带具有一定的疲劳强度和寿命。

单根 V 带的许用功率，可依据设计准则确定。要保证带传动不打滑，必须使

$$F_e \leqslant F_{flim}$$

要保证带具有一定的疲劳强度，应满足的强度条件为

$$\sigma_{max} = \sigma_1 + \sigma_{b1} + \sigma_c \leqslant [\sigma]$$

即

$$\sigma_1 \leqslant [\sigma] - \sigma_{b1} - \sigma_c \tag{8-16}$$

式中，$[\sigma]$ 为根据疲劳寿命决定的带的许用拉应力。

由式（8-5）、式（8-8）、式（8-9）和式（8-16），可以得到带传动满足既不打滑又具有一定的疲劳强度时，单根 V 带所能传递的功率为

$$P_0 = \frac{F_e v}{1000} = ([\sigma] - \sigma_{b1} - \sigma_c)\left(1 - \frac{1}{e^{f_v \alpha_1}}\right)\frac{Av}{1000} \tag{8-17}$$

单根普通 V 带在载荷平稳、包角 $\alpha = 180°$（$i = 1$）、特定带长等特定条件下的基本额定功率 P_0 值见表 8-3。

ΔP_0 为考虑 $i \neq 1$ 时基本额定功率 P_0 的增量，ΔP_0 值可根据传动比 i 由表 8-4 查得。

表 8-3 单根普通 V 带的基本额定功率 P_0（摘自 GB/T 13575.1—2008）（单位：kW）

型号	小带轮基准直径 d_{d1}/mm	小带轮转速 n_1/(r/min)													
		200	400	800	950	1200	1450	1600	2000	2400	2800	3200	3600	4000	5000	6000
Z	50	0.04	0.06	0.10	0.12	0.14	0.16	0.17	0.20	0.22	0.26	0.28	0.30	0.32	0.34	0.31
	56	0.04	0.06	0.12	0.14	0.17	0.19	0.20	0.25	0.30	0.33	0.35	0.37	0.39	0.41	0.40
	63	0.05	0.08	0.15	0.18	0.22	0.25	0.27	0.32	0.37	0.41	0.45	0.47	0.49	0.50	0.48
	71	0.06	0.09	0.20	0.23	0.27	0.30	0.33	0.39	0.46	0.50	0.54	0.58	0.61	0.62	0.56
	80	0.10	0.14	0.22	0.26	0.30	0.35	0.39	0.44	0.50	0.56	0.61	0.64	0.67	0.66	0.61
	90	0.10	0.14	0.24	0.28	0.33	0.36	0.40	0.48	0.54	0.60	0.64	0.68	0.72	0.73	0.56
A	75	0.15	0.26	0.45	0.51	0.60	0.68	0.73	0.84	0.92	1.00	1.04	1.08	1.09	1.02	0.80
	90	0.22	0.39	0.68	0.77	0.93	1.07	1.15	1.34	1.50	1.64	1.75	1.83	1.87	1.82	1.50
	100	0.26	0.47	0.83	0.95	1.14	1.32	1.42	1.66	1.87	2.05	2.19	2.28	2.34	2.25	1.80
	112	0.31	0.56	1.00	1.15	1.39	1.61	1.74	2.04	2.30	2.51	2.68	2.78	2.83	2.64	1.96
	125	0.37	0.67	1.19	1.37	1.66	1.92	2.07	2.44	2.74	2.98	3.16	3.26	3.28	2.91	1.87
	140	0.43	0.78	1.41	1.62	1.96	2.28	2.45	2.87	3.22	3.48	3.65	3.72	3.67	2.99	1.37
	160	0.51	0.94	1.69	1.95	2.36	2.73	2.94	3.42	3.80	4.06	4.19	4.17	3.98	2.67	
	180	0.59	1.09	1.97	2.27	2.74	3.16	3.40	3.93	4.32	4.54	4.58	4.40	4.00	1.81	
B	125	0.48	0.84	1.44	1.64	1.93	2.19	2.33	2.64	2.85	2.96	2.94	2.80	2.51	1.09	
	140	0.59	1.05	1.82	2.08	2.47	2.82	3.00	3.42	3.70	3.85	3.83	3.63	3.24	1.29	
	160	0.74	1.32	2.32	2.66	3.17	3.62	3.86	4.40	4.75	4.89	4.80	4.46	3.82	0.81	
	180	0.88	1.59	2.81	3.22	3.85	4.39	4.68	5.30	5.67	5.76	5.52	4.92	3.92		
	200	1.02	1.85	3.30	3.77	4.50	5.13	5.46	6.13	6.47	6.43	5.95	4.98	3.47		
	224	1.19	2.17	3.86	4.42	5.26	5.97	6.33	7.02	7.25	6.95	6.05	4.47	2.14		
	250	1.37	2.50	4.46	5.10	6.04	6.82	7.20	7.87	7.89	7.14	5.60	3.12			
	280	1.58	2.89	5.13	5.85	6.90	7.76	8.13	8.60	8.22	6.80	4.26				
C	200	1.39	2.41	4.07	4.58	5.29	5.84	6.07	6.34	6.02	5.01	3.23				
	224	1.70	2.99	5.12	5.78	6.71	7.45	7.75	8.06	7.57	6.08	3.57				
	250	2.03	3.62	6.23	7.04	8.21	9.04	9.38	9.62	8.75	6.56	2.93				
	280	2.42	4.32	7.52	8.49	9.81	10.72	11.06	11.04	9.50	6.13					
	315	2.84	5.14	8.92	10.05	11.53	12.46	12.72	12.14	9.43	4.16					
	355	3.36	6.05	10.46	11.73	13.31	14.12	14.19	12.59	7.98						
	400	3.91	7.06	12.10	13.48	15.04	15.53	15.24	11.95	4.34						
	450	4.51	8.20	13.80	15.23	16.59	16.47	15.57	9.64							

表 8-4　单根普通 V 带额定功率的增量 ΔP_0（摘自 GB/T 13575.1—2008）　（单位：kW）

型号	传动比 i	小带轮转速 $n_1/(\text{r/min})$						
		400	700	800	950	1200	1450	2800
Z	1.00~1.01	0.00	0.00	0.00	0.00	0.00	0.00	0.00
	1.02~1.04	0.00	0.00	0.00	0.00	0.00	0.00	0.01
	1.05~1.08	0.00	0.00	0.00	0.00	0.01	0.01	0.02
	1.09~1.12	0.00	0.00	0.00	0.01	0.01	0.01	0.02
	1.13~1.18	0.00	0.00	0.01	0.01	0.01	0.01	0.03
	1.19~1.24	0.00	0.00	0.01	0.01	0.02	0.02	0.03
	1.25~1.34	0.00	0.01	0.01	0.01	0.02	0.02	0.03
	1.35~1.50	0.00	0.01	0.01	0.02	0.02	0.02	0.04
	1.51~1.99	0.01	0.01	0.02	0.02	0.02	0.02	0.04
	≥2.0	0.01	0.02	0.02	0.02	0.03	0.03	0.04
A	1.00~1.01	0.00	0.00	0.00	0.00	0.00	0.00	0.00
	1.02~1.04	0.01	0.01	0.01	0.02	0.02	0.02	0.04
	1.05~1.08	0.01	0.02	0.02	0.03	0.03	0.04	0.08
	1.09~1.12	0.02	0.03	0.03	0.04	0.05	0.06	0.11
	1.13~1.18	0.02	0.04	0.04	0.05	0.07	0.08	0.15
	1.19~1.24	0.03	0.05	0.05	0.06	0.08	0.09	0.19
	1.25~1.34	0.03	0.06	0.06	0.07	0.10	0.11	0.23
	1.35~1.51	0.04	0.07	0.08	0.08	0.11	0.13	0.26
	1.52~1.99	0.04	0.08	0.09	0.10	0.13	0.15	0.30
	≥2.0	0.05	0.09	0.10	0.11	0.15	0.17	0.34
B	1.00~1.01	0.00	0.00	0.00	0.00	0.00	0.00	0.00
	1.02~1.04	0.01	0.02	0.03	0.03	0.04	0.05	0.10
	1.05~1.08	0.03	0.05	0.06	0.07	0.08	0.10	0.20
	1.09~1.12	0.04	0.07	0.08	0.10	0.13	0.15	0.29
	1.13~1.18	0.06	0.10	0.11	0.13	0.17	0.20	0.39
	1.19~1.24	0.07	0.12	0.14	0.17	0.21	0.25	0.49
	1.25~1.34	0.08	0.15	0.17	0.20	0.25	0.31	0.59
	1.35~1.51	0.10	0.17	0.20	0.23	0.30	0.36	0.69
	1.52~1.99	0.11	0.20	0.23	0.26	0.34	0.40	0.79
	≥2.0	0.13	0.22	0.25	0.30	0.38	0.46	0.89
C	1.00~1.01	0.00	0.00	0.00	0.00	0.00	0.00	0.00
	1.02~1.04	0.04	0.07	0.08	0.09	0.12	0.14	0.27
	1.05~1.08	0.08	0.14	0.16	0.19	0.24	0.28	0.55
	1.09~1.12	0.12	0.21	0.23	0.27	0.35	0.42	0.82
	1.13~1.18	0.16	0.27	0.31	0.37	0.47	0.58	1.10
	1.19~1.24	0.20	0.34	0.39	0.47	0.59	0.71	1.37
	1.25~1.34	0.23	0.41	0.47	0.56	0.70	0.85	1.64
	1.35~1.51	0.27	0.48	0.55	0.65	0.82	0.99	1.92
	1.52~1.99	0.31	0.55	0.63	0.74	0.94	1.14	2.19
	≥2.0	0.35	0.62	0.71	0.83	1.06	1.27	2.47

三、V 带传动的设计计算及参数选择

设计普通 V 带传动的原始数据通常为：传动用途、载荷性质、传递功率 P、带轮转速 n_1、传动比 i、传动位置要求以及外廓尺寸要求等。

设计内容包括：①确定 V 带型号、基准长度 L_d、根数 z；②确定带轮材料、基准直径 d_{d1}、d_{d2} 以及结构尺寸；③计算传动中心距 a、传动的初拉力 F_0 及 V 带对轴的压力 F_Q；④确定张紧装置等。

设计步骤如下：

1. 确定计算功率 P_C

$$P_C = K_A P \tag{8-18}$$

式中，P_C 为计算功率（kW）；K_A 为工作情况系数，见表 8-5；P 为带传动所需传递的功率（kW）。

表 8-5　工作情况系数 K_A

载荷性质	工 作 机	K_A					
		空、轻载起动			重载起动		
		每天工作小时数/h					
		<10	10~16	>16	<10	10~16	>16
载荷变动最小	液体搅拌机,通风机和鼓风机(≤7.5kW),离心式水泵和压缩机,轻负荷输送机	1.0	1.1	1.2	1.1	1.2	1.3
载荷变动小	带式输送机(不均匀载荷),通风机(>7.5kW),旋转式水泵和压缩机(非离心式),发电机,金属切削机床,印刷机,锯木机和木工机械	1.1	1.2	1.3	1.2	1.3	1.4
载荷变动较大	制砖机,斗式提升机,往复式水泵和压缩机,起重机,磨粉机,冲剪机床,橡胶机械,纺织机械,重载输送机	1.2	1.3	1.4	1.4	1.5	1.6
载荷变动很大	破碎机(旋转式、颚式等),磨碎机(球磨、棒磨、管磨)	1.3	1.4	1.5	1.5	1.6	1.8

注：1. 空、轻载起动：电动机（交流起动、三角起动、直流并励），四缸以上的内燃机，装有离心式离合器、液力联轴器的动力机。

2. 重载起动：电动机（联机交流起动、直流复励或串励），四缸以下的内燃机。

2. 选择带的型号

普通 V 带型号根据带传动的计算功率 P_C 和小带轮转速 n_1，由图 8-8 选取。当选择的坐标点（P_C、n_1）位于图中两种型号分界线附近时，可按两种型号分别计算，最后比较两种方案的设计结果，择优选用。

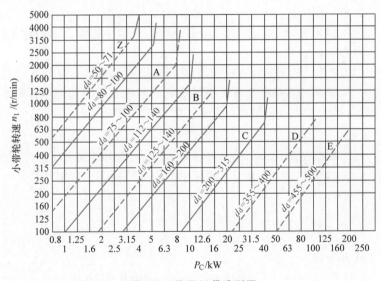

图 8-8　普通 V 带选型图

3. 确定带轮基准直径 d_{d1}、d_{d2}

（1）选择小带轮基准直径 d_{d1}　小带轮基准直径越小，带传动越紧凑，但弯曲应力越大，导致带疲劳强度下降。表 8-6 列出 V 带轮的最小基准直径。在设计时，应使 $d_{d1} \geqslant d_{dmin}$。

（2）计算大带轮基准直径 d_{d2}

$$d_{d2} = i d_{d1} = \frac{n_1}{n_2} d_{d1} \qquad (8\text{-}19)$$

d_{d1}、d_{d2} 应尽量按表 8-6 带轮的基准直径系列圆整，圆整后应保证传动比误差控制在 ±5% 的允许范围内。

表 8-6　普通 V 带轮的最小基准直径 d_{dmin}　　　　（单位：mm）

型　号	Y	Z	A	B	C	D	E
d_{dmin}	20	50	75	125	200	355	500

注：普通 V 带轮的基准直径系列为：20，22.4，25，28，31.5，35.5，40，45，50，56，63，71，75，80，85，90，100，106，112，125，132，140，150，160，170，180，200，212，224，236，250，280，300，315，335，355，375，400，425，450，475，500，530，560，600，630，670，710，750，800，900，1000 等。

4. 验算带速 v

带速的计算公式为

$$v = \frac{\pi d_{d1} n_1}{60 \times 1000} \qquad (8\text{-}20)$$

一般应使 $v = 5 \sim 25\,\text{m/s}$。带速 v 过大，则因离心力增大，而使带与带轮间的压力减小，传动能力下降；带速 v 过小，在传递相同功率时，则要求有效拉力 F_e 过大，所需带的根数较多，载荷分布不均匀。

5. 确定中心距 a 和带的基准长度 L_d

中心距过大，则结构尺寸大，易引起带的颤动；中心距过小，在单位时间内带的绕转次数会增加，导致带的疲劳寿命和传动能力降低。

（1）初定中心距 a_0　若设计时未给定中心距，则可在下式限定的范围内初定中心距 a_0，即

$$0.7(d_{d1} + d_{d2}) \leqslant a_0 \leqslant 2(d_{d1} + d_{d2}) \qquad (8\text{-}21)$$

带的计算基准长度可根据带轮的基准直径和初定中心距 a_0 计算

$$L_{d0} = 2a_0 + \frac{\pi}{2}(d_{d1} + d_{d2}) + \frac{(d_{d2} - d_{d1})^2}{4a_0} \qquad (8\text{-}22)$$

根据初步计算的带基准长度 L_{d0}，由表 8-2 选取相近的标准基准长度 L_d。

（2）实际中心距 a　实际中心距 a 可由下式近似计算

$$a \approx a_0 + \frac{L_d - L_{d0}}{2} \qquad (8\text{-}23)$$

考虑到安装、调整和补偿张紧的需要，实际中心距允许有一定的变动范围，其大小为

$$\left. \begin{array}{l} a_{min} = a - 0.015 L_d \\ a_{max} = a + 0.03 L_d \end{array} \right\} \qquad (8\text{-}24)$$

6. 验算小带轮包角 α_1

小带轮包角 α_1 可按下式计算得到

$$\alpha_1 = 180° - \frac{d_{d2} - d_{d1}}{a} \times 57.3° \qquad (8\text{-}25)$$

为保证带的传动能力，一般要求 $\alpha_1 \geqslant 120°$，仅传递运动时，允许到 $\alpha_1 > 90°$。否则应加大中心距或减小传动比，或者加装张紧轮。

7. 确定带的根数 z

带的根数 z 计算式如下

$$z \geqslant \frac{P_{\mathrm{C}}}{(P_0 + \Delta P_0) K_\alpha K_{\mathrm{L}}} \qquad (8\text{-}26)$$

式中，P_{C}、P_0、ΔP_0 的含义同上；K_α 为小带轮包角系数，见表 8-7；K_{L} 为带长系数，见表 8-2。

表 8-7　包角系数 K_α（摘自 GB/T 13575.1—2008）

包角 $\alpha_1/(°)$	180	170	160	150	140	130	120	110	100	90
K_α	1.00	0.98	0.95	0.92	0.89	0.86	0.82	0.78	0.74	0.69

计算结果应圆整。为使各带受力均匀，带的根数不宜过多，一般 $z < 10$。当 z 过大时，应改选带的型号或加大带轮基准直径，重新计算。

8. 确定带的初拉力 F_0

保持适当的初拉力是带传动正常工作的必要条件。初拉力 F_0 过小，传动能力减小，易出现打滑；F_0 过大，则带的寿命降低，对轴及轴承的压力增大。单根 V 带的初拉力为

$$F_0 = 500 \times \frac{(2.5 - K_\alpha) P_{\mathrm{C}}}{K_\alpha z v} + q v^2 \qquad (8\text{-}27)$$

式中，P_{C}、K_α 同前；z 为带的根数；v 为带的线速度（m/s）；q 为 V 带的单位长度质量（kg/m），见表 8-1。

初拉力 F_0 可用图 8-9 所示的测量方法确定：在 V 带与两轮切点的跨度中点 M 处，对单根 V 带施加一垂直于带边的力 F，使带沿跨距每 100mm 所产生的挠度 $y = 1.6$mm（挠角为 $1.8°$），即按 $y = 1.6a/100$ 确定。载荷 F 由下式求得

$$F = (XF_0 + \Delta F_0)/16 \qquad (8\text{-}28)$$

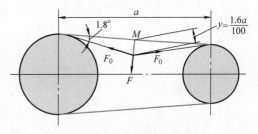

图 8-9　初拉力的控制

式中，X 为载荷系数，新安装 V 带 $X = 1.5$，工作后的 V 带 $X = 1.3$；ΔF_0 为初拉力增量，见表 8-8。

表 8-8　普通 V 带的初拉力增量 ΔF_0 值　　　　　　　（单位：N）

型号	Y	Z	A	B	C	D	E
ΔF_0	6	10	15	20	29	59	108

9. 计算压轴力 F_{Q}

为了设计轴和轴承，应计算 V 带对轴的压力 F_{Q}。F_{Q} 可按带的两边初拉力 F_0 的合力近似计算，如图 8-10 所示，即

$$F_{\mathrm{Q}} \approx 2z F_0 \sin \frac{\alpha_1}{2} \qquad (8\text{-}29)$$

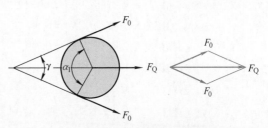

图 8-10　带传动作用在轴上的压力

例 8-1　设计一带式输送机中的普通 V 带传动。原动机为 Y112M—4 异步电动机，其额定功率 $P=4kW$，满载转速 $n_1=1440r/min$，从动轮转速 $n_2=470r/min$，单班制工作，载荷变动较小，要求中心距 $a\leqslant550mm$。

解　1. 计算功率 P_C

由表 8-5 查得 $K_A=1.1$，故

$$P_C=K_AP=1.1\times4kW=4.4kW$$

2. 选择带型

根据 $P_C=4.4kW$ 和 $n_1=1440r/min$，由图 8-8 初步选用 A 型 V 带。

3. 选取带轮基准直径 d_{d1} 和 d_{d2}

由表 8-6 取 $d_{d1}=100mm$，由式（8-19）得

$$d_{d2}=\frac{n_1}{n_2}d_{d1}=\frac{1440}{470}\times100mm=306mm$$

由表 8-6 取直径系列值，$d_{d2}=315mm$。

4. 验算带速 v

$$v=\frac{\pi d_{d1}n_1}{60\times1000}=\frac{\pi\times100\times1440}{60\times1000}m/s=7.54m/s$$

带速 v 在 $5\sim25m/s$ 范围内，合适。

5. 确定中心距 a 和带的基准长度 L_d

由式（8-21）得初定中心距 $a_0=450mm$，符合下式

$$0.7(d_{d1}+d_{d2})<a_0<2(d_{d1}+d_{d2})$$
$$0.7\times(100+315)mm<a_0<2\times(100+315)mm$$

由式（8-22）得计算带长

$$L_{d0}=2a_0+\frac{\pi}{2}(d_{d1}+d_{d2})+\frac{(d_{d2}-d_{d1})^2}{4a_0}$$

$$=\left[2\times450+\frac{\pi}{2}\times(100+315)+\frac{(315-100)^2}{4\times450}\right]mm=1578mm$$

由表 8-2 查得 A 型带基准长度 $L_d=1640mm$，计算实际中心距

$$a\approx a_0+\frac{L_d-L_{d0}}{2}=450mm+\frac{1640-1578}{2}mm=481mm$$

6. 验算小带轮包角 α_1

$$\alpha_1=180°-\frac{d_{d2}-d_{d1}}{a}\times57.3°=180°-\frac{315-100}{481}\times57.3°\approx154.4°>120°$$

包角合适。

7. 确定带的根数 z

由表 8-3 查得，$P_0=1.32kW$。

由表 8-4 查得，$\Delta P_0=0.17kW$。

由表 8-7 查得，$K_\alpha=0.92$。

由表 8-2 查得，$K_L=0.99$。

由式（8-26）得

$$z\geqslant\frac{P_C}{(P_0+\Delta P_0)K_\alpha K_L}=\frac{4.4}{(1.32+0.17)\times0.92\times0.99}=3.24$$

取 $z=4$ 根。

8. 确定初拉力 F_0

由式（8-27）计算单根普通 V 带的初拉力

$$F_0 = 500 \times \frac{(2.5-K_\alpha)P_C}{K_\alpha zv} + qv^2 = \left[500 \times \frac{(2.5-0.92) \times 4.4}{0.92 \times 4 \times 7.54} + 0.1 \times 7.54^2 \right] \text{N} \approx 131\text{N}$$

9. 计算压轴力 F_Q

由式（8-29）得

$$F_Q = 2zF_0 \sin \frac{\alpha_1}{2} = 2 \times 4 \times 131\text{N} \times \sin \frac{154.4°}{2} \approx 1021\text{N}$$

10. 带轮的结构设计

（略）。

第四节 V 带轮的设计

V 带轮的材料可采用铸铁、钢、铝合金或工程塑料等，常用材料为 HT150 或 HT200。转速较高时可用钢制带轮，小功率时可用铝合金或工程塑料。

V 带轮由轮缘、轮辐、轮毂三部分组成。轮缘是安装带的部分，轮毂是与轴配合的部分，轮辐是连接轮缘和轮毂的部分。其结构形式可根据带轮基准直径的大小决定。当基准直径 $d_d \leqslant (2.5 \sim 3)d$（$d$ 为轴的直径）时，可采用实心式 V 带轮

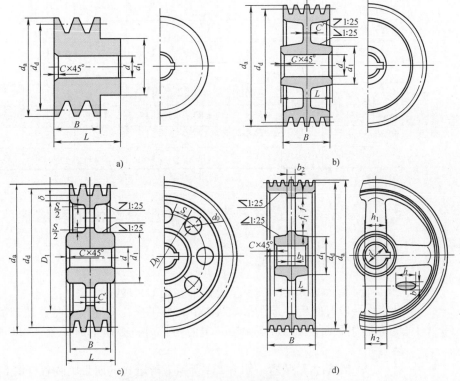

图 8-11 V 带轮的典型结构

a）实心式 b）腹板式 c）孔板式 d）轮辐式

$d_1 = (1.8 \sim 2)d$，d 为轴的直径；$h_2 = 0.8h_1$；$D_0 = 0.5(D_1 + d_1)$；$d_0 = (0.2 \sim 0.3)(D_1 - d_1)$；

$f_1 = 0.2h_1$；$f_2 = 0.2h_2$；$b_1 = 0.4h_1$；$b_2 = 0.8b_1$；$L = (1.5 \sim 2)d$，当 $B < 1.5d$ 时，$L = B$；

$S = C'$；$C' = \left(\dfrac{1}{7} \sim \dfrac{1}{4} \right) B$；$h_1 = 290 \sqrt[3]{\dfrac{P}{nm}}$。式中，$P$ 为传递功率（kW）；n 为带轮转速（r/min）；m 为轮辐数。

（图 8-11a）；当 $d_d \leq 300$mm 时，可采用腹板式 V 带轮（图 8-11b）或孔板式 V 带轮（图 8-11c）；当 $d_d > 300$mm 时，应采用轮辐式 V 带轮（图 8-11d）。

　　V 带轮的轮槽尺寸见表 8-9，表图中 b_d 为轮槽的基准宽度。通常 V 带节面宽度与轮槽基准宽度相等，即 $b_p = b_d$。轮槽基准宽度所在圆称为基准圆（节圆），其直径 d_d 称为带轮的基准直径。

表 8-9　V 带轮的轮槽尺寸（摘自 GB/T 13575.1—2008）　（单位：mm）

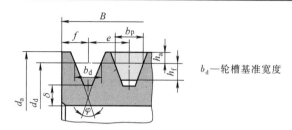

b_d—轮槽基准宽度

槽　　型		Y	Z	A	B	C	D	E
节宽	b_p	5.3	8.5	11	14	19	27	32
基准线上槽深	h_{amin}	1.6	2.0	2.75	3.5	4.8	8.1	9.6
基准线下槽深	h_{fmin}	4.7	7.0	8.7	10.8	14.3	19.9	23.4
槽间距	e	8±0.3	12±0.3	15±0.3	19±0.4	25.5±0.5	37±0.6	44.5±0.7
第一槽对称面至端面的距离	f_{min}	6	7	9	11.5	16	23	28
最小轮缘厚	δ_{min}	5	5.5	6	7.5	10	12	15
带轮宽	B	$B = (z-1)e + 2f$, z 为轮槽数						
外径	d_a	$d_a = d_d + 2h_a$						
轮槽角 φ	32°	相应的基准直径 d_d	≤60	—	—	—	—	—	—
	34°		—	≤80	≤118	≤190	≤315	—	—
	36°		>60	—	—	—	—	≤475	≤600
	38°		—	>80	>118	>190	>315	>475	>600

第五节　带传动的张紧、使用和维护

一、带传动的张紧

　　为了使带与带轮间产生压力，带在安装时必须张紧在带轮上。另外，当带传动工作一段时间后，带在张紧状态下长期工作，会逐渐松弛，使带的初拉力减小，传动能力降低。为了始终保持一定的初拉力，必须重新张紧。带传动常用的张紧装置有：

　　（1）定期张紧装置　图 8-12a 所示为滑道式定期张紧装置，图 8-12b 所示为摆架式定期张紧装置，可通过调节螺钉改变传动中心距而使带得到合适的张紧力。其中滑道式定期张紧装置适用于水平或接近水平布置的带传动；摆架式定期张紧装置适用于垂直或接近垂直布置的带传动。

　　（2）自动张紧装置　图 8-13 所示为自动摆架式张紧装置。它是利用电动机

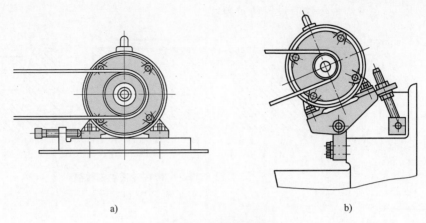

图 8-12   定期张紧装置

a）滑道式 b）摆架式

自重产生的力矩，使电动机轴上的带轮绕固定支点摆动而维持一定的张紧力。此装置常用于小功率的带传动。

（3）张紧轮装置   当中心距不能调节时，可采用张紧轮（图 8-14）将带张紧。张紧轮应装在松边内侧，靠近大带轮处。

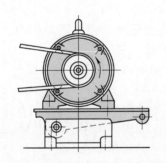

图 8-13   自动摆架式张紧装置

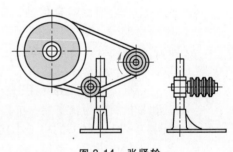

图 8-14   张紧轮

二、带传动的使用和维护

为保证带传动正常工作，正确使用和维护十分重要。一般应注意：

1）安装时，两带轮轴线应保持平行，两轮的相应轮槽对齐，以免带被扭曲致使侧面过度磨损，如图 8-15 所示。

2）V 带在带轮轮槽中应处于正确位置，过高或过低都不利于带的正常工作，如图 8-16 所示。

3）定期检查 V 带，如发现有松弛或损坏，应全部更换新带，不允许新旧带混用。

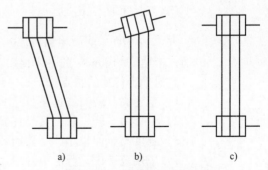

图 8-15   V 带轮轴线安装情况

a）、b）错误 c）正确

4）带传动应设置防护罩。

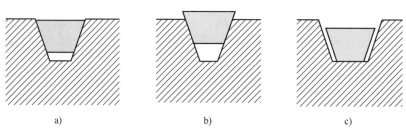

图 8-16 V 带在轮槽中的位置

a）正确 b）、c）错误

5）应保持带的清洁，避免与酸、碱、油等介质接触，以防变质。也不宜将带在阳光下暴晒。

第六节 其他带传动简介

一、同步带传动

同步带传动（图 8-17）综合了带传动与链传动的优点，带的工作面呈齿形，与带轮的齿槽做啮合传动，使主、从动轮间能做无滑差的同步传动。其特点为：传动比准确，对轴作用力小，结构紧凑，耐油、耐磨损，抗老化性能好，传动效率可达 99.5%，传递功率从几瓦到数百千瓦，传动比可达 10，线速度可达 40m/s 以上。

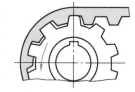

图 8-17 同步带传动

聚氨酯同步带由带背、带齿和抗拉层三部分组成。带背和带齿材料为聚氨酯，抗拉层采用钢丝绳，适用于工作温度为 $-20 \sim +80℃$ 的中、小功率的高速运转场合。氯丁橡胶同步带由带背、带齿、抗拉层和包布层组成。带背和带齿材料为氯丁橡胶，抗拉层采用玻璃纤维，抗冲击能力强，传递功率大（特别是在大功率传动中，优于聚氨酯同步带）。适用工作温度为 $-34 \sim +100℃$。

二、高速平带传动

带速 $v>30m/s$ 或高速轴转速 $n_1 = 10000 \sim 50000r/min$ 的平带传动属于高速平带传动；带速 $v \geqslant 100m/s$ 的平带传动为超高速平带传动。

高速平带传动的特点为：

1）带速高，最高线速度可达 80m/s；传动比大，且多为增速传动。

2）带体薄、轻、软，具有优异的耐弯曲性能，曲挠次数可达 $3×10^9/s$。

3）强度高、伸长小，摩擦因数大，不易打滑，传动效率可达 80% 以上。

4）应用范围广，既能很好地用于小功率传动（如扫描仪），又能用于大功率传动（如大型钢板冷轧机）。

5）中心距一般较小，通常不使用张紧轮，故中心距必须可调节。

高速平带传动通常为开口传动。定期张紧时，i 可达 4；自动张紧时，i 可达 6；采用张紧装置时，i 可达 8。小带轮直径一般取 $d = 20 \sim 40mm$。

高速平带采用质量轻、薄而均匀、挠曲性好的环形带。常用的高速平带有涂胶编织平带（图 8-18a）、尼龙片基平带（图 8-18b）和聚氨酯高速平带（图 8-18c）三种。

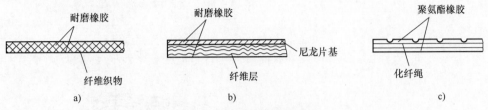

图 8-18 高速平带的类型
a）涂胶编织平带 b）尼龙片基平带 c）聚氨酯高速平带

高速平带带轮（图 8-19）要求重量轻、质量均匀、有足够的强度、运行阻力小。带轮应进行精加工，并按设计要求进行动平衡。带轮材料常用铝合金或 45 钢制造。

为防止掉带，大小带轮轮缘表面应有凸弧。轮缘表面还要加工出环形槽，槽间距为 5～10mm，可防止平带与轮缘表面间形成空气层、减小摩擦因数，以保证正常传动。

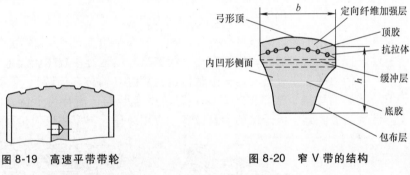

图 8-19 高速平带带轮　　**图 8-20 窄 V 带的结构**

三、窄 V 带传动

窄 V 带（图 8-20）采用合成纤维绳作抗拉体，与普通 V 带相比，窄 V 带具有以下优点：

1）带速相同时，传动能力可提高 50%～150%。

2）传递相同的功率时，结构尺寸可减小 50%。

3）带的极限速度可达 40～45m/s。

4）带的传动效率可达 90%～97%，并且使用寿命长。

窄 V 带在国外已经广泛应用，特别是在中型和重型设备上，有明显取代普通 V 带的趋势。我国已将窄 V 带标准化。

四、多楔带传动

聚氨酯多楔带传动（图 8-21）兼有普通 V 带传动紧凑、效率高和普通平带传动柔软、韧性好等优点。其主要特点为：

1）带体为整体，可消除传动时多根带长短不一的现象，充分发挥带的传动能力。

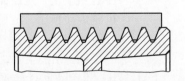

图 8-21 多楔带传动

2）传递功率大，结构紧凑，能适应小直径带轮的传动。

3）适应高速传动，带速可达 40m/s；振动小，伸长小，胶带载荷分布均匀。

第七节　链传动概述

链传动由主动链轮 1、链条 2 和从动链轮 3 组成，链条为中间挠性件，如图 8-22 所示。工作时，靠链轮轮齿与链节的啮合来传递运动和动力。

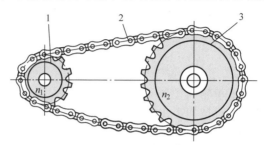

图 8-22　链传动
1—主动链轮　2—链条　3—从动链轮

一、链传动的类型

按用途不同，链条可分为传动链、起重链和输送链。传动链主要用于机械传动，传递运动和动力，应用广泛。起重链和输送链主要用于起重和运输机械。

传动链主要有传动用短节距精密套筒链（简称套筒链），传动用短节距精密滚子链（简称滚子链，图 8-23a），传动用齿形链（简称齿形链，图 8-23b）和成形链等类型。其中滚子链的产量最多，应用最广。本章主要讨论滚子链传动的设计。

图 8-23　传动链
a）滚子链　b）齿形链

二、链传动的特点及应用

链传动是具有中间挠性件的啮合传动，与带传动相比，它的主要优点是没有弹性滑动和打滑，能保持准确的平均传动比，传动效率较高，对轴的压力较小，传递功率大，过载能力强，能在低速、重载下较好地工作，能适应恶劣环境；与齿轮传动相比，链传动的制造与安装精度要求较低，成本低廉，易于实现较大中心距的传动。

链传动的主要缺点是：瞬时链速和瞬时传动比都是变化的，工作中有冲击和噪声；传动平稳性较差，不宜用于载荷变化大和转动方向频繁改变的传动，并且只能用于平行轴间的传动。

链传动广泛用于中心距较大、要求平均传动比准确的传动，环境恶劣的开式传动，低速重载传动及润滑良好的高速传动中。通常，链传动传递的功率 $P < 100kW$，链速 $v \leqslant 15m/s$，传动比 $i \leqslant 8$，传动中心距 $a \leqslant 6m$，传动效率 $\eta = 0.95 \sim 0.98$。

三、滚子链

滚子链的结构如图 8-24 所示，它由外链板 1、内链板 2、销轴 3、套筒 4 和滚子 5 组成。销轴与外链板、套筒与内链板之间分别采用过盈连接；而销轴与套筒、滚子与套筒之间分别采用间隙配合。当链条链节与链轮轮齿啮合时，滚子沿链轮齿廓滚动。为减轻质量，减小运动时的惯性，链板一般做成 ∞ 字形，使其各截面接近等强度。

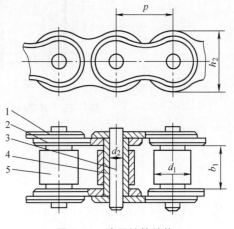

图 8-24　滚子链的结构
1—外链板　2—内链板　3—销轴
4—套筒　5—滚子

滚子链是标准件，其基本参数是链节距 p，即链条上相邻两销轴中心的距离。链节距 p 越大，链的各部分尺寸越大，链传递的功率也越大。表 8-10 所列为 GB/T 1243—2006 规定的滚子链的部分规格和主要参数。滚子链分为 A、B、H 三个系列，A 系列用于设计，B 系列仅用于维修，H 系列为重型系列。

滚子链有三种接头形式：当链节数 L_p 为偶数时，接头处可用开口销（图 8-25a）或弹簧锁片锁紧（图 8-25b）；当链节数为奇数时，需采用过渡链节（图 8-25c）。过渡链节的链板受拉时将受到附加弯曲应力，其强度低于正常链板，故设计时，应尽量采用偶数链节的链条。

滚子链分为单排链（图 8-24）、双排链（图 8-26）和多排链。多排链是将单排链并列由长销轴连接而成。多排链的承载能力和排数成正比，但排数越多，各排受力不均匀的现象就越明显，因此，一般排数不超过 3 排或 4 排。

表 8-10　滚子链的规格和主要参数（摘自 GB/T 1243—2006）

链　号	节距 p/mm	排距 p_t/mm	滚子外径 d_1/mm	抗拉强度（单排）F_u/kN	线质量（单排）q/(kg/m)
08A	12.70	14.38	7.92	13.9	0.60
10A	15.875	18.11	10.16	21.8	1.00
12A	19.05	22.78	11.91	31.3	1.50
16A	25.40	29.29	15.88	55.6	2.60
20A	31.75	35.76	19.05	87.0	3.80
24A	38.10	45.44	22.23	125.0	5.60
28A	44.45	48.87	25.40	170.0	7.50
32A	50.80	58.55	28.58	223.0	10.10
40A	63.50	71.55	39.68	347.0	16.10
48A	76.20	87.83	47.63	500.0	22.60

注：1. 表中链号与相应的国际标准链号一致，链号数乘以 25.4/16 即为链节距值。

2. 过渡链节 F_u 值取表列数值的 80%。

3. 标记示例，链号为 10A、单排、100 节链长的滚子链：滚子链 10A-1×100 GB/T 1243—2006。

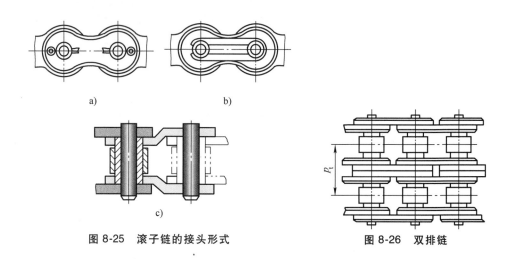

图 8-25　滚子链的接头形式　　　　　图 8-26　双排链

第八节　链传动的工作情况分析

一、链传动的运动分析

链条是由链节通过销轴铰接而成的刚性件。当链条绕在链轮上时，呈正多边形（图 8-27a）。正多边形的边数等于链轮齿数 z，边长等于链条节距 p。链轮每转一周，随之转过的链长为 zp。若主、从动链轮转速分别为 n_1、n_2，齿数分别为 z_1、z_2，则平均链速 v 可表示为

$$v = \frac{n_1 z_1 p}{60 \times 1000} = \frac{n_2 z_2 p}{60 \times 1000} \tag{8-30}$$

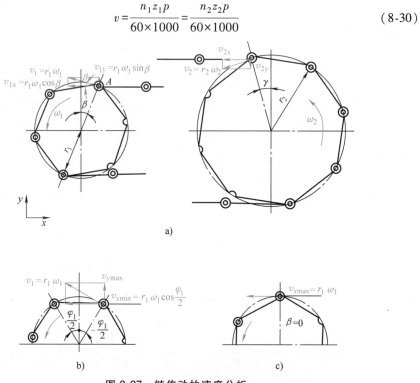

图 8-27　链传动的速度分析

由上式可得平均传动比

$$i = \frac{n_1}{n_2} = \frac{z_2}{z_1} \tag{8-31}$$

实际上，链传动的瞬时链速和瞬时传动比都是在一定范围内变化的。

如图 8-27 所示，主动链轮以等角速度 ω_1 转动。设链条紧边处于水平位置，当链节进入主动链轮时，铰链的销轴随着链轮的转动而不断改变其位置；销轴 A 的轴心是沿着链轮分度圆运动的，其圆周速度 $v_1 = r_1\omega_1$ 可分解为沿着链条前进方向的水平分速度 v_{1x} 和做上下运动的垂直分速度 v_{1y}。链条的水平分速度 v_{1x} 为

$$v_{1x} = v_1\cos\beta = r_1\omega_1\cos\beta \tag{8-32}$$

式中，β 为 A 点的圆周速度与水平线的夹角。

如图 8-27 所示，在一个链节从进入啮合到终止啮合的过程中，β 角大小将随链轮的转动而变化，其变化范围为 $[-\varphi_1/2, +\varphi_1/2]$。显然，$v_{1x}$ 将随 β 角的变化而作周期性地变化。β 角的变化范围与链轮齿数有关，链轮齿数越少，φ_1 值越大，水平分速度 v_{1x} 的变化也越大。

链条的垂直分速度 $v_{1y} = v_1\sin\beta = r_1\omega_1\sin\beta$，它也作周期性变化，导致链条上下抖动。

由于链速 v_x 周期性变化，导致从动轮角速度 ω_2 也作周期性变化。设从动链轮 2 分度圆上的圆周速度为 v_2，由图 8-27 可知

$$v_{2x} = v_2\cos\gamma = r_2\omega_2\cos\gamma \tag{8-33}$$

由式（8-32）和式（8-33）可得瞬时传动比为

$$i' = \frac{\omega_1}{\omega_2} = \frac{r_2\cos\gamma}{r_1\cos\beta} \tag{8-34}$$

由于角 β 和角 γ 都随链轮的转动而变化，虽然 ω_1 是定值，ω_2 却随角 β 和角 γ 而变化，瞬时传动比 i' 也随之变化，致使链传动不可避免地要产生振动和动载荷。因此，在设计链传动时，为了减轻振动、减小动载荷，应尽量减小链节距，增加链轮齿数，限制链速。

二、链传动的受力分析

为了使链条在工作时，松边不至于过分下垂，以保证链条正常啮合和减轻振动、防止跳齿或脱链等现象发生，因此安装时，应适当张紧链条。

链传动的紧边拉力和松边拉力是不相等的。若不考虑传动中的动载荷，作用在链上的力主要有链传动传递的工作拉力 F、离心拉力 F_c 和悬垂拉力 F_y。

（1）工作拉力 F　它与所传递的功率 P（kW）和链速 v（m/s）有关

$$F = \frac{1000P}{v} \tag{8-35}$$

（2）离心拉力 F_c　设链的线质量为 q（kg/m）（见表 8-10），链速为 v（m/s），则

$$F_c = qv^2 \tag{8-36}$$

（3）悬垂拉力 F_y　悬垂拉力的大小与链条松边的垂度和传动的布置有关，可按下式求得

$$F_y = K_y qga \tag{8-37}$$

式中，a 为中心距（m）；g 为重力加速度，$g = 9.81\text{m/s}^2$；q 为链的线质量（kg/m），

见表 8-10；K_y 为下垂度 $y = 0.02a$ 时的垂度系数，其值与两轮中心线与水平线的夹角 α（图 8-28）有关，垂直布置时，$K_y = 1$；水平布置时，$K_y = 7$；$\alpha = 75°$时，$K_y = 2.5$；$\alpha = 60°$时，$K_y = 4$；$\alpha = 30°$时，$K_y = 6$。

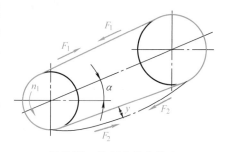

图 8-28 作用在链上的力

链的紧边拉力 F_1 和松边拉力 F_2 分别为

$$\left.\begin{array}{c} F_1 = F + F_c + F_y \\ F_2 = F_c + F_y \end{array}\right\} \qquad (8\text{-}38)$$

链条作用在链轮轴上的力（即压轴力）F_Q，可近似取为

$$F_Q = (1.2 \sim 1.3)F \qquad (8\text{-}39)$$

水平布置时取较大值。

三、链传动的动载荷

链传动在工作时，由于运动的不均匀性，将产生动载荷，引起振动、冲击和噪声，影响链传动的性能和使用寿命。动载荷产生的原因主要有：

1）链速和从动轮角速度的周期性变化产生加速度，从而引起附加动载荷。链轮转速越高，链节距越大，链轮齿数越少，动载荷越大。

2）链条垂直分速度的周期性变化产生的垂直加速度，使链条产生振动。

3）当链节进入链轮的瞬间，链节和轮齿以一定的相对速度啮合，使链节和轮齿受到冲击，并产生附加的冲击载荷。

4）若链条有较大的松边垂度，在起动、制动、反转、载荷变化的情况下，将产生惯性冲击，使链传动产生较大的冲击载荷。

综上所述，在设计链传动时，应采用较多的链轮齿数和较小的链节距；在链传动工作时，链条不要过松，并限制链轮的转速，可降低链传动的动载荷。

第九节　滚子链传动的设计

一、链传动的主要失效形式

链传动的主要失效形式有以下几种：

（1）链板疲劳破坏　链条工作时，链板在变应力作用下，经过一定的循环次数后，即可能发生疲劳破坏。在正常润滑的条件下，链板的疲劳强度是决定链传动能力的主要因素。

（2）链条铰链磨损　链条工作时，其销轴和套筒间存在相对滑动，并产生摩擦磨损，从而使链节变长。链节伸长后，在与链轮啮合时，接触点将移向轮齿齿顶，这将引起跳齿和脱链，致使传动失效。铰链磨损是开式或润滑不良的链传动的主要失效形式。

（3）滚子、套筒的冲击疲劳破坏　由链传动的运动分析可知，链条在进入链轮的瞬间会产生冲击，速度越高，冲击越大。反复起动、制动的链传动也会有冲击。经受多次冲击后，滚子、套筒可能发生冲击疲劳破坏，致使链传动失效。

（4）销轴与套筒的胶合　在润滑不良或链轮转速过高时，可能造成销轴和套筒间的润滑油膜被破坏，从而导致胶合。因此，胶合限制了链传动的极限转速。

（5）链条过载拉断　在低速重载或严重过载时，链条所受载荷超过链条静强度时，链条会被拉断。

二、滚子链的功率曲线

链传动的各种失效形式都在一定条件下限制了链条的承载能力。滚子链的极限功率曲线如图 8-29 所示。实际使用的功率应在各极限功率曲线范围以内，如图 8-29 中的修正功率曲线 5 所限定的范围。当润滑不良、工况恶劣时，磨损将很严重，额定功率将大幅度下降，如图 8-29 中的虚线 6。

图 8-30 所示为 A 系列单排滚子链的修正功率曲线，它是在规定试验条件下得到的，即安装在水平平行轴上的链传动，

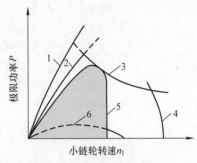

图 8-29　滚子链的极限功率曲线
1—润滑良好时由磨损失效限定
2—由链板疲劳强度限定
3—由滚子、套筒冲击疲劳强度限定
4—由销轴和套筒胶合限定　5—修正功率曲线
6—润滑恶劣时由磨损失效限定

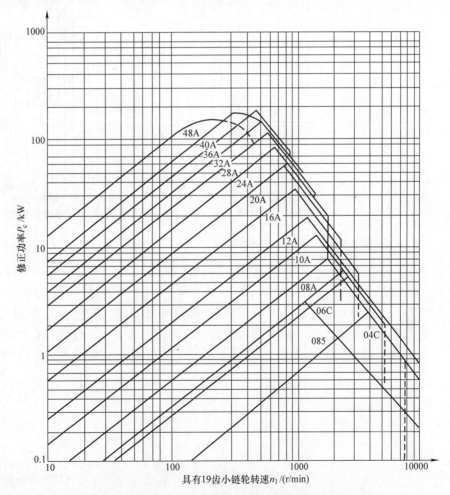

图 8-30　A 系列单排滚子链的修正功率曲线
注：1. 双排链的修正功率可由单排链的 P_c 值乘以 1.7 得到。
　　2. 三排链的修正功率可由单排链的 P_c 值乘以 2.5 得到。

链轮正确对中，链条正确调整；小链轮齿数 $z_1 = 19$；没有过渡链节；链节数 $L_p = 120$ 节，传动比 $i = 3$；预期使用寿命为 15000h；工作温度为 $-5 \sim +70℃$；运转平稳，无过载、振动或频繁起动现象；按图 8-31 所推荐的方式润滑等。

当实际使用情况不符合规定试验条件时，应将链所传递的功率 P 经一系列修正，然后根据修正功率 P_c 及小链轮转速 n_1，由图 8-30 中查出所需的 A 系列单排滚子链的链号。修正功率为

$$P_c = f_1 f_2 P \tag{8-40}$$

式中，f_1 为应用系数，见表 8-11；f_2 为小链轮齿数系数，小链轮齿数从 11 齿到 45 齿的 f_2 值可由图 8-32 查得。

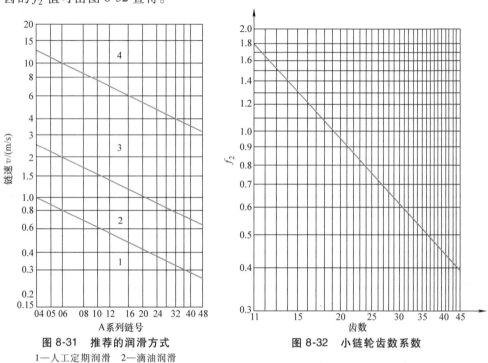

图 8-31　推荐的润滑方式
1—人工定期润滑　2—滴油润滑
3—油池或油盘飞溅润滑　4—强制润滑

图 8-32　小链轮齿数系数

三、滚子链传动主要参数的选择和设计计算

设计滚子链传动时的原始数据有：传递的功率 P，主、从动链轮的转速 n_1、n_2（或传动比 i），原动机的种类，载荷性质和工作条件等。设计计算的主要内容有：确定链轮齿数 z_1、z_2，确定链号、链节数 L_p、排数 m、传动中心距 a 和链轮的结构尺寸等。

1. 链轮的齿数和传动比

链轮齿数的多少不但对传动尺寸有影响，而且对链传动的平稳性和使用寿命有很大影响。齿数过少会使运动不均匀性和动载荷加剧，单个链齿所受压力加大，链节间的相对转角增大，加速链轮与链条的磨损。链轮齿数过多，除增大了传动尺寸和质量外，还会使滚子与链轮齿的接触点向链轮齿顶移动，进而发生跳齿和脱链现象，导致链条使用寿命缩短，如图 8-33 所示，销轴和套筒磨损后，链节距的增长量 Δp 和链节沿轮齿齿顶方向的移动量 Δd 有如下关系

$$\Delta p = \Delta d \sin \frac{180°}{z} \tag{8-41}$$

表 8-11 应用系数 f_1

工作机特性		原动机特性		
载荷性质	工作机	平稳运转	中等振动	严重振动
		电动机、汽轮机和燃气轮机、带有液力变矩器的内燃机	带机械联轴器的六缸或六缸以上内燃机、频繁起动的电动机(每天多于两次)	带机械联轴器六缸以下内燃机
平稳运转	离心式泵和压缩机、印刷机、平稳载荷的带式输送机、纸张压光机、自动扶梯、液体搅拌机和混料机、旋转干燥机、风机	1.0	1.1	1.3
中等振动	三缸或三缸以上往复式泵和压缩机、混凝土搅拌机、载荷不均匀的输送机、固体搅拌机和混合机	1.4	1.5	1.7
严重振动	电铲、轧机和球磨机、橡胶加工机械、刨床、压力机和剪床、单缸或双缸泵和压缩机、石油钻采设备	1.8	1.9	2.1

在链节距的增长量 Δp 一定的条件下,链轮齿数越多,不发生脱链允许的增加量 Δp 就越小,链条的寿命就越短。

小链轮齿数可根据链速由表 8-12 选取。大链轮齿数 $z_2 = i z_1$,通常限制 $z_2 \leqslant 120$。

由于链节数常为偶数,为使磨损均匀,链轮齿数一般应取与链节数互为质数的奇数,并优先选用下列数 17、19、21、23、25、38、57、76、95 和 114。

传动比过大时,会导致链条在小链轮上的包角过小,小链轮啮合齿数过少,容易出现跳齿或加速轮齿的磨损。通常限制链传动的传动比 $i \leqslant 7$,推荐的传动比 $i = 2 \sim 4$。当 $v \leqslant 2$m/s 且载荷平稳时,i_{max} 可达 10。传动比过大时,为了保证足够的啮合齿数,应减小每级的传动比,采用二级或二级以上传动。

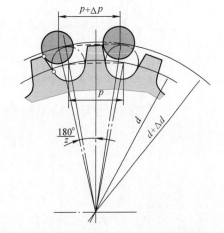

图 8-33 节圆外移量与链节距增长量的关系

2. 链节距和排数

链节距 p 是链传动的主要参数,它反映了链条和链轮各部分尺寸的大小。节距越大,承载能力越高,但链条和链轮的尺寸会增大,传动的不均匀性、动载荷、冲击和噪声也都加重。因此,在满足传递功率的前提下,尽量选择较小的链节距。从经济上考虑,当中心距小、速度高、功率和传动比大时,宜选择小节距、多排链;当中心距大、传动比小时,宜选取大节距、单排链。

表 8-12 小链轮齿数 z_1

链 速 $v/($m/s$)$	0.6~3	3~8	>8
z_1	$\geqslant 17$	$\geqslant 21$	$\geqslant 25$

3. 中心距和链节数

中心距的大小对链传动性能影响很大。中心距小,单位时间内链条绕转次数增多,加剧了链条的磨损和疲劳破坏;同时,由于中心距小,链条在小链轮上的包角变小,啮合的齿数减少,易出现跳齿和脱链现象。中心距太大,链的垂度过大,传动时造成松边颤动。设计时,一般初选中心距 $a_0 = (30 \sim 50)p$,最大中心距 $a_{0max} = 80p$。有张紧装置时,中心距 a_{0max} 可大于 $80p$;对中心距不能调整的传动,$a_{0max} = 30p$。

链条长度以链节数表示。与带传动相似,链节数 L_p 与中心距 a 之间的关系为

$$L_p = \frac{2a_0}{p} + \frac{z_1 + z_2}{2} + \frac{p}{a_0}\left(\frac{z_2 - z_1}{2\pi}\right)^2 \tag{8-42}$$

按式(8-42)计算得的 L_p 应圆整为相近的整数,且最好为偶数,然后根据圆整后的链节数 L_p,计算实际中心距 a

$$a = \frac{p}{4}\left[\left(L_p - \frac{z_1 + z_2}{2}\right) + \sqrt{\left(L_p - \frac{z_1 + z_2}{2}\right)^2 - 8\left(\frac{z_2 - z_1}{2\pi}\right)^2}\right] \tag{8-43}$$

为便于链的安装和保证合适的松边下垂量,实际中心距应比理论中心距小。中心距可调时,实际中心距可比理论中心距减少 $(0.003 \sim 0.004)a$;中心距不可调时,可减少 $(0.002 \sim 0.003)a$。

4. 链传动作用在轴上的力(简称压轴力)F_Q

链传动的压轴力 F_Q 可近似取为

$$F_Q = F_1 + F_2 \approx (1.2 \sim 1.3)F \tag{8-44}$$

式中,F 为工作拉力(N)。

链条张紧的目的主要是使松边垂度不致过大,若松边垂度过大,将影响链条和链轮轮齿的啮合,容易产生振动、跳齿和脱链。链传动的张紧力是靠保持适当的垂度产生悬垂力或通过张紧装置达到的。

四、低速链传动的静强度计算

对于链速 $v < 0.6$m/s 的低速链传动,主要失效形式是链条静力拉断,设计时应进行静强度计算。静强度安全因数应满足以下要求

$$S_c = \frac{nF_u}{f_1 F_1} \geqslant 4 \sim 8 \tag{8-45}$$

式中,F_u 为单排链抗拉强度(kN),见表 8-10;n 为排数;F_1 为链的紧边拉力(kN);f_1 为应用系数,见表 8-11。

第十节 滚子链链轮

一、链轮的齿形

链轮的齿形应便于加工,保证链节能平稳地进入啮合和退出啮合,不易脱链,并且尽量减少啮合时与链节的冲击。滚子链和链轮的啮合属于非共轭啮合,国家标准中没有规定具体的链轮齿形,仅规定了滚子链链轮齿槽的齿槽圆弧半径 r_e、齿沟圆弧半径 r_i 和齿沟角 α(图 8-34)的最大和最小值,在极限齿槽形状之间的各种标准齿形均可采用。目前常用的端面齿形是三圆弧一直线齿形,如图 8-35 所示,齿形由三段圆弧 $\overset{\frown}{aa}$、$\overset{\frown}{ab}$、$\overset{\frown}{cd}$ 和一段直线 $\overline{bc}$ 组成。

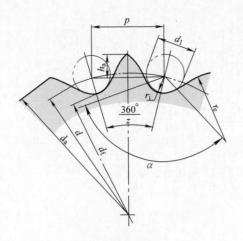

图 8-34　滚子链链轮齿形

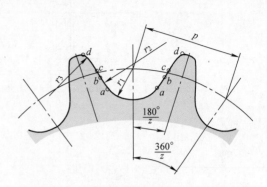

图 8-35　三圆弧—直线齿形

链轮的基本参数是配用链条的节距 p、滚子外径 d_1、排距 p_t 及齿数 z。采用三圆弧—直线齿形时，链轮分度圆（链条滚子中心所在的圆）直径 d、齿顶圆直径 d_a、齿根圆直径 d_f 等主要尺寸的计算式，见表 8-13。

表 8-13　滚子链链轮主要尺寸及计算公式

计 算 项 目	符　号	计 算 公 式
分度圆直径	d	$d = \dfrac{p}{\sin(180°/z)}$
齿顶圆直径	d_a	$d_a = p[0.54 + \cot(180°/z)]$
齿根圆直径	d_f	$d_f = d - d_1$，d_1 为滚子直径

注：d_a 取整数值，其他尺寸精确到 0.01mm。

当选用三圆弧—直线齿形并用相应的标准刀具加工时，在链轮工作图上不必画出其齿形，只需注明链轮的基本参数和主要尺寸，并注明何种齿形即可。

链轮的轴面齿形如图 8-36 所示，两侧齿廓为圆弧状，以便于链节进入和退出啮合。

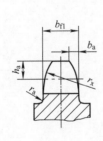
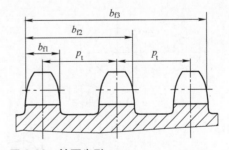

图 8-36　轴面齿形

二、链轮的结构

链轮的结构如图 8-37 所示。小直径链轮可制成实心式（图 8-37a），中等直径链轮可制成孔板式（图 8-37b），大直径链轮可采用组合结构（图 8-37c、d）。组合式链轮轮齿磨损后，齿圈可更换。

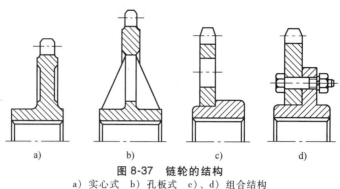

图 8-37　链轮的结构

a）实心式　b）孔板式　c）、d）组合结构

三、链轮材料

链轮材料应具有足够的强度和耐磨性。由于小链轮的啮合次数比大链轮多，所受冲击也较严重，所以小链轮材料的力学性能应优于大链轮。常用的链轮材料有碳素钢（如 Q235、Q275、45、50、ZG310-570 等）、灰铸铁（如 HT200）等。重要的链轮可采用合金钢。

第十一节　链传动的布置、张紧和润滑

一、链传动的布置

链传动的合理布置应从以下几方面考虑：

1）链传动应布置在铅垂平面内，尽可能避免链轮回转平面布置在水平或倾斜平面内。如确有需要，则应考虑加托板或张紧轮等装置，并尽量减小中心距。

2）两链轮的回转平面应在同一平面内，否则易造成链条脱落和不正常磨损。

3）两链轮中心连线最好为水平布置（图 8-38a）。若需要倾斜布置时，倾角 α 应尽量小于 45°（图 8-38b）。如果必须垂直布置时，应避免 $\alpha = 90°$，可采用可调中心距、设张紧装置或将上下两轮偏置（图 8-38c）。

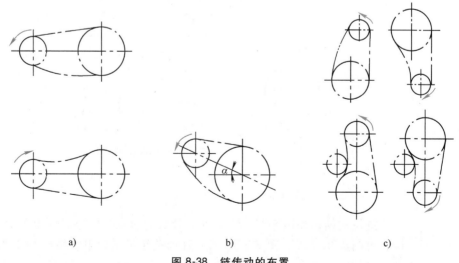

图 8-38　链传动的布置

4）链传动最好使链条的紧边在上、松边在下（图 8-38a），以防松边下垂量过大导致链条与链轮轮齿发生干涉或松边与紧边相碰。

二、链传动的张紧

链传动张紧的目的在于调节链条松边的垂度，增大包角和补偿链条磨损后的伸长，使链条与链轮啮合良好，减轻冲击和振动。

常用的张紧方法是：①通过调节中心距来控制张紧程度；②拆除链节，最好去掉 2 个链节，以避免采用过渡链节；③采用张紧装置（图 8-39），张紧轮一般是紧压在松边靠近小链轮处，张紧轮可以是链轮或滚轮，直径应与小链轮的直径相近。张紧轮有自动张紧（图 8-39a）及定期张紧（图 8-39b）两种，另外还可用压板和托板张紧（图 8-39c）。

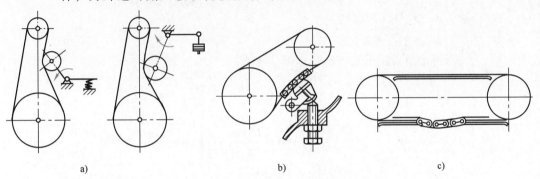

a)   b)   c)

图 8-39　链传动的张紧装置
a）自动张紧　b）定期张紧　c）压板和托板张紧

三、链传动的润滑

链传动的润滑十分重要，对高速、重载的链传动更为重要。良好的润滑可缓和冲击，减轻磨损，延长链条使用寿命。图 8-31 推荐了四种常用的润滑方法。

润滑油可选用 L—AN32、L—AN46、L—AN68 全损耗系统用油，环境温度高或载荷大时宜取黏度高者，反之取黏度低者。对于开式及重载低速传动，可在润滑油中加入 MoS_2、WS_2 等添加剂。对不便用润滑油的场合，允许涂抹润滑脂，但应定期清洗与涂抹。

例 8-2　设计一拖动某带式输送机的滚子链传动。已知：电动机型号 Y160M—6（额定功率 $P=7.5kW$，转速 $n_1=970r/min$），从动轮转速 $n_2=300r/min$，载荷平稳，链传动的中心距不应小于 550mm，要求中心距可以调整。

解　1. 选择链轮齿数

假设链速 $v=3\sim8m/s$，由表 8-12 选小链轮齿数 $z_1=21$，大链轮齿数为 $z_2=iz_1=$

$$z_1\frac{n_1}{n_2}=21\times\frac{970}{300}=67.9，取 z_2=68<120，合适。$$

2. 确定单排链的修正功率

工作平稳，电动机拖动，由表 8-11，选 $f_1=1$；按 $z_1=21$，由图 8-32 查得 $f_2=0.9$。修正功率为

$$P_c=f_1f_2P=1\times0.9\times7.5kW=6.75kW$$

3. 确定链节距 p

根据链的修正功率 $P_c = 6.75\text{kW}$ 和小链轮转速 $n_1 = 970\text{r/min}$，由图 8-30 确定滚子链型号为 10A。查表 8-10 得，链节距 $p = 15.875\text{mm}$。

4. 初定中心距 a_0，确定链节数 L_p

初定中心距 $a_0 = (30 \sim 50)p$ 取 $a_0 = 40p$。

由式（8-42），得

$$L_p = \frac{2a_0}{p} + \frac{z_1 + z_2}{2} + \frac{p}{a_0}\left(\frac{z_2 - z_1}{2\pi}\right)^2$$

$$= \frac{2 \times 40p}{p} + \frac{21 + 68}{2} + \frac{p}{40p}\left(\frac{68 - 21}{2\pi}\right)^2 = 125.9$$

取 $L_p = 126$ 节（取偶数）。

5. 确定中心距

传动中心距由式（8-43）得

$$a = \frac{p}{4}\left[\left(L_p - \frac{z_1 + z_2}{2}\right) + \sqrt{\left(L_p - \frac{z_1 + z_2}{2}\right)^2 - 8\left(\frac{z_2 - z_1}{2\pi}\right)^2}\right]$$

$$= \frac{15.875}{4}\left[\left(180 - \frac{21 + 68}{2}\right) + \sqrt{\left(180 - \frac{21 + 68}{2}\right)^2 - 8\left(\frac{68 - 21}{2\pi}\right)^2}\right]\text{mm}$$

$$= 1069\text{mm}$$

6. 求作用在轴上的压力

链速 $\quad v = \dfrac{n_1 z_1 p}{60 \times 1000} = \dfrac{970 \times 21 \times 15.875}{60 \times 1000}\text{m/s} = 5.39\text{m/s}$

由式（8-35）得，工作拉力

$$F = 1000P/v = (1000 \times 7.5/5.39)\text{N} = 1392\text{N}$$

由式（8-44）得，压轴力 $F_Q = (1.2 \sim 1.3)F$，水平传动，取 $F_Q = 1.2F = 1.2 \times 1392\text{N} = 1670\text{N}$。

设计结果：滚子链型号 10A-1×180 GB/T 1243—2006，链节数 $L_p = 126$，链轮齿数 $z_1 = 21$，$z_2 = 68$，传动中心距 $a = 1069\text{mm}$，压轴力 $F_Q = 1670\text{N}$。

拓展视频

第一台国产电动轮自卸车

习　题

8-1　某普通 V 带传动，传递功率 $P = 5\text{kW}$，带速 $v = 8\text{m/s}$，紧、松边拉力之比 $F_1/F_2 = 3$。试求紧边拉力及有效圆周力。若小带轮包角 $\alpha_1 = 150°$、摩擦因数 $f = 0.4$，带截面楔角 $\varphi = 40°$，问该传动是否处于极限状态？

8-2 设普通 V 带传动的小带轮转速 $n_1 = 1450\text{r/min}$，传动比 $i = 2$。选用 B 型 V 带，带基准长度 $L_d = 2240\text{mm}$，单班制，工作平稳。当分别选用直径 $d_{d1} = 140\text{mm}$ 和 180mm 的小带轮时（中心距可变），单根 V 带所能传递的功率各为多少？

8-3 有一 Y 型交流电动机通过普通 V 带传动驱动一离心式水泵。电动机额定功率为 22kW，转速 $n_1 = 1470\text{r/min}$，离心式水泵工作功率为 20kW，转速 $n_2 = 970\text{r/min}$，两班制工作。试设计该 V 带传动。

8-4 设计一破碎机装置用普通 V 带传动。已知电动机型号为 Y132S-4，电动机额定功率 $P = 5.5\text{kW}$，转速 $n_1 = 1400\text{r/min}$，传动比 $i = 2$，两班制工作，要求中心距不超过 600mm。要求绘制大带轮的工作图（设该轮轴孔直径 $d = 35\text{mm}$）。

8-5 一链传动，$z_1 = 25$，$z_2 = 63$，$n_1 = 125\text{r/min}$，$p = 38.1\text{mm}$，传动功率 $P = 7\text{kW}$，载荷平稳，初取 $a_0 = 40p$，水平布置。试计算链轮分度圆直径 d_1、d_2，链的紧边拉力 F_1 及作用于轴上的压力 F_Q。

8-6 一单排滚子链传动。已知：节距 $p = 25.4\text{mm}$，$z_1 = 23$，$z_2 = 47$，主动链轮转速 $n_1 = 900\text{r/min}$，应用系数 $f_1 = 1.2$。试求其能传递的功率。

8-7 单列滚子链传动的功率 $P = 0.6\text{kW}$，链节距 $p = 12.7\text{mm}$，主动链轮转速 $n_1 = 145\text{r/min}$，主动轮齿数 $z_1 = 19$，有冲击载荷。试校核此传动的静强度。

8-8 设计一带式运输机的滚子链传动。已知传递功率 $P = 7.5\text{kW}$，主动链轮转速 $n_1 = 960\text{r/min}$，轴径 $d = 38\text{mm}$，从动链轮转速 $n_2 = 330\text{r/min}$。电动机驱动，载荷平稳，单班制工作。按规定条件润滑，两链轮中心线与水平线成 $30°$ 角。

第九章

啮合传动

啮合传动能够传递空间任意位置两轴间的运动和动力，其中直接啮合传动分为齿轮传动和蜗杆传动。图 9-1 和图 9-2 所示为啮合传动的两种典型应用实例。为什么在这些场合要应用啮合传动？啮合传动的传动原理和特点是什么？啮合传动如何设计与制造？诸如此类的问题将在本章中阐述。

图 9-1　汽车变速器模型

图 9-2　减速器

第一节　齿轮传动概述

一、齿轮传动的历史沿革

实现从一轴到另一轴间传动的最简单方法是采用一对滚动圆柱体，如图 9-3 所示，依靠两接触表面间的摩擦力来传递运动与动力。但是如果传递的转矩超过两个圆柱体接触表面之间的最大摩擦力矩，则会产生相对滑动。

日常所见的汽车车轮沿路面行驶就是这种方法的应用。车轮是一个滚动圆柱体，路面为另一直径无穷大的滚动圆柱体。滚动圆柱体传动的主要缺点是传递力矩较小，且存在相对滑动。而在机械式手表这类机械中，要求任意瞬时输入轴和输出轴的转动位置精确对应，不允许滚动体间产生相对滑动。最简单的方法是在滚动圆柱体表面加工出轮齿，即转变为如图 9-4 所示的齿轮传动。

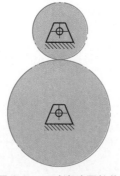

图 9-3　一对滚动圆柱体

图 9-4　外啮合齿轮传动

二、齿轮传动的类型、特点及应用

1. 齿轮传动的类型

齿轮传动的分类方法很多，如图 9-5 所示。按两轴线相对位置不同，齿轮传动可分为平行轴传动、相交轴传动和交错轴传动。

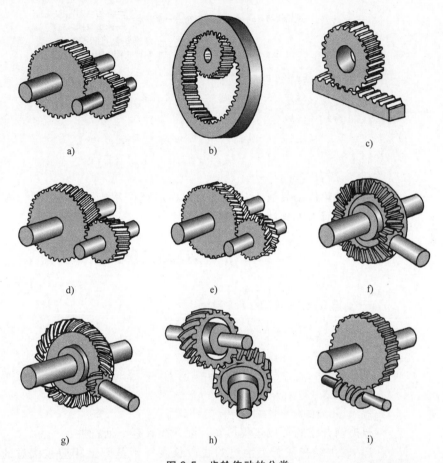

图 9-5　齿轮传动的分类

a）外啮合　b）内啮合　c）齿轮-齿条啮合　d）斜齿轮　e）人字齿轮
f）直齿锥齿轮　g）曲齿锥齿轮　h）螺旋齿轮　i）蜗杆-蜗轮

按轮齿倾斜方向不同，可分为直齿轮传动、斜齿轮传动、人字齿轮传动和曲齿轮传动。

按工作条件不同，可分为闭式齿轮传动和开式齿轮传动。闭式齿轮传动，齿轮完全封闭在箱体内，能保证良好的啮合精度、润滑和密封，故应用广泛；开式齿轮传动，齿轮外露，容易落入灰尘和杂物，不能保证良好的润滑，故轮齿易磨损，多用于低速、不重要的场合。

按齿廓曲线不同，可分为渐开线齿轮传动、摆线齿轮传动和圆弧齿轮传动。

按齿面硬度不同，可分为软齿面齿轮传动和硬齿面齿轮传动。软齿面齿轮的齿面硬度不大于 350HBW，热处理简单，容易加工，但承载能力较差；硬齿面齿轮的齿面硬度大于 350HBW，热处理复杂，需磨齿，但承载能力较强。

齿轮传动类型总结如下：

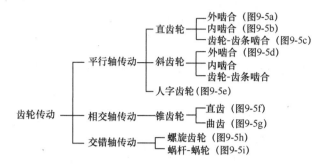

2. 齿轮传动的特点及应用

齿轮传动是各种机械中广泛使用的一种传动形式，它具有以下优点：①能保证恒定的瞬时传动比；②传递的载荷与速度范围广；③结构紧凑；④效率高；⑤工作可靠、寿命长；⑥可以传递空间任意两轴间的运动与动力。其主要缺点是：①对制造及安装精度要求较高；②需用专用机床制造，成本高；③不宜用于远距离传动；④精度低时振动噪声大。

由于齿轮传动具有上述特点，因而广泛应用于机械、冶金、矿山、石油、化工以及航空航天等领域中。

第二节   渐开线及渐开线齿轮

一、渐开线的形成和特性

1. 渐开线的形成

渐开线的形成如图 9-6 所示，当一直线 BK 沿一圆周做纯滚动时，直线上任意点 K 的轨迹 AK，就是该圆的渐开线。这个圆称为渐开线的基圆，基圆半径用 r_b 表示，直线 BK 称为渐开线的发生线。

2. 渐开线的特性

根据渐开线的形成过程可知，渐开线具有下列特性：

1) 发生线在基圆上滚过的线段长度等于基圆上相应被滚过的圆弧长度，即 $\overline{BK} = \overset{\frown}{AB}$。

2) 渐开线上任一点的法线必与基圆相切。

3) 发生线与基圆的切点 B 是渐开线在 K 点的曲率中心，线段 $\overline{BK}$ 是 K 点的曲率半径。由图 9-6 可知，K 点越接近基圆，其曲率半径越小。

4) 渐开线的形状取决于基圆的大小。基圆大小相同时，所形成的渐开线相同。基圆越大，渐开线越平直。当基圆半径为无穷大时，渐开线就变成一条与发生线垂直的直线（图 9-7）。

5) 基圆内无渐开线。

3. 渐开线齿廓的压力角

渐开线上任一点法向压力的方向线与该点速度方向线所夹的锐角称为该点的压力角。图 9-7 中的 α_K 即为渐开线上 K 点的压力角。由图 9-6 可知

$$\cos\alpha_K = \frac{\overline{OB}}{\overline{OK}} = \frac{r_b}{r_K} \tag{9-1}$$

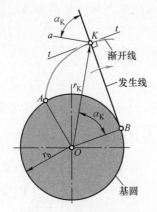

图 9-6 渐开线的形成

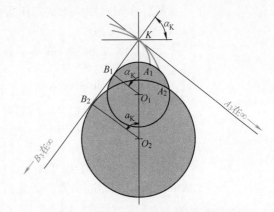

图 9-7 基圆大小对渐开线形状的影响

故压力角 α_K 的大小随 K 点的位置而异，K 点距圆心 O 越远，其压力角越大。

二、渐开线齿轮

渐开线齿轮是以同一基圆上两条反向渐开线作为齿廓的齿轮，图 9-8 所示为渐开线齿轮（直齿圆柱齿轮）的一部分。

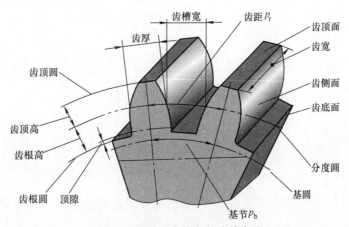

图 9-8 渐开线齿轮各部分的名称

1. 各部分名称

（1）齿顶圆 过齿轮各齿顶端的圆，其直径和半径分别以 d_a 和 r_a 表示。

（2）齿根圆 过齿轮各齿槽底的圆，其直径和半径分别以 d_f 和 r_f 表示。

（3）分度圆 为了便于齿轮各部分几何尺寸的计算，在轮齿的中部选择一个基准圆，其上直径、半径、齿厚、齿槽宽和齿距分别以 d、r、s、e 和 p 表示，且 $s = e$。

（4）齿顶高 分度圆与齿顶圆之间的径向高度，以 h_a 表示。

（5）齿根高 分度圆与齿根圆之间的径向高度，以 h_f 表示。

（6）齿高 齿顶圆与齿根圆之间的径向高度，以 h 表示，$h = h_a + h_f$。

（7）齿槽宽 齿轮相邻两齿之间的空间称为齿槽，在任意圆周上所量得的齿槽弧线长称为该圆的齿槽宽，以 e_r 表示。

（8）齿厚 在任意圆周上所量得的轮齿弧线长称为该圆的齿厚，以 s_r 表示。

（9）齿距 相邻两齿同侧齿面对应点间的弧线长称为该圆的齿距，用 p_r 表示。显然，在同一圆周上的齿距等于齿槽宽与齿厚之和，即 $p_r = e_r + s_r$。

2. 基本参数

决定齿轮尺寸和齿形的基本参数有五个，即齿数 z、模数 m、压力角 α、齿顶高系数 h_a^*、顶隙系数 c^*。

（1）齿数 z　齿轮整个圆周上轮齿的总数。

（2）模数 m　齿轮分度圆的周长为 $\pi d = pz$，由此得到分度圆的直径为

$$d = \frac{pz}{\pi} \tag{9-2}$$

式（9-2）中含有无理数 π，不便于设计、制造和互换使用。为此，人为地将比值 p/π 规定为标准参数，该比值称为齿轮的模数，用 m 表示，单位为 mm，即

$$m = \frac{p}{\pi} \tag{9-3}$$

则分度圆直径计算式为

$$d = mz \tag{9-4}$$

模数是齿轮几何尺寸计算的基本参数，模数越大，齿轮与轮齿的尺寸越大，齿轮的抗弯曲能力越强。齿轮模数已经标准化，表 9-1 所列为国家标准规定的标准模数系列的一部分。

表 9-1　标准模数系列（摘自 GB/T 1357—2008）　　（单位：mm）

第一系列	1, 1.25, 1.5, 2, 2.5, 3, 4, 5, 6, 8, 10, 12, 16, 20, 25, 32, 40, 50
第二系列	1.125, 1.375, 1.75, 2.25, 2.75, 3.5, 4.5, 5.5, (6.5), 7, 9, 14, 18, 22, 28, 36, 45

注：1. 本表适用于渐开线圆柱齿轮，对斜齿轮是指法向模数。

　　2. 优先选用第一系列，括号内数值尽量不用。

（3）标准压力角 α　由于齿廓在不同的圆周上压力角不同，国家标准将分度圆上的压力角定为标准值，称为标准压力角。压力角的标准值是 $14.5°$、$20°$、$25°$，其中 $20°$ 压力角最常用。因此，齿轮的分度圆是指具有标准模数和标准压力角的圆。

（4）齿顶高系数 h_a^*　齿轮的齿顶高是模数 m 与齿顶高系数 h_a^* 的乘积，即

$$h_a = h_a^* m \tag{9-5}$$

（5）顶隙系数 c^*　齿轮的齿根高为

$$h_f = (h_a^* + c^*) m \tag{9-6}$$

齿顶高系数 h_a^* 和顶隙系数 c^* 均为标准值，对于正常齿：$h_a^* = 1.0$，$c^* = 0.25$；对于短齿：$h_a^* = 0.8$，$c^* = 0.3$。

标准齿轮是指 m、α、h_a^*、c^* 均为标准值，且 $e = s$ 的齿轮。为了便于设计计算，将渐开线标准直齿圆柱齿轮传动的几何尺寸计算公式列于表 9-2 中。

表 9-2　标准直齿圆柱齿轮传动的几何尺寸计算公式

名　称	符　号	计　算　公　式
分度圆直径	d	$d = mz$
基圆直径	d_b	$d_b = mz\cos\alpha$
齿顶圆直径	d_a	$d_a = m(z \pm 2h_a^*)$
齿根圆直径	d_f	$d_f = m(z \mp 2h_a^* \mp 2c^*)$

（续）

名　　称	符　　号	计　算　公　式
齿顶高	h_a	$h_a = h_a^* m$
齿根高	h_f	$h_f = (h_a^* + c^*) m$
齿高	h	$h = h_a + h_f = (2h_a^* + c^*) m$
齿距	p	$p = \pi m$
齿厚	s	$s = \dfrac{\pi m}{2}$
齿槽宽	e	$e = \dfrac{\pi m}{2}$

注：1. 表中的 m、α、h_a^*、c^* 均为标准参数。

　　2. 在同一公式中有上下运算符号时，上面的符号用于外齿轮、下面的符号用于内齿轮。

第三节　一对渐开线齿轮的啮合

一、齿廓啮合基本定律

　　齿轮传动的基本要求之一是保证瞬时传动比恒定，否则当主动轮以等角速度转动时，从动轮的角速度为变值，因而产生惯性力，引起机器的振动、冲击和噪声，影响轮齿的强度、运转平稳性、工作精度和寿命。下面讨论齿廓的形状符合哪些条件时，才能保证齿轮传动的瞬时传动比恒定。

　　图 9-9 所示为两啮合齿轮的齿廓 C_1 和 C_2 在任意点 K 啮合的情况。设两轮的角速度分别为 ω_1 和 ω_2，则齿廓 C_1 上 K 点的速度 $v_1 = \omega_1 \overline{O_1 K}$，齿廓 C_2 上 K 点的速度 $v_2 = \omega_2 \overline{O_2 K}$。

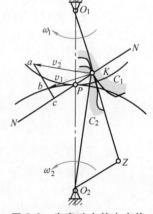

　　过 K 点作两齿廓的公法线 NN 与连心线 $O_1 O_2$ 交于 P 点。为了保证两轮连续平稳地运动，两齿廓在啮合点 K 处的速度 v_1 与 v_2 在 NN 上的分速度应相等。

　　过 O_2 作 NN 的平行线与 $O_1 K$ 的延长线交于 Z 点，由于 $Ka \perp O_2 K$，$Kb \perp KZ$，$ab \perp O_2 Z$，则

$$\triangle Kab \backsim \triangle KO_2 Z$$

图 9-9　齿廓啮合基本定律

$$\frac{v_1}{v_2} = \frac{\overline{KZ}}{\overline{O_2 K}}, \quad \frac{\omega_1 \overline{O_1 K}}{\omega_2 \overline{O_2 K}} = \frac{\overline{KZ}}{\overline{O_2 K}}, \quad \frac{\omega_1}{\omega_2} = \frac{\overline{KZ}}{\overline{O_1 K}}$$

又　　　　　　　　　　　　　　$$\triangle O_1 O_2 Z \backsim \triangle O_1 PK$$

则　　　　　　　　　　　　　　　　　$$\frac{\overline{KZ}}{\overline{O_1 K}} = \frac{\overline{O_2 P}}{\overline{O_1 P}}$$

瞬时传动比为　　　　　　　　　　　$$i = \frac{\omega_1}{\omega_2} = \frac{\overline{O_2 P}}{\overline{O_1 P}} \tag{9-7}$$

　　由上式可知，要使两轮瞬时传动比（角速度比）恒定，应使 $\overline{O_2 P}/\overline{O_1 P}$ 为常数。因两轮的轮心 O_1、O_2 为定点，即 $\overline{O_1 O_2}$ 为定长，欲满足上述要求，必须使 P

为一定点。因此，欲使齿轮传动得到恒定的传动比，齿廓形状必须满足的条件是：不论两齿轮在何处接触，过接触点所作两齿轮的公法线必须与两轮连心线相交于一定点，这一规律称为齿廓啮合基本定律。该定点 P 称为节点，分别以 O_1、O_2 为圆心，$\overline{O_1P}$、$\overline{O_2P}$ 为半径的两个圆称为节圆。两节圆在节点 P 处的线速度相等（$v_{P1}=v_{P2}$），故两齿轮啮合传动可视为两节圆做相切纯滚动。注意：节圆是一对齿轮啮合后才存在的，所以单个齿轮没有节点，也不存在节圆。

凡满足齿廓啮合基本定律的齿廓称为共轭齿廓，共轭齿廓除渐开线外还有摆线和圆弧线等。由于渐开线齿轮容易制造、安装方便，故大多数齿轮均以渐开线作为齿廓曲线。

二、渐开线齿廓的啮合特性

1. 渐开线齿廓能保证恒定的传动比

图 9-10 所示为一对渐开线齿廓 C_1 和 C_2 在任意点 K 相互啮合的情况，过 K 点作这对齿廓的公法线 $\overline{N_1N_2}$。根据渐开线特性可知，此公法线必同时与两基圆相切，$\overline{N_1N_2}$ 即是两轮基圆的一条内公切线。由于两基圆为定圆，在其同一方向的内公切线只有一条，故 $\overline{N_1N_2}$ 为一定线，它与连心线的交点 P 必为一定点，此点即为节点。所以，两个以渐开线作为齿廓曲线的齿轮其传动比为一常数，即

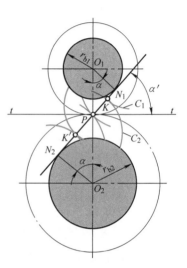

图 9-10　一对相啮合的渐开线齿廓

$$i=\frac{\omega_1}{\omega_2}=\frac{\overline{O_2P}}{\overline{O_1P}}=\frac{\overline{O_2N_2}}{\overline{O_1N_1}}=\frac{r_{b2}}{r_{b1}}=常数 \quad (9\text{-}8)$$

2. 渐开线齿轮传动的啮合线及啮合角

在齿轮传动过程中，将齿廓啮合点的轨迹称为啮合线。因为无论两渐开线齿廓在何点啮合，该啮合点必在 $\overline{N_1N_2}$ 线上，因此，$\overline{N_1N_2}$ 线称为渐开线齿轮传动的理论啮合线。

啮合线与两齿轮节圆的公切线 t 的夹角 α' 称为啮合角。由于啮合线与两齿廓接触点的公法线重合，所以啮合角等于齿廓在节圆上的压力角。在齿轮传动过程中，两齿廓间的正压力始终沿着啮合线方向，故两轮间的传力方向不发生变化，有利于保证齿轮传动的平稳性。

3. 渐开线齿轮传动的可分离性

由式（9-8）可知，两渐开线齿轮啮合时，其传动比取决于两轮基圆半径的反比，而在渐开线齿轮的齿廓加工完成后，其基圆大小就已完全确定。所以，即使两轮的实际中心距与设计中心距略有偏差，其传动比也不受影响。这一特性称为渐开线齿轮传动的可分离性，它对渐开线齿轮的加工和装配都是十分有利的。

下面讨论分度圆与节圆、压力角与啮合角的区别。①就单独一个齿轮而言，只有分度圆和压力角，而无节圆和啮合角；只有当一对齿轮互相啮合时，才有节圆和啮合角。②当一对标准齿轮啮合时，分度圆与节圆是否重合，压力角与啮合角是否相等，取决于两齿轮是否为标准安装。若是标准安装，则两圆重合、两角

相等；若不是标准安装，则两圆不重合、两角不相等。

三、渐开线齿轮正确啮合的条件

渐开线齿廓能实现定传动比传动，但并不意味着任意搭配的两个渐开线齿轮都能正确地啮合传动。因此，一对渐开线直齿圆柱齿轮正确啮合需满足一定的条件。

由啮合过程可知，一对渐开线齿轮在任何位置啮合时，它们的啮合点都应在啮合线 $\overline{N_1 N_2}$ 上。如图 9-11 所示，前一对轮齿在啮合线上的 K 点啮合时，后一对轮齿必须正确地在啮合线上的 K' 点进入啮合，KK' 为齿轮 1 和齿轮 2 的法向齿距，即 $p_{n1} = p_{n2}$。由渐开线性质知，法向齿距 p_n 与基圆齿距 p_b 相等，因此

$$p_{b1} = p_{b2}$$

而

$$p_{b1} = p_1 \cos\alpha_1 = \pi m_1 \cos\alpha_1, \quad p_{b2} = p_2 \cos\alpha_2 = \pi m_2 \cos\alpha_2$$

代入上式可得

$$m_1 \cos\alpha_1 = m_2 \cos\alpha_2$$

式中，m_1、m_2、α_1、α_2 分别为两齿轮的模数和压力角。由于模数和压力角均已标准化，所以为满足上式，应使

$$\left. \begin{array}{c} m_1 = m_2 = m \\ \alpha_1 = \alpha_2 = \alpha \end{array} \right\} \tag{9-9}$$

因此，一对渐开线标准直齿圆柱齿轮的正确啮合条件为：两齿轮的模数和压力角分别相等且为标准值。

此时，一对齿轮的传动比又可写为

$$i = \frac{\omega_1}{\omega_2} = \frac{n_1}{n_2} = \frac{d_2}{d_1} = \frac{z_2}{z_1} \tag{9-10}$$

标准中心距是齿轮传动的重要尺寸，它是当两齿轮分度圆与节圆重合时的中心距，用 a 表示，即

$$a = \frac{d_1 + d_2}{2} = \frac{m(z_1 + z_2)}{2} \tag{9-11}$$

四、渐开线齿轮连续传动的条件

齿轮传动由一对轮齿的啮合过渡到另一对轮齿的啮合时，不但要满足定传动比传动，同时还要满足连续传动。图 9-12 所示为一对渐开线直齿圆柱齿轮的啮合情况（主动轮 1 以角速度 ω_1 匀速转动）。一对轮齿啮合过程为：主动轮 1 的齿根推动从动轮 2 的齿顶开始啮合，到主动轮 1 的齿顶推动从动轮 2 的齿根退出啮合。由此可知，起始啮合点是从动轮 2 的齿顶圆与理论啮合线 $\overline{N_1 N_2}$ 的交点 B_1，而这对轮齿的终止啮合点是主动轮 1 的齿顶圆与 $\overline{N_1 N_2}$ 的交点 B_2。线段 $\overline{B_1 B_2}$ 是齿廓啮合点的实际轨迹，称为实际啮合线。

欲保证连续传动，必须使前一对轮齿尚未脱离啮合时，后一对轮齿及时进入啮合，即满足 $\overline{B_1 B_2} \geqslant p_b$。否则，当前一对轮齿脱离啮合时，后一对轮齿尚未进入啮合，将使传动瞬时中断，从而引起轮齿间的冲击，影响传动的平稳性。因此，齿轮连续传动的条件为：两齿轮的实际啮合线 $\overline{B_1 B_2}$ 应大于或等于齿轮的基圆齿距

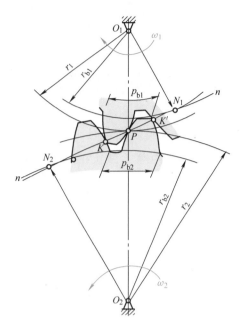

图 9-11　渐开线齿轮的正确啮合

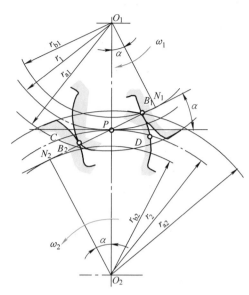

图 9-12　渐开线齿轮的啮合过程

p_b。将 $\overline{B_1B_2}$ 与 p_b 的比值定义为重合度，用 ε 表示。则连续传动的条件可表示为

$$\varepsilon = \frac{\overline{B_1B_2}}{p_b} \geq 1 \tag{9-12}$$

标准直齿圆柱齿轮的重合度可按下式近似计算

$$\varepsilon = 1.88 - 3.2\left(\frac{1}{z_1} \pm \frac{1}{z_2}\right) \tag{9-13}$$

式中，"+"用于外啮合，"–"用于内啮合。

重合度表示同时参与啮合的轮齿对数。重合度越大，同时参与啮合的齿对数越多，传动越平稳，每对轮齿分担的载荷也越小，齿轮的承载能力越高。考虑到制造和安装的误差，为了确保齿轮能够连续传动，应使重合度大于1。在一般机械制造业中，$\varepsilon \geq 1.4$；在汽车与拖拉机行业中，$\varepsilon \geq 1.1 \sim 1.2$；在金属切削机床制造业中，$\varepsilon \geq 1.3$。$\varepsilon = 1.3$ 表示 30% 的时间为两对齿啮合，其余 70% 的时间为一对齿啮合。

第四节　渐开线齿轮轮齿的加工和根切现象

一、轮齿的加工方法

齿轮轮齿的加工方法很多，有切削加工、铸造、模锻、热轧、冷轧、粉末冶金等，最常用的是切削加工方法。切削加工方法按加工原理可分为仿形法和展成法。仿形法切制齿轮的原理是：用与被切齿槽形状相同的铣刀在轮坯上逐个切制齿槽两侧的渐开线齿廓，如图 9-13 所示。加工时，铣刀绕自身轴线旋转，同时轮坯沿其轴线方向直线移动。铣完一个齿槽后，轮坯旋转 360°/z，继续铣下一个齿槽，如此反复，直到铣出全部齿槽。这种方法简单、成本低，但生产率低、加工精度不高，所以常用于修配、单件、大模数及小批量生产中。

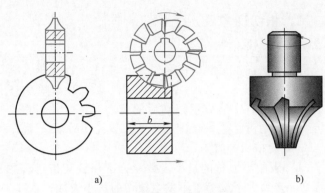

图 9-13　仿形法切制齿轮

a）圆盘铣刀　b）指形齿轮铣刀

　　展成法（如插齿、滚齿、磨齿等）是齿轮加工最常用的一种方法。展成法切制齿轮的原理是：加工中保持刀具和轮坯之间按渐开线齿轮啮合的运动关系切制轮齿，如图 9-14 所示。图 9-14a 所示为用齿轮插刀加工轮齿。根据正确啮合条件，被切齿轮的模数和压力角与插刀的模数和压力角相等，所以用同一把插刀加工出的齿轮不论齿数多少都能正确啮合。当齿轮插刀的齿数增加到无穷多时，其基圆半径趋于无穷大，渐开线齿廓变为直线齿廓，齿轮插刀就变为齿条插刀。图 9-14b 所示为用齿条插刀加工轮齿。用齿条插刀切齿的原理与齿轮插刀的切齿原理相同。用上述两种加工方法切制齿轮，其切削过程都不连续，生产效率较低。因此，大批量生产常采用效率较高的齿轮滚刀来切制齿轮，如图 9-14c 所示。用齿轮滚刀切制齿轮的原理与齿条插刀切制齿轮的原理类似，只是齿轮滚刀的螺旋运动取代了齿条插刀的展成运动和切削运动。因此，齿轮滚刀在回转的同时还做沿轮坯的轴向移动，从而切制出齿廓。展成法生产率高、加工精度高，但需要采用专用机床，故加工成本高，常用于批量生产中。

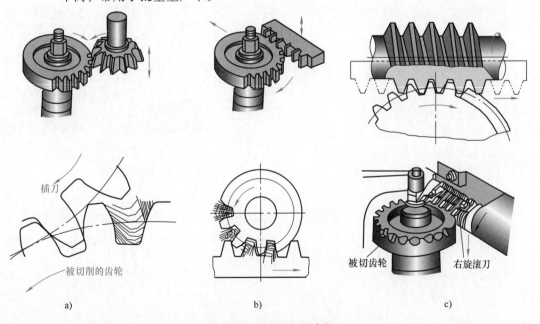

图 9-14　展成法切制齿轮

a）齿轮插刀　b）齿条插刀　c）齿轮滚刀

二、根切现象及避免根切的方法

1. 根切现象

用展成法加工齿轮时，若被切齿轮的齿数太少，则切削刀具的齿顶就会将轮齿根部切去一部分，这种现象称为根切现象，如图 9-15 所示。图中虚线表示该轮齿的理论齿廓，实线表示根切后的齿廓。轮齿发生根切后，齿根厚度减薄，轮齿的抗弯曲能力下降，重合度减小，影响传动的平稳性，故必须设法避免。

2. 避免根切的方法

（1）限制小齿轮的最小齿数　为了保证切齿过程中不发生根切，所设计齿轮的齿数 z 必须大于或等于不发生根切的最小齿数 z_{min}。

当 $\alpha = 20°$，$h_a^* = 1$ 时，$z_{min} = 17$；当 $\alpha = 20°$，$h_a^* = 0.8$ 时，$z_{min} = 14$。

（2）采用变位齿轮　如图 9-16 所示，可将刀具从虚线位置向下移动一段距离 xm，即移至实线的位置，这样就可避免发生根切。此种加工方法称为变位修正法，所切制的齿轮称为变位齿轮；切制刀具所移动的距离 xm 称为变位量，其中的 x 称为变位系数。当刀具远离轮坯中心时 x 为正，称为正变位；反之 x 为负，称为负变位。采用变位修正法切制的齿轮，不但可以使齿数 $z < z_{min}$ 而不发生根切，还可以提高齿轮的强度和传动的平稳性。

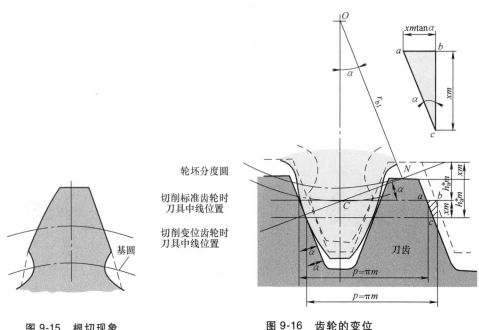

图 9-15　根切现象　　　　　图 9-16　齿轮的变位

例 9-1　一对正常齿制渐开线标准齿轮与标准齿条啮合传动，齿条线速度 v_2 与齿轮角速度 ω_1 之比为 80mm，齿条的模数 $m = 5mm$。试求齿轮的齿数。

解　根据正常齿标准齿轮的啮合理论，有

$$v_2 = v_1 = r_1 \omega_1$$

因

$$v_2 / \omega_1 = 80mm$$

所以

$$r_1 = 80mm$$

又因 $\qquad\qquad\qquad\qquad d_1 = 2r_1 = mz_1$

所以 $\qquad\qquad\qquad z_1 = 2r_1/m = 2\times80/5 = 32$

例 9-2　一对正常齿制标准安装的外啮合标准直齿圆柱齿轮传动，主动轮齿数 $z_1 = 40$，从动轮齿数 $z_2 = 120$，模数 $m = 2\text{mm}$。试计算该齿轮传动的传动比 i，两齿轮的分度圆直径 d_1、d_2，齿顶圆直径 d_{a1}、d_{a2}，中心距 a，齿距 p 和节圆直径 d'_1、d'_2。

解
$$i = \frac{n_1}{n_2} = \frac{z_2}{z_1} = \frac{120}{40} = 3$$

由表 9-2 得
$$d_1 = mz_1 = 2\times40\text{mm} = 80\text{mm}$$
$$d_2 = mz_2 = 2\times120\text{mm} = 240\text{mm}$$
$$d_{a1} = (z_1 + 2h_a^*)m = (40 + 2\times1)\times2\text{mm} = 84\text{mm}$$
$$d_{a2} = (z_2 + 2h_a^*)m = (120 + 2\times1)\times2\text{mm} = 244\text{mm}$$
$$a = \frac{m}{2}(z_1 + z_2) = \frac{2}{2}\times(40 + 120)\text{mm} = 160\text{mm}$$
$$p = \pi m = 3.14\times2\text{mm} = 6.28\text{mm}$$

由题意知，两齿轮为标准齿轮、标准安装，故其分度圆与节圆重合，即得
$$d'_1 = d_1 = 80\text{mm}, \quad d'_2 = d_2 = 240\text{mm}$$

第五节　齿轮传动的失效形式及设计准则

一、齿轮传动的失效形式

为保证设计的齿轮传动能在预期寿命内正常工作而不产生任何形式的失效，有必要分析齿轮发生失效的形式、原因，并据此制定齿轮传动的设计准则。齿轮传动的失效主要发生在轮齿，常见的轮齿失效形式有以下五种：

1. 轮齿折断

轮齿折断是指齿轮的一个或多个齿的整体或局部折断，如图 9-17 所示。轮齿受力后的力学模型为悬臂梁，轮齿根部弯曲应力

疲劳裂纹

a)　　　　　　　　b)

图 9-17　轮齿折断
a）疲劳裂纹　b）局部折断

最大，且齿根过渡圆角引起应力集中。因此，折断一般发生在轮齿根部。轮齿折断分为疲劳折断和过载折断。轮齿在循环弯曲应力的反复作用下，受拉的一侧会产生初始疲劳裂纹，随着裂纹的不断扩展，最终导致轮齿疲劳折断。当轮齿受到短时过载或冲击载荷作用致使齿根处的弯曲应力超过其极限应力时会发生过载折断，用脆性材料（如铸铁或整体淬火钢）制成的齿轮易发生此种失效。

选用合适的材料和热处理方法，可使轮齿芯部有足够的韧性；增大齿根圆角半径，对齿根进行强化处理等，可提高轮齿的抗折断能力。

2. 齿面磨损

在齿轮啮合传动时，当齿面间落入砂粒、铁屑及非金属物等磨料时，会引起齿面磨损，在磨损表面留有较均匀的条痕，如图 9-18 所示。齿面磨损使齿廓形状发生变化，从而引起冲击、振动和噪声，且齿厚减薄后容易发生轮齿折断。齿面磨损是开式齿轮传动的主要失效形式。

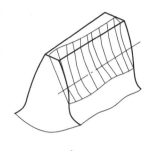

a)   b)

图 9-18　齿面磨损
a）示意图　b）实物

通过改用闭式传动，改善润滑和密封条件，提高齿面的硬度，可提高轮齿的抗磨损能力。

3. 齿面点蚀

轮齿在啮合过程中，齿面接触处将承受循环变化的接触应力。在接触应力的反复作用下，轮齿表面将会出现不规则细线状的初始疲劳裂纹。在润滑油的渗入及多次挤压下，裂纹不断扩展，最终导致齿面金属脱落而形成麻点状凹坑，称为齿面疲劳点蚀，简称点蚀，如图 9-19 所示。疲劳点蚀一般出现在靠近节线的齿根表面处。随着点蚀的不断扩展，啮合状况恶化，最终导致传动失效。点蚀是润滑良好的软齿面闭式齿轮传动的主要失效形式。

a)   b)

图 9-19　齿面点蚀
a）示意图　b）实物

通过提高齿面硬度、增大润滑油黏度和减小动载荷等措施，可减缓或防止点蚀产生。

4. 齿面胶合

相啮合的轮齿齿面，在一定压力和温度作用下，直接接触发生黏着。随着齿面的相对运动，金属从齿面上撕落而引起的一种严重黏着现象称为胶合。胶合常在齿顶或靠近齿根的齿面上产生，沿滑动方向有深度、宽度不等的条状粗糙沟纹，如图 9-20 所示。一旦出现胶合，不仅齿面温度升高，而且齿轮的振动和噪声增大，导致齿轮失效。胶合是高速重载、低速重载及润滑不良的闭式齿轮传动的主要失效形式。

通过减小模数、降低齿高，采用角变位齿轮减少滑动系数，提高齿面硬度，采用极压润滑油等措施，可减缓或防止齿面胶合。

5. 齿面塑性变形

当齿面较软、载荷和摩擦力很大时，齿面表层的金属可能沿摩擦力的方向产生塑性流动而破坏轮齿的渐开线齿廓，这种现象称为齿面塑性变形。由于主动轮齿面上的摩擦力背离节线，则在节线附近形成凹槽；从动轮齿面上的摩擦力指向节线，则在节线附近形成凸棱，如图 9-21 所示。在低速、重载、起动频繁和过载齿轮传动中会发生这种失效。

通过提高齿面的硬度、采用黏度高的润滑油等措施，可防止或减轻齿面塑性变形。

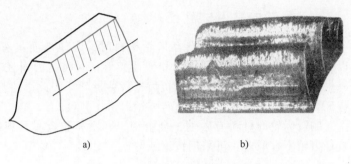

图 9-20 齿面胶合
a）示意图 b）实物

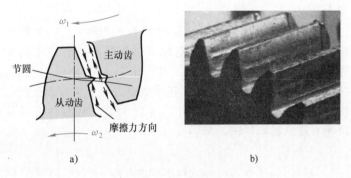

图 9-21 齿面塑性变形
a）示意图 b）实物

二、齿轮传动的设计准则

虽然齿轮的失效形式多种多样，但在某一具体场合出现的概率不同。轮齿究竟发生哪种失效，主要由齿轮材料和具体工作条件决定。为了保证齿轮在全生命周期内不致失效，应建立针对各种失效的设计准则和方法。但是，目前对于齿面磨损、胶合和塑性变形失效尚无可靠的计算方法。所以齿轮传动设计，通常只按齿根弯曲疲劳强度和齿面接触疲劳强度进行计算。

1）对于闭式软齿面齿轮传动（配对齿轮之一的硬度不大于 350HBW），一般先发生齿面疲劳点蚀。因此，可先按齿面接触疲劳强度进行设计，然后校核齿根弯曲疲劳强度。对于闭式硬齿面齿轮传动（配对齿轮的硬度均大于 350HBW），一般先发生轮齿折断。因此，可先按齿根弯曲疲劳强度进行设计，然后校核齿面接触疲劳强度。

2）对于开式齿轮传动，齿面磨损和轮齿折断是其主要失效形式。仅按齿根弯曲疲劳强度进行设计，将设计所得模数放大 10%～15%，再取相近的标准值，依此考虑磨损的影响。因磨粒磨损速度远比齿面疲劳裂纹扩展速度快，齿面疲劳裂纹还未扩展即被磨去，所以一般开式传动齿轮不会出现疲劳点蚀，故无须校核齿面接触疲劳强度。

第六节 齿轮的常用材料及精度选择

一、齿轮的常用材料

为防止齿轮失效，在选择齿轮材料时，应使齿面具有足够的硬度和耐磨性，以抵抗齿面磨损、点蚀、胶合和塑性变形；同时，齿面在变载荷和冲击载荷下应有足够的弯曲疲劳强度，以抵抗齿根疲劳折断。因此，对齿轮材料的基本要求是：齿面要硬、齿芯要韧，并具有良好的制造工艺性。

制造齿轮的材料有碳钢、合金钢、铸铁和非金属材料等，一般多用锻钢。大直径齿轮不宜锻造，可采用铸钢或铸铁。

1. 锻钢

（1）软齿面齿轮（齿面硬度不大于 350HBW） 这类齿轮的轮齿是在热处理（正火或调质）后进行切齿的。常用材料为：35、45 等碳钢及 40Cr、37SiMn2MoV 等合金钢。

（2）硬齿面齿轮（齿面硬度大于 350HBW） 这类齿轮的轮齿需在切齿后进行表面热处理，必要时还需对轮齿进行磨削或研磨等精加工，以消除热处理后轮齿的变形。常用材料为 20Cr、20CrMnTi、20CrNi3 等表面渗碳淬火；45、35SiMn、40Cr、42SiMn 等表面淬火。其承载能力高于软齿面齿轮，在同样条件下，尺寸和质量均较小。随着硬齿面加工技术的发展，从节约材料及经济效益考虑，软齿面齿轮有逐渐被取代的趋势。

2. 铸钢

当齿轮尺寸较大（$d > 400 \sim 600$mm），结构形状复杂或由于设备限制而不能锻造时，宜采用铸钢。常用材料为 ZG310-570、ZG340-640、ZG35SiMn、ZG35CrMo 等。其毛坯常用正火处理，以消除残余应力和硬度不均现象。

3. 铸铁

普通灰铸铁的铸造和切削性能好，抗点蚀和抗胶合能力强，但抗弯强度低、冲击韧度差，常用于低速、工作平稳、轻载、对尺寸和质量无严格要求的开式齿轮传动。灰铸铁常用材料为 HT200～HT350 等。高强度球墨铸铁作为齿轮的新材料近年来发展很快，它的力学性能比灰铸铁好，越来越获得广泛的应用。球墨铸铁常用材料为 QT500-7、QT600-3、QT700-2 等。

4. 非金属材料

非金属材料弹性模量小、密度小、质量轻，但它的硬度和强度低，用于高速、小功率、精度不高或要求低噪声的场合。常用材料为夹布胶木、尼龙和加有填充物的聚四氟乙烯等。由于其导热性差，与其相配对的齿轮应采用钢或铸铁制造，以利于散热。

齿轮常用材料及许用应力见表 9-3。小齿轮工作中受载次数多，对于软齿面齿轮，为使两齿轮寿命相近，小齿轮的材料硬度应比大齿轮高，一般大小齿轮硬度差在 $HBW_1 - HBW_2 = 30 \sim 50HBW$。

表9-3　齿轮常用材料及许用应力

材料牌号	热处理方法	齿 面 硬 度		$[\sigma_H]$/MPa	$[\sigma_F]$/MPa
		HBW	HRC		
35	正火	150~180		380+0.7HBW	140+0.2HBW
	调质	180~210			
	表面淬火		40~45	500+11HRC	160+2.5HRC
45	正火	156~217		380+0.7HBW	140+0.2HBW
	调质	197~286			
	表面淬火		40~50	500+11HRC	160+2.5HRC
40Cr	调质	240~285		380+HBW	155+0.3HBW
	表面淬火		48~55	500+11HRC	160+2.5HRC
37SiMn2MoV	调质	241~302		380+HBW	155+0.3HBW
	表面淬火		50~55	500+11HRC	160+2.5HRC
42CrMo	调质	255~286		380+HBW	155+0.3HBW
20Cr	渗碳淬火		56~62	23HRC	5.8HRC
20CrMnTi	渗碳淬火		56~62		
ZG270-500	正火	140~170		180+0.8HBW	120+0.2HBW
ZG310-570	正火	163~197			
ZG340-640	正火	179~207			
ZG35SiMn	正火	163~217		340+HBW	125+0.25HBW
	调质	197~248			
HT250		150~263		120+HBW	30+0.1HBW
HT300		160~273			
QT500-7		170~230		170+1.4HBW	130+0.2HBW

二、齿轮材料的选择原则

齿轮材料的种类很多，选择时应参考下述原则：

1）齿轮材料必须满足工作条件。如飞行器上的齿轮，选用合金钢；矿山机械中的齿轮，一般选铸钢或铸铁；办公机械的齿轮，常选工程塑料作为齿轮材料。

2）考虑齿轮尺寸的大小、毛坯成形方法和制造工艺。大尺寸的齿轮，一般选铸钢或铸铁材料；中等尺寸的齿轮选锻钢；尺寸小、要求不高的齿轮选圆钢作为齿轮材料。

3）高速、重载、冲击载荷下工作的齿轮常选合金钢作为齿轮材料。

4）尽量选择物美价廉的材料。合金钢价格高，应慎重选用。

三、齿轮传动的精度等级及其选择

齿轮传动的工作性能、承载能力和使用寿命都与齿轮的制造精度有关。精度高时，制造成本高；精度低时，齿轮传动性能和寿命低。因此，在设计齿轮传动时，应合理选择齿轮的精度等级。标准 GB/T 10095.1—2008 中将单个渐开线圆柱齿轮同侧齿面的精度规定为 0~12 级，0 级最高，12 级最低，常用 6、7、8、9 级。各类机器所用齿轮传动的精度等级范围见表 9-4，直齿圆柱齿轮精度等级与圆周速度的关系见表 9-5。

表 9-4 各类机器所用齿轮传动的精度等级范围

机器名称	精度等级	机器名称	精度等级
内燃机车	6~7	拖拉机	6~9
金属切削机床	3~8	通用减速器	6~9
航空发动机	4~8	矿用绞车	8~10
轻型汽车	5~8	起重机械	7~10
载重汽车	6~9	农业机械	8~11

表 9-5 直齿圆柱齿轮精度等级与圆周速度的关系

圆周速度/（m/s） 硬度（HBW） 精度等级	6	7	8	9
≤350	≤18	≤12	≤6	≤4
>350	≤15	≤10	≤5	≤3

第七节 直齿圆柱齿轮传动的受力分析和强度计算

一、受力分析

为了计算轮齿强度和设计轴及轴承，需要知道作用在轮齿上作用力的大小与方向。如前所述，一对渐开线齿轮啮合，若略去齿面间的摩擦力，则轮齿间相互作用的法向力 F_n 的方向始终沿着啮合线。为了计算方便，将法向力 F_n 在节点 P 沿齿轮周向和径向分解为两个分力，即圆周力 F_t 和径向力 F_r，如图 9-22 所示。它们的大小分别为

$$\left.\begin{array}{l} F_t = \dfrac{2T_1}{d_1} \\ F_r = F_t \tan\alpha \\ F_n = \dfrac{F_t}{\cos\alpha} = \dfrac{2T_1}{d_1\cos\alpha} \end{array}\right\} \tag{9-14}$$

式中，d_1 为小齿轮分度圆直径（mm）；α 为分度圆压力角（°）；T_1 为小齿轮传递的转矩（N·mm）。当小齿轮传递的功率为 P_1(kW)，小齿轮的转速为 n_1(r/min) 时，$T_1 = 9.55\times10^6 P_1/n_1$。

作用在主动轮和从动轮上的各力均等值反向。各力方向的判定方法为：①圆周力 F_t 在主动轮上为阻力，它与其转动方向相反，在从动轮上为驱动力，与其转动方向相同；②径向力 F_r 分别沿半径指向各自的轮心。

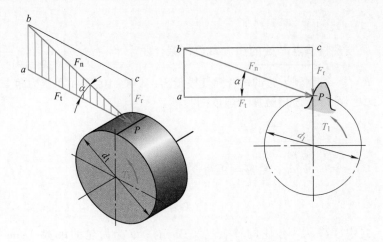

图 9-22　直齿圆柱齿轮轮齿受力

二、齿面接触疲劳强度计算

1. 计算依据

一对齿轮啮合传动时，轮齿的接触可看作是曲率半径为 ρ_1 和 ρ_2 及宽度为 b 的两个圆柱体相互接触，如图 9-23 所示。由弹性力学的赫兹公式可知，齿面接触的最大应力为

$$\sigma_H = 0.418 \sqrt{\frac{F_n E}{b\rho}} \qquad (9\text{-}15)$$

式中，E 为两圆柱体的综合弹性模量（MPa），$E = \dfrac{2E_1 E_2}{E_1 + E_2}$；$b$ 为圆柱体的接触宽度（mm）；F_n 为两圆柱体承受的法向载荷（N）；ρ 为综合曲率半径（mm），$\rho = \dfrac{\rho_1 \rho_2}{\rho_1 \pm \rho_2}$，"$+$" "$-$" 分别用于外啮合和内啮合。

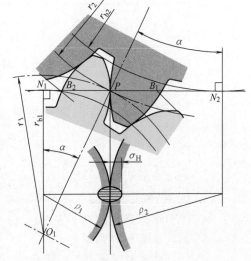

图 9-23　节点处的接触应力和曲率半径

由渐开线的特性可知，齿廓上各点的曲率半径是变化的，但由于节点 P 附近同时啮合的齿对数少，两齿廓相对滑动速度小，不易形成油膜，摩擦力大，故点蚀常发生在节点附近。所以，通常以节点 P 处计算齿轮的接触应力。

2. 齿轮传动的计算载荷

法向载荷 F_n 为公称载荷。在实际传动中，考虑齿轮制造、安装的误差，轴、轴承和轮齿的变形及原动机与工作机特性的不同，会产生附加动载荷，使法向载荷增大。此外，载荷在同时啮合的齿对间、各对齿的齿宽上分布不均匀。因此，计算齿轮传动的强度时应将上式中的 F_n 用计算载荷 F_c 替代，即 $F_c = KF_n$，K 为载荷系数，$K = 1.3 \sim 1.6$。当齿轮相对于轴承对称布置时 K 取小值，非对称布置时 K 取大值。

3. 计算公式

现将节点 P 处的相应参数，综合曲率半径 $\dfrac{1}{\rho} = \dfrac{1}{\rho_1} \pm \dfrac{1}{\rho_2} = \dfrac{2}{d_1 \sin\alpha} \cdot \dfrac{i \pm 1}{i}$、计算载荷 F_c、一对钢制齿轮的综合弹性模量 $E = 2.06 \times 10^5 \mathrm{MPa}$ 和压力角 $\alpha = 20°$ 代入式（9-15）中，可得齿面接触疲劳强度的校核公式为

$$\sigma_H = 670 \sqrt{\frac{KT_1}{bd_1^2} \cdot \frac{i \pm 1}{i}} \leqslant [\sigma_H] \tag{9-16}$$

令 $b = \psi_d d_1$，经整理可得设计公式为

$$d_1 \geqslant \sqrt[3]{\left(\frac{670}{[\sigma_H]}\right)^2 \frac{KT_1}{\psi_d} \cdot \frac{i \pm 1}{i}} \tag{9-17}$$

式中，T_1 为小齿轮的转矩（N·mm）；b 为齿轮的齿宽（mm），为便于装配，其值最好圆整成尾数为 0 或 5 的整数，一般取小齿轮比大齿轮宽 5~10mm；$[\sigma_H]$ 为许用接触应力（MPa），见表 9-3。

当配对齿轮材料改变时，式（9-16）、式（9-17）中系数 670 的替换值由表 9-6 查取。

表 9-6　系数 670 的替换值

材料组合	钢与球墨铸铁	球墨铸铁与球墨铸铁	钢与灰铸铁	球墨铸铁与灰铸铁	灰铸铁与灰铸铁
替换值	641	614	584	564	522

一对啮合齿轮，在啮合处的接触应力值相等，即 $\sigma_{H1} = \sigma_{H2}$。而许用接触应力 $[\sigma_{H1}]$、$[\sigma_{H2}]$ 分别与齿轮的材料、热处理和应力循环次数有关，故一般不相等。因此，用式（9-17）计算分度圆直径时，取 $[\sigma_H] = \min\{[\sigma_{H1}], [\sigma_{H2}]\}$，通常取大齿轮的 $[\sigma_{H2}]$。

三、齿根弯曲疲劳强度计算

1. 计算依据

轮齿可视为悬臂梁，在齿根危险截面处产生的弯曲应力最大。齿根危险截面的位置用 30° 切线法确定。即作与轮齿对称线成 30° 角的两直线，且使其分别与齿根过渡曲线相切，连接两切点的截面即为齿根危险截面，如图 9-24 所示。

计算齿根应力时，需确定在齿根处产生最大弯矩的载荷作用点。如前所述 $\varepsilon_\alpha > 1$，结合图 9-24 可知，当轮齿在齿顶啮合时，力臂最大，但此时两对齿共同承担载荷，轮齿受力小，弯矩不是最大；最大弯矩的载荷作用点是单对齿啮合的上界点。但该点计算比较复杂，且考虑多对齿受力不均匀，为简化计算，假定全部载荷 F_n 都作用于齿顶。

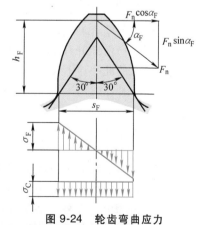

图 9-24　轮齿弯曲应力

2. 计算公式

由图 9-24 知，轮齿上的法向力 F_n 可分解为切向分力 $F_n \cos\alpha_F$ 和径向分力 $F_n \sin\alpha_F$。切向分力在齿根处产生弯曲应力和切应力，径向分力在齿根处产生压应

力。由于切应力与压应力比弯曲应力小得多，且齿根疲劳裂纹首先发生在拉伸一侧，故齿根弯曲疲劳强度按危险截面拉伸一侧的弯曲应力计算，其齿根弯曲应力为

$$\sigma_F = \frac{M}{W} = \frac{6F_n h_F \cos\alpha_F}{bs_F^2} \tag{9-18a}$$

式中，h_F 为弯曲力臂；b 为齿宽；s_F 为危险截面齿厚；α_F 为齿顶载荷作用角。

将计算载荷 KF_n 代入式（9-18a），并令 $Y_F = \dfrac{6\left(\dfrac{h_F}{m}\right)\cos\alpha_F}{\left(\dfrac{s_F}{m}\right)^2 \cos\alpha}$，可得轮齿弯曲疲劳

强度的校核公式

$$\sigma_F = \frac{2KT_1 Y_F}{bd_1 m} = \frac{2KT_1 Y_F}{bz_1 m^2} \leqslant [\sigma_F] \tag{9-18b}$$

式中，Y_F 为齿形系数，其值只与齿形有关，而与模数无关。Y_F 值见表 9-7。

将 $b = \psi_d d_1$ 代入式（9-18b），可得轮齿弯曲疲劳强度的设计公式为

$$m \geqslant \sqrt[3]{\frac{2KT_1}{\psi_d z_1^2} \cdot \frac{Y_F}{[\sigma_F]}} \tag{9-19}$$

式中，z_1 为小齿轮的齿数；$[\sigma_F]$ 为材料的许用弯曲应力，见表 9-3。按上式求得的模数应按表 9-1 圆整成标准模数。

由于大、小齿轮的齿数不等，故它们的齿形系数、弯曲应力和许用弯曲应力也不相等，所以当用式（9-19）计算模数时，取 $\dfrac{Y_F}{[\sigma_F]} = \max\left\{\dfrac{Y_{F1}}{[\sigma_{F1}]}, \dfrac{Y_{F2}}{[\sigma_{F2}]}\right\}$，这样可使大、小齿轮的弯曲强度均得到满足。

表 9-7 正常齿制标准外啮合齿轮的齿形系数 Y_F

$z(z_v)$	12	14	16	17	18	19	20	21	22	24	26	28
Y_F	3.46	3.20	3.03	2.96	2.90	2.84	2.79	2.75	2.72	2.67	2.60	2.56
$z(z_v)$	30	32	35	37	40	45	50	60	80	100	150	齿条
Y_F	2.52	2.48	2.46	2.43	2.40	2.37	2.33	2.28	2.23	2.21	2.18	2.06

四、设计参数的选择

1. 传动比 i

单级传动的传动比 i 不宜过大，否则会造成大、小齿轮尺寸悬殊，使整个传动外廓尺寸过大，一般 $i \leqslant 6$。当 i 过大时，应采用多级传动。

2. 齿数 z

对于闭式软齿面齿轮传动，在满足弯曲强度的条件下，应取较多的齿数 z_1 和较小的模数，这样可以增大重合度，提高传动的平稳性，还可以节省制造费用，一般取 $z_1 = 20 \sim 40$。对于闭式硬齿面齿轮、开式齿轮和铸铁齿轮传动，为保证轮齿具有足够的弯曲强度，宜取较小的齿数 z_1 和较大的模数，一般取 $z_1 = 17 \sim 20$。对于承受变载荷的齿轮传动以及开式齿轮传动，为使轮齿磨损均匀、减小或避免传动中的振动，应使两轮齿数互为质数，至少应避免大、小齿轮齿数比为整数比。

3. 齿宽系数 ψ_d

当载荷一定时，ψ_d 值大，b 值越大，齿轮承载能力越高。但 b 过大时，会引起载荷沿齿宽分布不均而产生偏载，导致轮齿折断。对闭式传动：①软齿面，齿轮相对于轴承对称布置时，取 $\psi_d = 0.8 \sim 1.4$；齿轮不对称布置或悬臂布置且轴刚性较大时，取 $\psi_d = 0.6 \sim 1.2$，轴刚性较小时，取 $\psi_d = 0.4 \sim 0.9$；②硬齿面，ψ_d 的数值应降低 50%。对开式传动，取 $\psi_d = 0.3 \sim 0.5$。

例 9-3　试设计矿用二级闭式减速器中的一对直齿圆柱齿轮传动。已知：传递功率 $P_1 = 22\text{kW}$，传动比 $i = 4.8$，主动轮转速 $n_1 = 960\text{r/min}$，采用电动机驱动，单向运转，中等冲击。

解　1. 选择材料，确定许用应力

由表 9-3 得，小齿轮采用 40Cr 调质处理，硬度为 240～285HBW，取为 260HBW；大齿轮用 45 钢调质处理，硬度为 229～286HBW，取为 240HBW。

$$[\sigma_{H1}] = (380 + \text{HBW})\text{MPa} = (380 + 260)\text{MPa} = 640\text{MPa}$$

$$[\sigma_{H2}] = (380 + 0.7\text{HBW})\text{MPa} = (380 + 0.7 \times 240)\text{MPa} = 548\text{MPa}$$

$$[\sigma_{F1}] = (155 + 0.3\text{HBW})\text{MPa} = (155 + 0.3 \times 260)\text{MPa} = 233\text{MPa}$$

$$[\sigma_{F2}] = (140 + 0.2\text{HBW})\text{MPa} = (140 + 0.2 \times 240)\text{MPa} = 188\text{MPa}$$

对于软齿面闭式齿轮传动，应先按齿面接触疲劳强度设计，后按齿根弯曲疲劳强度校核。

2. 齿面接触疲劳强度设计

（1）选择齿数

通常　　　　　　　　　　　$z_1 = 20 \sim 40$，取 $z_1 = 31$

$$z_2 = iz_1 = 4.8 \times 31 = 148.8，取 z_2 = 149$$

（2）小齿轮传递的转矩 T_1

$$T_1 = 9.55 \times 10^6 \frac{P_1}{n_1} = 9.55 \times 10^6 \times \frac{22}{960}\text{N} \cdot \text{mm} \approx 2.19 \times 10^5 \text{N} \cdot \text{mm}$$

（3）选择齿宽系数 ψ_d　由于齿轮为非对称布置，且为软齿面，所以取 $\psi_d = 0.8$。

（4）确定载荷系数 K　载荷系数 $K = 1.3 \sim 1.6$，由于齿轮为非对称布置，所以取 $K = 1.5$。

（5）计算分度圆直径

$$d_1 \geqslant \sqrt[3]{\left(\frac{670}{[\sigma_H]}\right)^2 \frac{KT_1}{\psi_d} \cdot \frac{i+1}{i}} = \sqrt[3]{\left(\frac{670}{548}\right)^2 \times \frac{1.5 \times 2.19 \times 10^5}{0.8} \times \frac{4.8+1}{4.8}} \text{mm} \approx 90.5\text{mm}$$

（6）确定齿轮的模数

$$m = \frac{d_1}{z_1} = \frac{90.5}{31}\text{mm} \approx 2.92\text{mm}$$

按表 9-1 圆整为 $m = 3\text{mm}$。

3. 齿根弯曲疲劳强度校核

（1）齿形系数　由 $z_1 = 31$ 和 $z_2 = 149$，查表 9-7 得 $Y_{F1} = 2.5$ 和 $Y_{F2} = 2.18$。

（2）校核齿根弯曲应力　由式（9-18）得

$$\sigma_{F1} = \frac{2KT_1 Y_{F1}}{bd_1 m} = \frac{2 \times 1.5 \times 2.19 \times 10^5 \times 2.5}{75 \times 93 \times 3}\text{MPa} \approx 78.49\text{MPa} < [\sigma_{F1}] = 233\text{MPa}$$

$$\sigma_{F2} = \sigma_{F1} \cdot \frac{Y_{F2}}{Y_{F1}} = 78.49 \times \frac{2.18}{2.5} \text{MPa} \approx 68.4 \text{MPa} < [\sigma_{F2}] = 188 \text{MPa}$$

齿根弯曲疲劳强度足够。

（3）齿轮精度等级

根据
$$v = \frac{\pi d_1 n_1}{60 \times 1000} = \frac{\pi \times 93 \times 960}{60 \times 1000} \text{m/s} \approx 4.67 \text{m/s}$$

查表 9-5，选用 7 级精度。

4. 计算齿轮的几何尺寸

$$d_1 = mz_1 = 3 \times 31 \text{mm} = 93 \text{mm}, \quad d_2 = mz_2 = 3 \times 149 \text{mm} = 447 \text{mm}$$

$$d_{a1} = d_1 + 2m = (93 + 2 \times 3) \text{mm} = 99 \text{mm}, \quad d_{a2} = d_2 + 2m = (447 + 2 \times 3) \text{mm} = 453 \text{mm}$$

$$d_{f1} = d_1 - 2.5m = (93 - 2.5 \times 3) \text{mm} = 85.5 \text{mm}, \quad d_{f2} = d_2 - 2.5m = (447 - 2.5 \times 3) \text{mm} = 439.5 \text{mm}$$

$$a = \frac{m}{2}(z_1 + z_2) = \frac{3}{2} \times (31 + 149) \text{mm} = 270 \text{mm}$$

$$b_2 = \psi_d d_1 = 0.8 \times 93 \text{mm} = 74.4 \text{mm}, \quad 取 \ b_2 = 75 \text{mm}$$

$$b_1 = b_2 + 5 \text{mm} = 80 \text{mm}$$

5. 结构设计（略）

第八节　斜齿圆柱齿轮传动

一、斜齿圆柱齿轮传动的特点

直齿圆柱齿轮的轮齿方向与轴线平行，由于齿轮有一定宽度，如图 9-25a 所示，故直齿圆柱齿轮的齿廓曲面是发生面在基圆柱上做纯滚动时，其上任一条与基圆柱母线 CC 平行的直线 BB 所展成的渐开线曲面。一对直齿圆柱齿轮在啮合过程中，接触线均为平行于轴线的直线，如图 9-25b 所示。因此，在进入或退出啮合时，相啮合的轮齿是沿着整个齿宽同时进入或同时退出啮合的；轮齿上的作用力也是突然加上或突然卸去的。这种接触方式使齿轮传动产生振动、冲击和噪声，不适宜高速、重载传动。

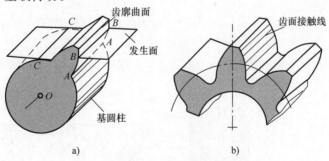

图 9-25　直齿圆柱齿轮齿廓曲面的形成

a）齿廓形成　b）齿面接触线

斜齿圆柱齿轮的轮齿方向不与轴线平行，其齿廓曲面的形成如图 9-26a 所示。当发生面在基圆柱上做纯滚动时，其上一条不与母线 CC 平行而与它成一夹角 β_b（称为基圆柱上的螺旋角）的直线 BB 展成的渐开螺旋面，即斜齿圆柱齿轮的齿廓

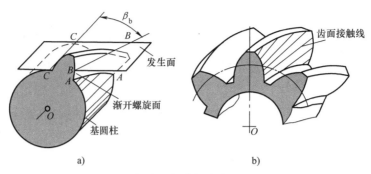

图 9-26　斜齿圆柱齿轮齿廓曲面的形成

a）齿廓形成　b）齿面接触线

曲面。斜齿圆柱齿轮在啮合过程中，接触线不与轴线平行，如图 9-26b 所示。因此，在进入或退出啮合时，接触线由短逐渐变长，又逐渐缩短。这一啮合特点改变了直齿轮突然进入及突然退出啮合的缺点，因此，提高了传动的平稳性和承载能力，在高速、重载齿轮传动中应用广泛。

斜齿轮的主要缺点是在传动时会产生轴向力 F_a，如图 9-27a 所示，这对轴和轴承的受力不利。为克服这个缺点，可以采用人字齿轮，如图 9-27b 所示，使两边产生的轴向力 F_a 相互抵消。人字齿轮加工困难，精度较低，主要用于重型机械。

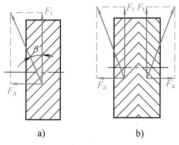

图 9-27　斜齿圆柱齿轮轴向力

a）斜齿圆柱齿轮　b）人字齿轮

二、斜齿圆柱齿轮的基本参数和几何尺寸计算

斜齿圆柱齿轮的齿形有法向和端面之分。法向（垂直于轮齿方向的平面）参数与刀具参数相同，故为标准值；端面（垂直于轴线的平面）参数用于计算斜齿轮的几何尺寸，端面与法向参数分别用下脚标 t 和 n 表示。

图 9-28 所示为斜齿圆柱齿轮分度圆柱的展开面，则法向齿距 p_n 与端面齿距 p_t 的关系为

$$p_n = p_t \cos\beta \qquad (9\text{-}20)$$

由于 $p_n = \pi m_n$、$p_t = \pi m_t$，可得法向模数与端面模数的关系为

$$m_n = m_t \cos\beta \qquad (9\text{-}21)$$

式中，β 为分度圆柱上的螺旋角。β 越大，传动的平稳性越好，但轴向力越大。在设计时，通常取 $\beta = 8° \sim 20°$。

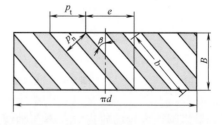

图 9-28　分度圆柱展开图

斜齿轮法向压力角 α_n 与端面压力角 α_t 之间的关系为

$$\tan\alpha_n = \tan\alpha_t \cos\beta \qquad (9\text{-}22)$$

斜齿轮按其轮齿的螺旋线方向分为左旋和右旋，如图9-29所示。

斜齿轮的齿高无论从端面或法向看都是相同的，即

$$h_a = h_{an}^* m_n = h_{at}^* m_t \qquad (9\text{-}23)$$

$$h_f = (h_{an}^* + c_n^*) m_n = (h_{at}^* + c_t^*) m_t \qquad (9\text{-}24)$$

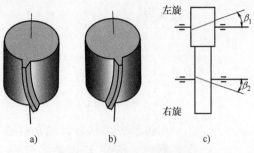

图 9-29 轮齿的螺旋线方向
a) 左旋 b) 右旋 c) 传动简图

式中，h_{an}^*、c_n^* 和 h_{at}^*、c_t^* 分别为法向和端面的齿顶高系数和顶隙系数，其中法向参数为标准值，即 $h_{an}^* = 1$、$c_n^* = 0.25$。

一对斜齿圆柱齿轮传动的正确啮合条件为

$$\left.\begin{array}{r} m_{n1} = m_{n2} = m_n \\ \alpha_{n1} = \alpha_{n2} = \alpha_n \\ \beta_1 = \pm\beta_2 \end{array}\right\} \qquad (9\text{-}25)$$

式中，"+"用于内啮合，表示两轮的螺旋线方向相同；"−"用于外啮合，表示两轮的螺旋线方向相反。

端面模数和端面压力角也分别相等，即 $m_{t1} = m_{t2}$，$\alpha_{t1} = \alpha_{t2}$，但不是标准值。

由于斜齿轮在端面上相当于直齿轮，故斜齿轮的几何尺寸计算，只需将端面参数代入直齿轮的尺寸计算公式即可，见表9-8。

表 9-8 渐开线标准斜齿圆柱齿轮的几何尺寸计算

名 称	符 号	计 算 公 式
端面模数	m_t	$m_t = m_n / \cos\beta$，m_n 为标准值
端面压力角	α_t	$\alpha_t = \alpha_n / \cos\beta$，$\alpha_n = 20°$
螺旋角	β	一般取 $\beta = 8° \sim 20°$
分度圆直径	d	$d_1 = m_t z_1 = m_n z_1 / \cos\beta$，$d_2 = m_t z_2 = m_n z_2 / \cos\beta$
齿顶高	h_a	$h_{a1} = h_{a2} = h_{an}^* m_n = m_n$
齿根高	h_f	$h_{f1} = h_{f2} = (h_{an}^* + c_n^*) m_n = 1.25 m_n$
端面基圆齿距	p_{bt}	$p_{bt} = p_t \cos\alpha_t = p_n \cos\alpha_t / \cos\beta$
齿顶圆直径	d_a	$d_{a1} = d_1 + 2m_n$，$d_{a2} = d_2 + 2m_n$
齿根圆直径	d_f	$d_{f1} = d_1 - 2.5 m_n$，$d_{f2} = d_2 - 2.5 m_n$
基圆直径	d_b	$d_{b1} = d_1 \cos\alpha_t$，$d_{b2} = d_2 \cos\alpha_t$
标准中心距	a	$a = (d_1 + d_2)/2 = (z_1 + z_2) m_n / 2\cos\beta$

三、斜齿圆柱齿轮传动的重合度

图9-28所示为端面尺寸相同的直齿轮传动及斜齿轮传动的分度圆柱展开面。由于斜齿轮的轮齿与轮轴方向成一倾斜角，所以使齿轮传动的啮合区增大了 $e = b\tan\beta$ 一段，如与斜齿轮端面齿廓相同的直齿圆柱齿轮的重合度为 ε_α，则斜齿轮的

重合度为

$$\varepsilon_\gamma = \varepsilon_\alpha + \frac{b\tan\beta}{p_t} = \varepsilon_\alpha + \frac{b\sin\beta}{p_n} \qquad (9\text{-}26)$$

式中，b 为齿轮宽度。

四、斜齿圆柱齿轮的当量齿数和最少齿数

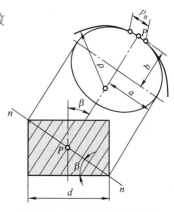

图 9-30   斜齿轮的当量齿轮

用仿形法切制斜齿轮选择铣刀刀号和进行强度计算时，必须知道斜齿轮的法向齿廓。如图 9-30 所示，过斜齿轮分度圆柱上齿廓的任一点 P 作齿的法线 nn，则法向截面与斜齿轮分度圆柱的交线为一椭圆，其长轴半径 $a = \dfrac{d}{2\cos\beta}$，短轴半径为 $b = \dfrac{d}{2}$，椭圆在 P 点的曲率半径为

$$\rho = \frac{a^2}{b} = \frac{d}{2\cos^2\beta}$$

以 ρ 为虚拟直齿圆柱齿轮的分度圆半径，该直齿轮的齿形与斜齿轮的法向齿廓相当。因此，该虚拟直齿轮称为斜齿轮的当量齿轮，其齿数称为当量齿数，用 z_v 表示，则

$$z_v = \frac{2\pi\rho}{p_n} = \frac{\pi d}{p_n\cos^2\beta} = \frac{\pi z m_t}{p_t\cos^3\beta} = \frac{z}{\cos^3\beta} \qquad (9\text{-}27)$$

正常齿制的标准斜齿轮不发生根切的最少齿数 z_{min} 可由其当量齿轮的最少齿数 z_{vmin} 求得，即

$$z_{min} = z_{vmin}\cos^3\beta \qquad (9\text{-}28)$$

例 9-4   一对标准斜齿圆柱齿轮传动，已知 $a = 102\text{mm}$，$m_n = 4\text{mm}$，$z_1 = 20$，$i = 1.5$，试求其 β。

解   1. 确定大齿轮齿数 z_2

$$z_2 = iz_1 = 1.5 \times 20 = 30$$

2. 求 β

由表 9-8 得

$$a = \frac{m_n(z_1 + z_2)}{2\cos\beta}$$

$$\cos\beta = \frac{m_n(z_1 + z_2)}{2a} = \frac{4(20+30)}{2\times 102} \approx 0.98039$$

所以 $\beta = 11°21'54''$。

五、斜齿圆柱齿轮传动设计

1. 斜齿圆柱齿轮传动的受力分析

图 9-31 为标准斜齿圆柱齿轮轮齿的受力情况，作用在轮齿上的法向力 F_n 可分解为圆周力 F_t、径向力 F_r 和轴向力 F_a，其大小分别为

$$
\left.\begin{aligned}
F_t &= \frac{2T_1}{d_1} \\[2mm]
F_r &= F_n \tan\alpha = \frac{F_t \tan\alpha_n}{\cos\beta} \\[2mm]
F_a &= F_t \tan\beta
\end{aligned}\right\}
\tag{9-29}
$$

式中，β 为分度圆螺旋角；α_n 为法向压力角。

作用在主动轮与从动轮上的各力均对应等值反向。各力的方向为：圆周力 F_t 和径向力 F_r 方向的判别方法与直齿圆柱齿轮相同；主动轮轴向力 F_{a1} 的方向需根据轮齿的旋向和齿轮的转向用左（右）手规则判别，从动轮轴向力 F_{a2} 的方向则根据作用力和反作用力的关系确定。

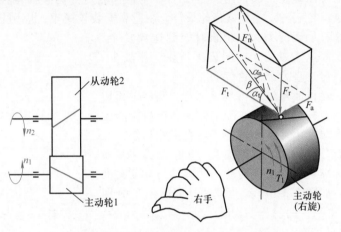

渐开线斜齿圆柱
齿轮的受力分析

图 9-31　标准斜齿圆柱齿轮受力分析

2. 斜齿圆柱齿轮传动的强度计算

斜齿轮传动的强度计算的基本原理与直齿轮传动相同，其强度计算公式是按轮齿的法向并考虑斜齿轮传动特点（重合度大、接触线较长等），经推导得出的。

（1）齿面接触疲劳强度计算　一对钢制标准斜齿圆柱齿轮传动的齿面接触疲劳强度公式如下

校核公式为
$$
\sigma_H = 610\sqrt{\frac{KT_1}{bd_1^2} \cdot \frac{i\pm 1}{i}} \leqslant [\sigma_H]
\tag{9-30}
$$

设计公式为
$$
d_1 \geqslant \sqrt[3]{\left(\frac{610}{[\sigma_H]}\right)^2 \frac{KT_1}{\psi_d} \cdot \frac{i\pm 1}{i}}
\tag{9-31}
$$

当配对齿轮材料改变时，式（9-30）、式（9-31）中系数 610 的替换值由表 9-9 查取。

表 9-9　系数 610 的替换值

材料组合	钢与球墨铸铁	球墨铸铁与球墨铸铁	钢与灰铸铁	球墨铸铁与灰铸铁	灰铸铁与灰铸铁
替换值	583	559	532	513	476

（2）齿根弯曲疲劳强度计算

校核公式为
$$
\sigma_F = \frac{1.6KT_1 Y_F}{bm_n d_1} = \frac{1.6KT_1 Y_F \cos\beta}{bm_n^2 z_1} \leqslant [\sigma_F]
\tag{9-32}
$$

设计公式为

$$m_n \geqslant \sqrt[3]{\frac{1.6KT_1Y_F\cos^2\beta}{\psi_d z_1^2[\sigma_F]}}$$
(9-33)

式中，各符号的含义和单位与直齿圆柱齿轮相同。其中齿形系数 Y_F 按斜齿轮的当量齿数 $z_v = z/\cos^3\beta$ 由表 9-7 查得；β 为分度圆螺旋角；许用应力 $[\sigma_H]$、$[\sigma_F]$ 值见表 9-3。

第九节　锥齿轮传动

锥齿轮传动用来传递空间两相交轴之间的运动和动力。轴交角 Σ 可根据传动系统需要而确定，最常用的是 $\Sigma = 90°$。锥齿轮可分为直齿锥齿轮、斜齿锥齿轮和曲齿锥齿轮三种。直齿锥齿轮设计、制造和安装较简单，应用较广。曲齿锥齿轮传动平稳、承载能力大，但设计、制造较复杂，常用于高速重载传动。斜齿锥齿轮应用较少。本节只讨论直齿锥齿轮传动。

一对锥齿轮传动相当于一对节圆锥做相切纯滚动，其轮齿分布在圆锥体上，锥齿轮的齿廓从大端到小端逐渐收缩。与直齿轮相似，锥齿轮有分度圆锥、齿顶圆锥、齿根圆锥和基圆锥。标准直齿锥齿轮传动，节圆锥与分度圆锥重合，如图 9-32 所示。两轮分度圆锥角分别为 δ_1 和 δ_2，两轮齿数分别为 z_1 和 z_2，当 $\Sigma = 90°$ 时，其传动比为

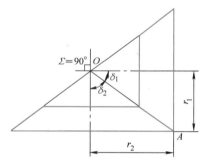

图 9-32　节圆锥做纯滚动

$$i = \frac{n_1}{n_2} = \frac{r_2}{r_1} = \frac{z_2}{z_1} = \frac{\overline{OA}\sin\delta_2}{\overline{OA}\sin\delta_1} = \frac{\sin\delta_2}{\sin\delta_1} = \cot\delta_1 = \tan\delta_2$$
(9-34)

当已知传动比 i 时，则可由上式求出两轮的分度圆锥角。

一、直齿锥齿轮传动的主要参数和几何尺寸

如前所述，锥齿轮的轮齿从大端向小端逐渐收缩，其大、小端的齿厚、齿高和模数等参数均不相同，为了便于尺寸计算和测量，标准规定取大端参数为标准值，见表 9-10 和表 9-11。

表 9-10　渐开线锥齿轮的基本参数

齿　制	压力角 α	齿顶高系数 h_a^*	顶隙系数 c^*
GB/T 12368—1990	20°	1	0.2

表 9-11　锥齿轮大端端面模数(摘自 GB/T 12368—1990)　　(单位:mm)

1	1.125	1.25	1.375	1.5	1.75	2	2.25	2.5	2.75
3	3.25	3.5	3.75	4	4.5	5	5.5	6	6.5
7	8	9	10	11	12	14	16	18	20
22	25	28	30	32	36	40	45	50	

图 9-33 所示为一对标准直齿锥齿轮传动，其各部分的名称和几何尺寸计算公式见表 9-12。

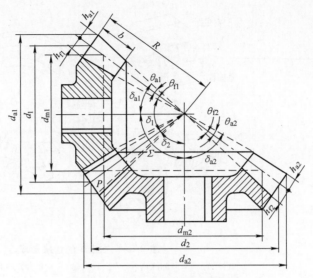

图 9-33 $\Sigma = 90°$ 的标准直齿锥齿轮

表 9-12 标准直齿锥齿轮的几何尺寸

名　称	代号	计　算　公　式	
		小齿轮	大齿轮
齿数	z	z_1	$z_2 = iz_1$
分度圆锥角	δ	$\cot\delta_1 = i$	$\tan\delta_2 = i$
分度圆直径	d	$d_1 = mz_1$	$d_2 = mz_2$
模数	m	由强度计算确定,按表 9-11 取标准值	
齿顶高	h_a	$h_a = h_a^* m = m$, $(h_a^* = 1)$	
齿根高	h_f	$h_f = (h_a^* + c^*)m = 1.2m$, $(c^* = 0.2)$	
齿高	h	$h = h_a + h_f = 2.2m$	
锥距	R	$R = \dfrac{d_1}{2\sin\delta_1} = \dfrac{d_2}{2\sin\delta_2} = \dfrac{m}{2}\sqrt{z_1^2 + z_2^2}$	
齿顶角	θ_a	$\tan\theta_a = h_a/R$	
齿根角	θ_f	$\tan\theta_f = h_f/R$	
顶锥角	δ_a	$\delta_{a1} = \delta_1 + \theta_a$	$\delta_{a2} = \delta_2 + \theta_a$
根锥角	δ_f	$\delta_{f1} = \delta_1 - \theta_f$	$\delta_{f2} = \delta_2 - \theta_f$
齿顶圆直径	d_a	$d_{a1} = d_1 + 2h_a\cos\delta_1$	$d_{a2} = d_2 + 2h_a\cos\delta_2$
齿根圆直径	d_f	$d_{f1} = d_q - 2h_f\cos\delta_1$	$d_{f2} = d_2 - 2h_f\cos\delta_2$
齿宽	b	$b = \psi_R R$, 一般 $\psi_R = 0.2 \sim 0.33$, 常用 $\psi_R = 0.3$	

二、锥齿轮齿廓的形成、背锥和当量齿轮

　　圆柱齿轮的齿廓是发生面在基圆柱上做纯滚动时形成的(图 9-34a),而锥齿轮的齿廓是发生面在基圆锥上做纯滚动时形成的(图 9-34b)。在发生面上 K 点产生的渐开线 AK 应在以 OA 为半径的球面上,故称为球面渐开线,其齿廓如图 9-34c 所示。

　　由于球面渐开线不能展开成平面,给齿轮的设计和制造带来很大困难,因此,需将球面渐开线用一个与它接近的圆锥面上的渐开线代替,如图 9-35 所示。该圆锥母线 $O'A$ 与锥齿轮分度圆锥的母线 OA 垂直,并与锥齿轮大端处的球面相切。此

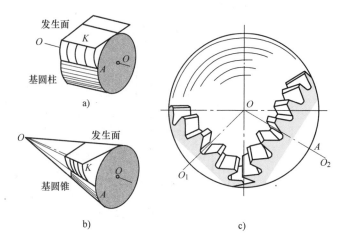

图 9-34 锥齿轮的齿廓形成

a）圆柱齿轮 b）锥齿轮 c）球面渐开线

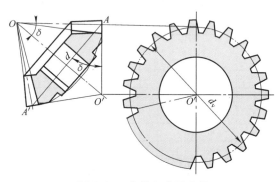

图 9-35 背锥和当量齿轮

圆锥称为锥齿轮大端处的背锥。将背锥展开成一个扇形齿轮，并将其补全为完整的假想圆柱齿轮。圆柱齿轮的齿廓为锥齿轮大端背锥面近似齿廓，其模数和压力角为锥齿轮大端背锥面齿廓的模数和压力角，该圆柱齿轮称为锥齿轮的当量齿轮。当量齿轮的齿数称为当量齿数。由图 9-35 可知，当量齿轮分度圆直径 d_v 为

$$d_v = m z_v = 2（O'A）= \frac{2\left(\dfrac{AA'}{2}\right)}{\cos\delta} = \frac{d}{\cos\delta} = \frac{mz}{\cos\delta}$$

则当量齿数 z_v 为

$$z_v = \frac{z}{\cos\delta} \tag{9-35}$$

直齿锥齿轮不发生根切的最少齿数为

$$z_{min} = z_{vmin}\cos\delta = 17\cos\delta \tag{9-36}$$

一对直齿锥齿轮传动的正确啮合条件为：两齿轮大端模数和大端压力角分别相等，且为标准值。

三、直齿锥齿轮传动设计

由于直齿锥齿轮大、小端的齿形不同，轮齿的强度也不同，大端轮齿的强度高，小端轮齿的强度低，故强度计算应以齿宽中点处平均分度圆作为计算依据，

轮齿的受力分析也在齿宽中点平均分度圆上进行。

1. 锥齿轮传动的受力分析

如图 9-36 所示，作用在主动锥齿轮齿面上的法向力 F_{n1}，可以分解为三个分力，即圆周力 F_{t1}、径向力 F_{r1} 和轴向力 F_{a1}。由图可知其受力关系为

$$\left. \begin{array}{l} F_{t1} = \dfrac{2T_1}{d_{m1}} = -F_{t2} \\[2mm] F_{r1} = F_{t1}\tan\alpha\cos\delta_1 = -F_{a2} \\[2mm] F_{a1} = F_{t1}\tan\alpha\sin\delta_1 = -F_{r2} \end{array} \right\} \tag{9-37}$$

式中，T_1 为主动轮传递的转矩（N·mm）；d_{m1} 为主动轮平均分度圆直径（mm），由图 9-36 可得

$$d_{m1} = \frac{R-0.5b}{R}d_1 = (1-0.5\psi_R)d_1 \tag{9-38}$$

式中，ψ_R 为齿宽系数，$\psi_R = b/R = 0.22 \sim 0.33$，常取 0.3。

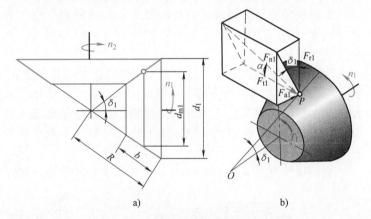

图 9-36　直齿锥齿轮传动的受力分析
a）传动简图　b）受力分析

各力方向的判定方法为：圆周力 F_t 和径向力 F_r 方向的判别方法和直齿圆柱齿轮的相同，轴向力 F_a 的方向是由锥齿轮的小端指向大端。

2. 锥齿轮传动的强度计算

（1）齿面接触疲劳强度计算　一对钢制齿轮的齿面接触疲劳强度公式为

校核公式　　　　$\sigma_H = 1029\sqrt{\dfrac{KT_1}{\psi_R\,(1-0.5\psi_R)^2 d_1^3 i}} \leqslant [\sigma_H]$ 　　　　(9-39)

设计公式　　　　$d_1 \geqslant \sqrt[3]{\left(\dfrac{1029}{[\sigma_H]}\right)^2 \dfrac{KT_1}{\psi_R(1-0.5\psi_R)^2 i}}$ 　　　　(9-40)

若配对材料改变时，用表 9-13 中的值替换 1029。

表 9-13　系数 1029 的替换值

材料组合	钢与球墨铸铁	球墨铸铁与球墨铸铁	钢与灰铸铁	球墨铸铁与灰铸铁	灰铸铁与灰铸铁
替换值	983	943	897	866	802

（2）齿根弯曲疲劳强度计算

校核公式为

$$\sigma_F = \frac{2KT_1 Y_F}{bd_{m1} m_m} = \frac{2KT_1 Y_F}{bm_m^2 z_1} \leqslant [\sigma_F] \tag{9-41}$$

设计公式为

$$m \geqslant \sqrt[3]{\frac{4KT_1 Y_F}{\psi_R (1-0.5\psi_R)^2 z_1^2 [\sigma_F] \sqrt{1+i^2}}} \tag{9-42}$$

式中，齿形系数 Y_F 按当量齿数 $z_v = z/\cos\delta$ 查表 9-7，其他符号的意义与单位同直齿圆柱齿轮。

第十节 齿轮的结构设计

通过齿轮传动的强度和几何尺寸计算，只能确定其基本参数和一些主要尺寸，而轮缘、轮辐、轮毂等结构形式和尺寸，需要通过结构设计来确定。

齿轮的结构形式与齿轮的几何尺寸、毛坯材料、加工方法、使用要求和经济性等因素有关，通常先按齿轮直径选择适宜的结构形式，然后再根据推荐的经验公式进行结构设计。

对于直径很小的钢制齿轮，若齿根圆到键槽底部的距离 $e \leqslant (2 \sim 2.5)m_n$（锥齿轮 $e = 1.6m$）时，则应将齿轮与轴做成一体，称为齿轮轴，如图 9-37 所示。齿轮轴刚性大，但轴必须与齿轮用同一种材料，且齿轮轴制造工艺复杂，损坏时将同时报废而造成浪费。所以当 e 值大于上述尺寸时，一般将齿轮与轴分开制造，如图 9-38 所示。

当齿顶圆直径 $d_a \leqslant 160$mm 时，可采用实心式结构，如图 9-38 所示。

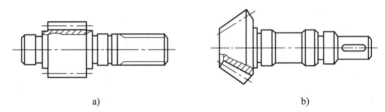

a)   b)

图 9-37 齿轮轴

a）圆柱齿轮轴　b）锥齿轮轴

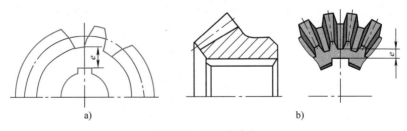

a)   b)

图 9-38 实心式齿轮

a）圆柱齿轮　b）锥齿轮

对于齿顶圆直径 $d_a < 500$mm 的锻造齿轮，为减轻质量、节约材料和便于搬运与装拆，通常采用腹板式结构，如图 9-39 所示。

对于齿顶圆直径 $d_a > 500mm$ 的铸造齿轮，可做成轮辐式结构，如图 9-40 所示。

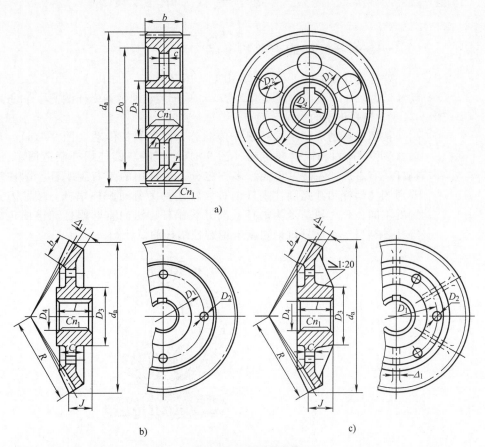

a)

b)　　　　　　　　　　c)

图 9-39　腹板式齿轮

a）圆柱齿轮　b）锥齿轮　c）带加强筋的锥齿轮

$D_3 = 1.6D_4$（钢），$D_3 = 1.8D_4$（铸铁）；D_1—由结构设计决定；$l = (1.0 \sim 1.2)D_4$；

$C = (3 \sim 4)m \geqslant 10mm$；$J$—由结构设计决定；$\Delta_1 = (0.1 \sim 0.2)R$；$n_1 = 0.5m$

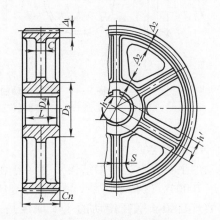

图 9-40　铸造轮辐式齿轮

$D_3 = (1.6 \sim 1.8)D_4$；$h = 0.8D_4$；$h' = 0.8h$；$\Delta_1 = (5 \sim 6)m_n$；

$\Delta_2 = 0.2D_4$；$C \doteq 0.2h$；$S = h/6 \geqslant 10mm$；$L = (1.2 \sim 1.5)D_4$

第十一节　蜗 杆 传 动

一、蜗杆传动的类型和特点

蜗杆传动由蜗杆 1 和蜗轮 2 组成（图 9-41），用于传递空间两交错轴间的旋转运动和动力，一般两轴的交错角 $\Sigma = 90°$。蜗杆传动通常为蜗杆做主动件的减速传动。

1. 蜗杆传动的类型

按照蜗杆的形状不同，蜗杆传动分为圆柱蜗杆传动（图 9-41a）、环面蜗杆传动（图 9-41b）和锥蜗杆传动（图 9-41c）三种。圆柱蜗杆制造简单，应用最广。蜗杆还有右旋、左旋，单头、多头之分，最常用的是右旋蜗杆。圆柱蜗杆又分为普通圆柱蜗杆和圆弧圆柱蜗杆两种，常用的为普通圆柱蜗杆。按照刀具及安装位置的不同，分为阿基米德蜗杆、渐开线蜗杆、法向直廓蜗杆和锥面包络圆柱蜗杆等几种类型。本章只讨论阿基米德圆柱蜗杆的设计。

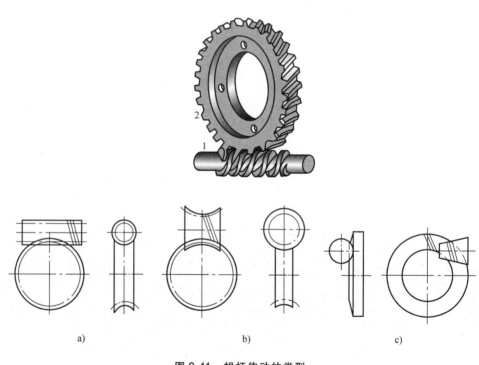

a)　　　　　　　　　　b)　　　　　　　　　　c)

图 9-41　蜗杆传动的类型

a）圆柱蜗杆传动　b）环面蜗杆传动　c）锥蜗杆传动

2. 蜗杆传动的特点

蜗杆传动的主要优点是：①结构紧凑，传动比大（动力传动时 $i = 7 \sim 80$，分度传动时 i 可达 1000）；②传动平稳，噪声低；③当蜗杆导程角小于啮合面的当量摩擦角时，可实现自锁。蜗杆传动的主要缺点是：①由于蜗杆传动为交错轴传动，其齿面相对滑动速度大（图 9-42），摩擦、磨损大，发热量大，传动效率低，不宜用于大功率（一般不超过 100kW）长期连续工作的场合；②需要采用青铜来制造蜗轮齿圈，成本高等。

蜗杆传动工作时，在节点啮合处蜗杆与蜗轮的圆周速度为 v_1、v_2，如图 9-42 所示，两齿面间的相对滑动速度 v_s 为

$$v_s = \frac{v_1}{\cos\gamma} = \frac{\pi d_1 n_1}{60 \times 1000 \cos\gamma} \qquad (9\text{-}43)$$

式中，d_1 为蜗杆分度圆直径（mm）；n_1 为蜗杆转速（r/min）。

鉴于蜗杆传动的上述特点，使其广泛用于各种机械、冶金、石油、矿山及起重设备中。

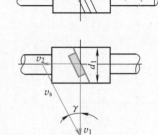

图 9-42　蜗杆传动的滑动速度

二、圆柱蜗杆传动的主要参数和几何尺寸计算

1. 蜗杆传动的主要参数

（1）模数、压力角和正确啮合条件　通过蜗杆的轴线作垂直于蜗轮轴线的平面，称为蜗杆传动的中间平面，如图 9-43 所示。在中间平面内，蜗杆传动相当于齿轮与齿条啮合传动，故取蜗杆传动中间平面的参数为标准值。

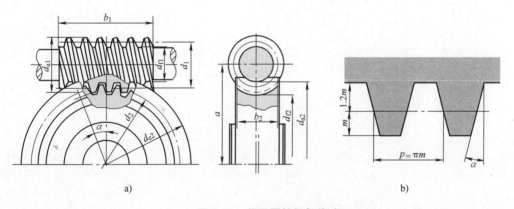

a)　　　　　　　　　　　　　　　　　　b)

图 9-43　普通圆柱蜗杆传动

a）中间平面　b）中间平面上蜗杆齿形

蜗杆传动的正确啮合条件是：蜗杆的轴向模数 m_{x1} 与压力角 α_{x1} 和蜗轮的端面模数 m_{t2} 与压力角 α_{t2} 分别相等，且为标准值；蜗杆分度圆柱上的导程角 γ 应等于蜗轮分度圆柱上的螺旋角 β，且两者旋向相同，即

$$\left.\begin{aligned} m_{x1} &= m_{t2} = m \\ \alpha_{x1} &= \alpha_{t2} = \alpha \\ \gamma &= \beta \end{aligned}\right\} \qquad (9\text{-}44)$$

（2）蜗杆分度圆直径 d_1　由于蜗轮加工所用的刀具是与蜗杆分度圆相同的蜗轮滚刀（蜗轮滚刀的齿顶高比与蜗轮相啮合的蜗杆的齿顶高大一个顶隙），因此，为了限制刀具的数目和便于刀具的标准化，对于同一模数规定了几个蜗杆分度圆直径，见表 9-14。

表 9-14 蜗杆的主要参数 ($q = d_1/m$)

模数 m/mm	蜗杆直径 d_1/mm	螺杆头数 z_1	直径系数 q	$m^2 d_1$ /mm³	模数 m/mm	蜗杆直径 d_1/mm	螺杆头数 z_1	直径系数 q	$m^2 d_1$ /mm³
1	18	1	18.000	18	6.3	(80)	1,2,4	12.698	3175
1.25	20	1	16.000	31		12	1	17.778	4445
	22.4	1	17.920	35	8	(63)	1,2,4	7.875	4032
1.6	20	1,2,4	12.500	51		80	1,2,4,6	10.000	5120
	28	1	17.500	72		(100)	1,2,4	12.500	6400
2	(18)	1,2,4	9.000	72		140	1	17.500	8960
	22.4	1,2,4	11.200	90	10	(71)	1,2,4	7.100	7100
	(28)	1,2,4	14.000	112		90	1,2,4,6	9.000	9000
	35.5	1	17.750	142		(112)	1,2,4	11.200	11200
2.5	(22.4)	1,2,4	8.960	140		160	1	16.000	16000
	28	1,2,4,6	11.200	175	12.5	(90)	1,2,4	7.200	14062
	(35.5)	1,2,4	14.200	222		112	1,2,4	8.960	17500
	45	1	18.000	281		(140)	1,2,4	11.200	21875
3.15	(28)	1,2,4	8.889	278		200	1	16.000	31250
	35.5	1,2,4,6	11.270	352	16	(112)	1,2,4	7.000	28672
	(45)	1,2,4	14.286	447		140	1,2,4	8.750	35840
	56	1	17.778	556		(180)	1,2,4	11.250	46080
4	(31.5)	1,2,4	7.875	504		250	1	15.625	64000
	40	1,2,4,6	10.000	640	20	(140)	1,2,4	7.000	56000
	(50)	1,2,4	12.500	800		160	1,2,4	8.000	64000
	71	1	17.750	1136		(224)	1,2,4	11.200	89600
5	(40)	1,2,4	8.000	1000		315	1	15.750	126000
	50	1,2,4,6	10.000	1250	25	(180)	1,2,4	7.200	112500
	(63)	1,2,4	12.600	1575		200	1,2,4	8.000	125000
	90	1	18.000	2250		(280)	1,2,4	11.200	175000
6.3	(50)	1,2,4	7.936	1984		400	1	16.000	250000
	63	1,2,4,6	10.000	2500					

注：带括号的蜗杆直径尽可能不用。

(3) 蜗杆导程角 γ 由图 9-44 得蜗杆导程角 γ 满足下式

$$\tan\gamma = \frac{z_1 p_{a1}}{\pi d_1} = \frac{z_1 m}{d_1} \qquad (9\text{-}45)$$

由式 (9-45) 可知，蜗杆导程角大时，传动效率高，但蜗杆加工困难；蜗杆导程角小时，传动效率低，当 $\gamma < \rho_v$ (ρ_v 为当量摩擦角) 时，蜗杆传动具有自锁性能。

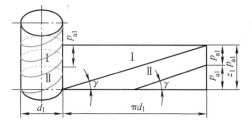

图 9-44 蜗杆导程角

(4) 传动比 i、蜗杆头数 z_1 和蜗轮齿数 z_2 蜗杆传动的传动比为

$$i = \frac{n_1}{n_2} = \frac{z_2}{z_1} = \frac{d_2}{d_1 \tan\gamma} \qquad (9\text{-}46)$$

式中，n_1、n_2 分别为蜗杆与蜗轮的转速 (r/min)。注意：蜗杆传动的传动比不等于蜗轮与蜗杆的直径比。

蜗杆头数 z_1 可根据传动比和传动效率选取。z_1 小，则传动比大、传动效率低；z_1 大，则传动效率高，但导程角大，制造困难。通常 z_1 取值为 1、2、4、6。大传动比和自锁的场合采用单头蜗杆，动力传动和效率要求较高的场合采用多头蜗杆。

蜗轮齿数 $z_2 = i z_1$。为保证蜗轮轮齿不发生根切、蜗杆传动平稳和有较高效率，z_2 不应小于 28。z_2 越大，则蜗轮尺寸越大，蜗杆越长，致使蜗杆刚度降低。对于动力传动，一般限制 $z_2 \leqslant 80$。z_1 和 z_2 的荐用值见表 9-15。

表 9-15 蜗杆头数 z_1 和蜗轮齿数 z_2 的荐用值

i	5~6	7~8	9~13	14~24	25~27	28~40	>40
z_1	6	4	3~4	2~3	2~3	1~2	1
z_2	29~36	28~32	27~52	28~72	50~81	28~80	>40

2. 几何尺寸计算

普通圆柱蜗杆传动的主要几何尺寸如图 9-44 所示，计算公式见表 9-16。

表 9-16 普通圆柱蜗杆传动的主要几何尺寸计算公式（轴交角 90°）

基 本 尺 寸	计 算 公 式
蜗杆轴向齿距	$p_x = \pi m$
蜗杆导程	$p_z = \pi m z_1$
中心距	$a = \dfrac{1}{2}(d_1 + d_2) = \dfrac{1}{2}m(q + z_2)$, $a' = \dfrac{1}{2}(d_1 + 2xm + d_2) = \dfrac{1}{2}m(q + 2x + z_2)$
蜗杆分度圆直径	d_1 为标准值，见表 9-2
蜗杆直径系数	$q = \dfrac{d_1}{m}$
蜗杆齿顶圆直径	$d_{a1} = d_1 + 2h_a^* m$，其中齿顶高系数 $h_a^* = 1$
蜗杆齿根圆直径	$d_{f1} = d_1 - 2m(h_a^* + c^*)$，其中顶隙系数 $c^* = 0.2$
蜗杆节圆直径	$d_1' = d_1 + 2xm = m(q + 2x)$
蜗杆分度圆柱导程角 γ	$\tan\gamma = mz_1/d_1 = z_1/q$
蜗杆节圆柱导程角 γ'	$\tan\gamma' = z_1/(q + 2x)$
蜗杆齿宽	建议取 $b_1 \approx 2m\sqrt{z_2 + 1}$
渐开线蜗杆基圆直径	$d_{b1} = d_1\tan\gamma/\tan\gamma_b = mz_1/\tan\gamma_b$
渐开线蜗杆基圆柱导程角 γ_b	$\cos\gamma_b = \cos\alpha_n\cos\gamma$
蜗轮分度圆直径	$d_2 = mz_2 = 2a' - d_1 - 2xm$
蜗轮喉圆直径	$d_{a2} = d_2 + 2m(h_a^* + x)$

三、蜗杆传动的承载能力计算

1. 蜗杆传动的失效形式及设计准则

由于材料或轮齿结构等因素，蜗杆螺旋齿的强度要比蜗轮轮齿的强度高，因此，蜗杆传动失效通常发生在蜗轮轮齿上，故一般只对蜗轮轮齿进行强度计算。

在蜗杆传动中，啮合齿面间相对滑动速度大、传动效率低、发热量大，故传动的失效形式为蜗轮齿面的磨损、胶合、点蚀和轮齿折断等。

在闭式传动中，蜗杆副主要失效为齿面胶合和点蚀。因此，通常按齿面接触疲劳强度设计，按齿根弯曲疲劳强度校核。由于闭式传动散热比较困难，还需作热平衡计算。

在开式传动中，蜗杆副主要失效为齿面磨损和轮齿折断。因此，只需按齿根弯曲疲劳强度进行计算。

2. 蜗杆传动的材料及其选择

根据蜗杆传动的失效形式，要求蜗杆和蜗轮的材料应具有较高的强度，良好的减摩性、耐磨性和抗胶合性能。

蜗杆一般采用碳钢或合金钢制造。对于高速重载蜗杆，常用 20Cr、20CrMnTi 等，经渗碳淬火至 58~63HRC；或者采用 45 钢、40Cr 等，经表面淬火至 40~55 HRC；一般不太重要的蜗杆，可采用 40 或 45 钢等，经调质处理至 220~250HBW。

蜗轮一般采用青铜或铸铁制造。对于滑动速度 $v_s \geq 3\text{m/s}$ 的重要传动，可采用耐磨性好的铸造锡青铜（ZCuSn10P1、ZCuSn5Pb5Zn5 等），但价格较高；对于滑动速度 $v_s < 3\text{m/s}$ 的传动，可采用耐磨性稍差，但价格便宜的铸铝铁青铜（ZCuAl10Fe3、ZCuAl10Fe3Mn2）；对于滑动速度 $v_s < 2m/s$ 的传动，传动效率要求不高时，可采用灰铸铁（HT150、HT200）。

3. 蜗杆传动的受力分析

在蜗杆传动中，作用在齿面节点 P 上的法向力 F_n 可分解为圆周力 F_t、径向力 F_r 和轴向力 F_a，如图 9-45a 所示。当轴交角 $\Sigma = 90°$ 时，蜗杆的圆周力 F_{t1} 与蜗轮的轴向力 F_{a2}，蜗杆的轴向力 F_{a1} 与蜗轮的圆周力 F_{t2}，蜗杆的径向力 F_{r1} 与蜗轮的径向力 F_{r2} 分别大小相等，方向相反。各力大小可按下式计算

$$\left.\begin{aligned} F_{t1} = F_{a2} &= \frac{2T_1}{d_1} \\ F_{a1} = F_{t2} &= \frac{2T_2}{d_2} \\ F_{r1} = F_{r2} &= F_{a1}\tan\alpha = F_{t2}\tan\alpha \end{aligned}\right\} \tag{9-47}$$

式中，T_1、T_2 分别为蜗杆、蜗轮上的转矩（N·mm），$T_2 = i\eta T_1$。

当蜗杆主动时，各力的方向判别方法为：①蜗杆上的圆周力 F_t 的方向与蜗杆的回转方向相反；②蜗杆的径向力 F_r 的方向指向轮心；③蜗杆的轴向力 F_a 的方向可按左（右）手规则判别，如图 9-45b 所示。

4. 蜗杆传动的强度计算

（1）蜗轮齿面接触疲劳强度计算　蜗杆传动在中间平面内可近似看作斜齿条与斜齿轮传动。根据赫兹公式，仿照斜齿轮传动并考虑蜗杆传动的特点，推导得到钢制蜗杆和青铜（或铸铁）蜗轮表面接触疲劳强度的计算公式

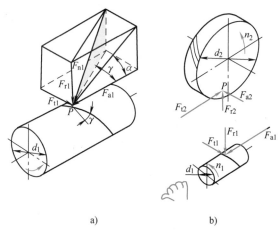

图 9-45　蜗杆传动的受力分析
a）蜗杆受力分析　b）蜗杆传动受力分析

校核公式为
$$\sigma_H = \frac{480}{d_2}\sqrt{\frac{KT_2}{d_1}} = \frac{480}{z_2}\sqrt{\frac{KT_2}{d_1 m^2}} \leq [\sigma_H] \tag{9-48}$$

设计公式为
$$m^2 d_1 \geq \left(\frac{480}{z_2 [\sigma_H]}\right)^2 KT_2 \tag{9-49}$$

按式（9-49）求出 $m^2 d_1$ 的值后，查表 9-14 可确定 m 和 d_1 值。

（2）蜗轮齿根的弯曲疲劳强度计算　由于蜗轮齿形复杂，很难精确计算出齿根的弯曲应力。为简化计算，常把蜗轮近似看作一斜齿圆柱齿轮，再考虑蜗杆传动的特点，推导得到蜗轮齿根弯曲疲劳强度的计算公式

校核公式为
$$\sigma_F = \frac{2.2KT_2 Y_F}{md_1 d_2} = \frac{2.2KT_2 Y_F}{m^2 d_1 z_2} \leq [\sigma_F] \tag{9-50}$$

设计公式为
$$m^2 d_1 \geq \frac{2.2KT_2 Y_F}{z_2 [\sigma_F]} \tag{9-51}$$

式（9-48）、式（9-49）、式（9-50）、式（9-51）中各符号的意义：K 为载荷系

数，一般取 $K = 1.1 \sim 1.3$；Y_F 为齿形系数，按蜗轮齿数 z_2 查表 9-17；$[\sigma_H]$ 为蜗轮轮齿的许用接触应力，查表 9-18、表 9-19；$[\sigma_F]$ 为蜗轮轮齿的许用弯曲应力，查表 9-20。

表 9-17　蜗轮的齿形系数 Y_F

z_2	26	28	30	32	35	37	40	45
Y_F	2.51	2.48	2.44	2.41	2.36	2.34	2.32	2.27
z_2	50	60	70	80	90	100	150	300
Y_F	2.24	2.20	2.17	2.14	2.12	2.10	2.07	2.04

表 9-18　铸锡青铜蜗轮的许用接触应力 $[\sigma_H]$　（单位：MPa）

蜗轮材料	毛坯铸造方法	滑动速度 $v_s/(\mathrm{m/s})$	蜗杆表面硬度	
			≤350HBW	>45HRC
ZCuSn10P1	砂型	≤12	180	200
	金属型	≤25	200	220
ZCuSn5Pb5Zn5	砂型	≤10	110	125
	金属型	≤12	135	150

表 9-19　铸铝青铜及铸铁蜗轮的许用接触应力 $[\sigma_H]$　（单位：MPa）

蜗轮材料	蜗杆材料	滑动速度 $v_s/(\mathrm{m/s})$						
		0.5	1	2	3	4	6	8
ZCuAl10Fe3	淬火钢[①]	250	230	210	180	160	120	90
ZCuAl10Fe3Mn2								
HT150、HT200	渗碳钢	130	115	90	—	—	—	—
HT150	调质钢	110	90	70	—	—	—	—

① 蜗杆未经淬火，$[\sigma_H]$ 应降低 20%。

表 9-20　蜗轮轮齿的许用弯曲应力 $[\sigma_F]$　（单位：MPa）

蜗轮材料	毛坯铸造方法	单向传动 $[\sigma_F]_0$	双向传动 $[\sigma_F]_{-1}$
ZCuSn10P1	砂型	51	32
	金属型	70	40
ZCuSn5Pb5Zn5	砂型	33	24
	金属型	40	29
ZCuAl10Fe3	砂型	82	64
	金属型	90	80
ZCuAl10Fe3Mn2	金属型	100	90
HT150	砂型	40	25
HT200	砂型	48	30

四、蜗杆传动的效率、润滑及热平衡计算

1. 蜗杆传动的效率

闭式蜗杆传动的功率损耗一般包括轮齿啮合摩擦损耗、轴承摩擦损耗和搅油损耗三部分。其总效率为

$$\eta = \eta_1 \eta_2 \eta_3 \qquad (9\text{-}52)$$

式中，η_1、η_2 和 η_3 分别为蜗杆传动的啮合效率、轴承效率和搅油损耗的效率。其中最主要的是啮合效率，当蜗杆主动时，啮合效率可按螺旋副的效率公式计算，即

$$\eta_1 = \frac{\tan\gamma}{\tan(\gamma+\rho_v)} \tag{9-53}$$

式中，γ 为蜗杆的导程角；ρ_v 为当量摩擦角，$\rho_v = \arctan f_v$。它与蜗轮、蜗杆材料以及表面情况与滑动速度有关，当钢蜗杆与铜蜗轮在油池中工作时，$\rho_v = 2° \sim 3°$；当选用开式传动铸铁蜗轮时，$\rho_v = 5° \sim 7°$。

由于轴承的摩擦损耗和搅油损耗不大，故通常取 $\eta_2\eta_3 = 0.95 \sim 0.97$。则总效率为

$$\eta = (0.95 \sim 0.97)\frac{\tan\gamma}{\tan(\gamma+\rho_v)} \tag{9-54}$$

在设计初，可按表 9-21 近似选取蜗杆传动的总效率。

表 9-21　蜗杆总效率的近似计算

蜗杆头数 z_1	1	2	4	6
总效率 η	0.7~0.75	0.75~0.82	0.87~0.92	0.95

2. 蜗杆传动的润滑

为降低温升，避免胶合和减少磨损，提高传动的效率、承载能力和寿命，需保证传动的良好润滑。蜗杆传动的润滑方式，可根据相对滑动速度和工作条件，由表 9-22 选定。

表 9-22　蜗杆传动的润滑方式

滑动速度 $v_s/(m/s)$	<1	至 2.5	至 5	5~10	10~15	15~25	>25
工作条件	重	重	中				
润滑方法	浸油润滑			浸油或喷油润滑	喷油润滑		

3. 蜗杆传动的热平衡计算

闭式蜗杆连续传动时发热量很大，如果热量不能及时散发，会因油温不断升高而使润滑油变稀，导致磨损加剧甚至发生胶合。因此，应进行热平衡计算，以保证油温处于允许的范围内。

传动工作时损耗的功率为

$$P_s = P_1(1-\eta) \tag{9-55}$$

式中，P_1 为输入功率（W）。

此损耗功率转变为热量，并由箱体表面散发出去。在自然通风状态下，箱体表面散出的热量折合成功率为

$$P_e = kA(t_1-t_2) \tag{9-56}$$

式中，k 为散热系数 $[W/(m^2 \cdot ℃)]$，在自然通风良好处 $k = 14 \sim 17.5 W/(m^2 \cdot ℃)$，在没有循环空气流动处 $k = 8.7 \sim 10.5 W/(m^2 \cdot ℃)$；$A$ 为箱体散热面积（m^2），$A = A_1 + 0.5A_2$，A_1 为内面被油浸着或被油飞溅，而外面又被空气所冷却的箱壳表面积（m^2），A_2 为散热片和凸台的表面积以及装在金属底座上的箱体底面积（m^2）；t_1 为润滑油的温度（℃），一般限制在 $60 \sim 70℃$，最高不超过 $90℃$；t_2 为周围空气的

温度（℃），一般可取 $t_2 = 20℃$。

由热平衡条件 $P_s = P_e$ 得

$$t_1 = \frac{P_1(1-\eta)}{kA} + t_2 \qquad (9-57)$$

当 $t_1 > 90℃$ 时，应采取强迫冷却方法，以提高散热能力。常用在蜗杆轴端装风扇吹风冷却，或在箱体内的油池中装蛇形水管冷却，或采用压力喷油循环冷却等方法，如图9-46所示。

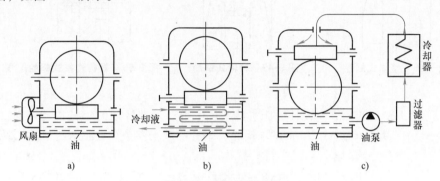

图9-46　强迫冷却方法

a）风扇吹风冷却　b）蛇形水管冷却　c）循环冷却

五、蜗杆、蜗轮的结构

1. 蜗杆的结构

蜗杆一般与轴做成一体，称为蜗杆轴，如图9-47所示。仅在 $d_{f1}/d \geqslant 1.7$ 时才采用蜗杆齿圈与轴装配的方式。图9-47a所示为铣制蜗杆，轴径 d 可大于 d_{f1}；图9-47b所示为车制蜗杆，轴径 $d = d_{f1} - (2 \sim 4)\,\text{mm}$。

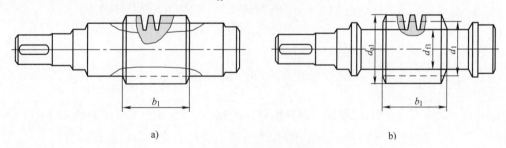

图9-47　蜗杆的结构

a）铣制蜗杆　b）车制蜗杆

2. 蜗轮的结构

常用的蜗轮结构有以下几种：当蜗轮直径较小时，采用整体式结构；当蜗轮直径大时，为节约非铁金属，可采用轮箍式、螺栓连接式和镶铸式等组合结构。

（1）整体式蜗轮（图9-48）　适用于铸铁蜗轮和直径小于100mm的青铜蜗轮。

（2）轮箍式蜗轮（图9-49）　青铜轮缘与铸铁轮芯组合，通常采用H7/r6配合。为防止轮缘滑动，加凸肩和螺钉固定，螺钉数目可取4~6个。

（3）螺栓连接式蜗轮（图9-50）　轮缘与轮芯配装后，用加强杆螺栓连接。这种方式应用较多。

（4）镶铸式蜗轮（图 9-51） 青铜轮缘镶铸在铸铁轮芯上，轮芯上预制出榫槽以防轮缘在工作时滑动。这种方式适用于大批量生产。

图 9-48 整体式蜗轮

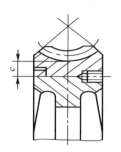
图 9-49 轮箍式蜗轮

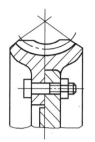
图 9-50 螺栓连接式蜗轮

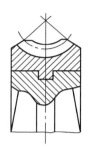
图 9-51 镶铸式蜗轮

例 9-5 设计铣床进给系统中带动工件转动的蜗杆传动。要求 $i=20.5$，$m=6.3mm$，$\alpha=20°$，试求蜗轮、蜗杆的基本参数、几何尺寸和中心距。

解 1. 确定主要参数 z_1、z_2、β 和 γ

因 $i=20.5$，由表 9-15 推荐取 $z_1=2$，所以 $z_2=iz_1=20.5×2=41$。

由 $m=6.3mm$ 查表 9-14 选 $d_1=63mm$，于是由式（9-45）得

$$\gamma=\arctan\frac{z_1 m}{d_1}=\arctan\frac{2×6.3}{63}=11°18'36''$$

考虑加工工艺性，取蜗杆导程角 γ 为右旋。蜗轮的螺旋角 $\beta=\gamma$，旋向相同。

2. 蜗杆蜗轮的几何尺寸

由表 9-16 得

$$d_{a1}=d_1+2m=(63+2×6.3)mm=75.6mm$$

$$d_2=z_2 m=41×6.3mm=258.3mm$$

$$d_{a2}=d_2+2m=(258.3+2×6.3)mm=270.9mm$$

3. 蜗杆传动的中心距 a

$$a=\frac{d_1+d_2}{2}=\frac{63+258.3}{2}mm=160.65mm$$

例 9-6 设计一混料机用闭式蜗杆传动。已知蜗杆的输入功率 $P_1=5.5kW$，转速 $n_1=1450r/min$，传动比 $i=20$，载荷平稳，单向运转。

解 1. 选择材料，确定许用应力

蜗杆用 45 钢，表面淬火硬度 45~48HRC；蜗轮用铸锡青铜 ZCuSn10P1，砂型铸造，由表 9-18 查得 $[\sigma_H]=200MPa$，由表 9-20 查得 $[\sigma_F]=51MPa$。

2. 选择蜗杆头数 z_1 及蜗轮齿数 z_2

根据传动比 $i=20$，由表 9-15 取 $z_1=2$，则 $z_2=iz_1=20×2=40$。

3. 齿面接触强度计算

（1）作用在蜗轮上的转矩 T_2 按 $z_1=2$ 由表 9-21 得 $\eta=0.80$，则

$$T_2=9.55×10^6\frac{P_1 i\eta}{n_1}=9.55×10^6×\frac{5.5}{1450}×20×0.8N\cdot mm=579586N\cdot mm$$

（2）确定载荷系数 K　因工作载荷稳定，取 $K = 1.1$。

（3）计算 m 及确定 d_1　由式（9-49）得

$$m^2 d_1 \geqslant \left(\frac{480}{z_2 [\sigma_H]}\right)^2 K T_2 = \left(\frac{480}{40 \times 200}\right)^2 \times 1.1 \times 579586 \, \text{mm}^3 = 2295 \, \text{mm}^3$$

查表 9-14 得 $m^2 d_1 = 2500 \, \text{mm}^3$，则标准模数 $m = 6.3 \, \text{mm}$，$d_1 = 63 \, \text{mm}$。

4. 校核齿根弯曲强度

（1）确定齿形系数 Y_F　根据 $z_2 = 40$，由表 9-17 查得 $Y_F = 2.32$。

（2）校核弯曲应力　由式（9-50）得

$$\sigma_F = \frac{2.2 K T_2 Y_F}{m^2 d_1 z_2} = \frac{2.2 \times 1.1 \times 579586 \times 2.32}{2500 \times 40} \, \text{MPa} = 32.54 \, \text{MPa} < [\sigma_F] = 51 \, \text{MPa}$$

齿根弯曲强度足够。

5. 热平衡计算

（1）计算效率 η　由式（9-45）计算蜗杆导程角

$$\tan\gamma = \frac{z_1 m}{d_1} = \frac{2 \times 6.3}{63} = 0.2$$

$$\gamma = 11°18'36''$$

因蜗杆副是在油池中工作，故取当量摩擦角 $\rho_v = 3°$，则

$$\eta_1 = \frac{\tan\gamma}{\tan(\gamma + \rho_v)} = \frac{\tan 11°18'36''}{\tan(11°18'36'' + 3°)} = 0.78$$

由式（9-54）得，$\eta = 0.97$，比假设 $\eta = 0.80$ 略小，偏于安全。

（2）计算散热面积　由式（9-57）可求得所需散热面积

$$A = \frac{1000 P_1 (1 - \eta)}{k(t_1 - t_2)}$$

取 $k = 16 \, \text{W}/(\text{m}^2 \cdot \text{℃})$，环境温度 $t_2 = 20℃$，箱体工作温度 $t_1 = 65℃$。将有关数据代入上式得

$$A = \frac{1000 \times 5.5 \times (1 - 0.76)}{16 \times (65 - 20)} \, \text{m}^2 \approx 1.83 \, \text{m}^2$$

待减速器结构初步确定后，应计算散热面积是否满足要求，若不满足要求，要采取强制散热措施。

6. 几何尺寸计算

$$d_1 = 63 \, \text{mm}$$

$$d_{a1} = d_1 + 2m = (63 + 2 \times 6.3) \, \text{mm} = 75.6 \, \text{mm}$$

$$d_2 = m z_2 = 6.3 \times 40 \, \text{mm} = 252 \, \text{mm}$$

$$d_{a2} = d_2 + 2m = (252 + 2 \times 6.3) \, \text{mm} = 264.6 \, \text{mm}$$

$$a = \frac{d_1 + d_2}{2} = \frac{63 + 252}{2} \, \text{mm} = 157.5 \, \text{mm}$$

习　题

9-1　已知一对正常齿制外啮合标准直齿圆柱齿轮的参数为：$m = 2.5\text{mm}$、$z_1 = 30$、$z_2 = 60$。求 d_1、d_2、d_{a1}、d_{a2}、d_{f1}、d_{f2}、a、p 等参数值。

9-2　欲配制一个遗失的齿轮，已知与其啮合齿轮的齿顶圆直径 $d_a = 136\text{mm}$，齿数 $z = 15$，两轮中心距 $a = 260\text{mm}$，求所配齿轮的尺寸。

9-3　已知一对标准直齿圆柱齿轮传动的中心距 a 及传动比 i，则两轮的节圆直径 d_1'、d_2' 是多少？在标准安装的条件下，若齿轮的模数为 m，则两齿轮的齿数 z_1、z_2 是多少？

9-4　试确定一单级标准直齿圆柱齿轮减速器所能传递的最大功率。已知该减速器两齿轮的齿数 $z_1 = 20$，$z_2 = 50$，模数 $m = 6\text{mm}$，齿宽 $b = 80\text{mm}$。小齿轮材料为 45 钢，调质处理，齿面硬度 230HBW；大齿轮材料为 45 钢正火，齿面硬度 180HBW。齿轮的精度为 8 级，齿轮相对轴承对称布置，单向运转，载荷平稳，电动机驱动，主动轮转速 $n_1 = 700\text{r/min}$。

9-5　在一个中心距为 250mm 的旧箱体内，配上一对 $z_1 = 18$、$z_2 = 81$、$m_n = 5\text{mm}$ 的斜齿圆柱齿轮，试求该对齿轮的螺旋角 β。若小齿轮为左旋，则大齿轮应为左旋还是右旋？

9-6　试画出图 9-52 中两级齿轮减速器中间轴上齿轮 2、3 所受力 F_t、F_r、F_a 的方向。

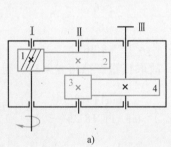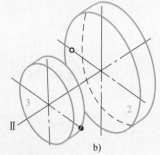

a)　　　　　　　　　　　　　　　　b)

图 9-52　两级齿轮减速器

9-7　试画出图 9-53 中从动锥齿轮的转向，并标出啮合点处两锥齿轮所受各分力 F_t、F_r、F_a 的方向。

9-8　有一标准蜗杆传动，已知模数 $m = 6.3\text{mm}$，传动比 $i = 25$，蜗杆分度圆直径 $d_1 = 63\text{mm}$，头数 $z_1 = 2$，试计算蜗杆传动的主要几何尺寸及蜗轮的螺旋角 β。

9-9　试标出图 9-54 中蜗轮的转向，并标出各啮合点处蜗轮所受各分力 F_t、F_r、F_a 的方向。

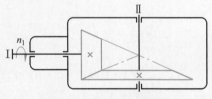

图 9-53　锥齿轮传动简图

9-10　试设计单级蜗杆减速器，已知蜗杆轴传递功率 $P_1 = 5\text{kW}$，转速 $n_1 = 1440\text{r/min}$，$n_2 = 80\text{r/min}$。工作载荷稳定，单向工作，长期连续运转，润滑情况良好，要求工作寿命为 3000h。

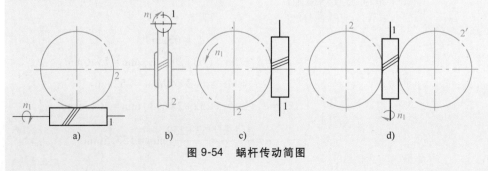

a)　　　　　　b)　　　　　　c)　　　　　　d)

图 9-54　蜗杆传动简图

第十章

轮系

第一节 概　述

在现代机械中，为了满足工作的需要，只用一对齿轮传动往往是不够的。例如，桥架类起重机小车运行机构要求将电动机的高转速通过减速器变为小车的低转速；机床要求将电动机的一种转速通过变速器变成主轴的多种转速；汽车需要通过差速器将发动机传来的运动，利用地面摩擦自动分解为左右两后轮的运动。上述机械中的减速器、变速器和差速器，都是采用一系列互相啮合的齿轮将主动轴的运动传到从动轴，这种由一系列齿轮组成的传动系统称为齿轮系，简称轮系。

图 10-1 所示为建筑工地上常用的卷扬机，用于提升重物，为轮系的一个典型应用实例。其中当制动器 A 压下而 B 抬起时，齿轮 3 固定不动，电动机通过带传动带动齿轮 1、2 和鼓轮 4 回转，实现重物的慢速提升；当制动器 A 抬起而 B 压下时，鼓轮 4 停转，齿轮 2、3 空转，便于将升降平台迅速停在所需楼层处；当制动器 A、B 同时抬起，电动机仍按原方向带动齿轮 1 回转，通过齿轮 2、3 的回转实现鼓轮 4 在升降平台的重力作用下快速反转，达到升降平台快速下降、提高工效的目的。本节介绍轮系的分类，重点讲述各种轮系传动比的计算方法。

按照轮系运转时各个齿轮的轴线相对于机架的位置是否固定，轮系分为定轴轮系和周转轮系两类。定轴轮系在传动时，轮系中各齿轮轴线位置相对于机架都是固定的，如图 10-2 所示。周转轮系在传动时，轮系中至少有一个齿轮的轴线不是固定的，它绕另一齿轮的固定轴线转动，如图 10-3 所示。

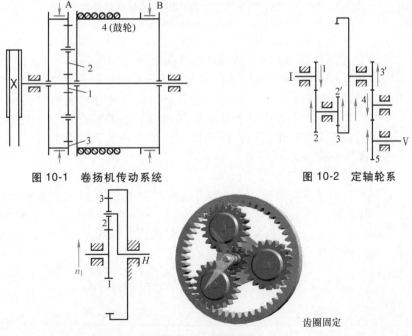

图 10-1　卷扬机传动系统

图 10-2　定轴轮系

图 10-3　周转轮系

齿圈固定

第二节 定轴轮系的传动比

轮系的传动比是指首、末两轮的角速度（或转速）之比，用 i_{ab} 表示。下标 a、b 分别为首、末轮的代号。

$$i_{ab} = \frac{\omega_a}{\omega_b} = \frac{n_a}{n_b} \tag{10-1}$$

为了完整描述首、末轮的传动关系，不仅需要确定传动比的大小，而且要确定首、末轮的转向。首、末轮转向可用正负号或画箭头两种方法确定。

1. 一对齿轮传动传动比的计算

由一对圆柱齿轮啮合组成的传动，1 为首轮、2 为末轮，可视为最简单的轮系，如图 10-4a 所示。其传动比大小为

$$i_{12} = \frac{\omega_1}{\omega_2} = \frac{n_1}{n_2} = \frac{z_2}{z_1} \tag{10-2}$$

2. 一对齿轮传动首、末轮转向的判别

（1）正负号法 一对外啮合（图 10-4a）齿轮传动，两轮转向相反，用"-"号表示；一对内啮合（图 10-4b）齿轮传动，两轮转向相同，用"+"号表示。

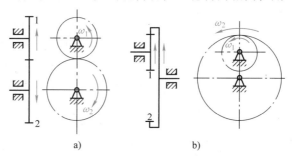

图 10-4 圆柱齿轮传动

a）外啮合 b）内啮合

（2）画箭头法 上述传动的转向也可用箭头表示（箭头方向表示齿轮的圆周速度方向）。因为一对齿轮传动在其啮合节点处圆周速度相同，两轮转向的箭头要么同时指向节点，要么同时背离节点，且内啮合转向相同、外啮合转向相反。根据此法则，在用箭头标出某轮的转向后，与其啮合的另一轮转向即可表示出来。当两轮箭头方向相反时，传动比为负；反之为正。应注意，当非平行轴传动时，只能用画箭头法。

3. 定轴轮系传动比计算

将一对齿轮的传动比确定方法推广到图 10-2 所示的定轴轮系。该轮系的齿轮 1 为首轮，齿轮 5 为末轮。z_1、z_2、z_2'、z_3、z_3'、z_4 和 z_5 为各齿轮的齿数；ω_1、ω_2、ω_2'、ω_3、ω_3'、ω_4 和 ω_5 为各齿轮的角速度。该轮系的传动比 i_{15} 的大小可由各对齿轮的传动比求出，即

$$i_{15} = \frac{\omega_1}{\omega_5} = i_{12} i_{2'3} i_{3'4} i_{45}$$

$$= \frac{\omega_1}{\omega_2} \frac{\omega_2'}{\omega_3} \frac{\omega_3'}{\omega_4} \frac{\omega_4}{\omega_5} = \frac{z_2 z_3 z_5}{z_1 z_2' z_3'}$$

上式表明，定轴轮系的传动比等于组成轮系的各对齿轮传动比的连乘积，也等于各级传动末轮齿数的连乘积与首轮齿数的连乘积之比。

如上所述，若以 1 表示首轮，k 表示末轮，中间各轮的首末地位由传动路线确定，则定轴轮系的传动比大小为

$$i_{1k} = \frac{\omega_1}{\omega_k} = \frac{\text{从 1 到 } k \text{ 所有末轮齿数的连乘积}}{\text{从 1 到 } k \text{ 所有首轮齿数的连乘积}} \qquad (10\text{-}3)$$

4. 定轴轮系首、末轮的转向判别

（1）正负号法　首、末两轮转向相同还是相反，取决于外啮合的次数。每经 1 次外啮合，转向改变 1 次；若经 m 次外啮合，转向改变 $(-1)^m$ 次。其中，齿轮 4 同时与齿轮 $3'$ 和齿轮 5 啮合，其齿数在式（10-3）中可消去，不影响轮系传动比的大小，只起改变转向的作用，该齿轮称为惰（过）轮。

（2）画箭头法　轮系中首末两轮的转向，也可依次用画箭头的方法确定，如图 10-2 所示。

如果定轴轮系中有锥齿轮、螺旋齿轮或蜗杆蜗轮等轴线不平行的齿轮，其传动比的大小用式（10-3）计算，但转向关系只能用画箭头的方法判定。

例 10-1　图 10-5 所示为某汽车变速器，共有四挡转速。齿轮 1 和 2 为常啮合齿轮，齿轮 4 和 6 可沿滑键在轴Ⅱ上移动。第一挡传动路线为齿轮 1-2-5-6；第二挡为齿轮 1-2-3-4；第三挡由离合器直接将轴Ⅰ和轴Ⅱ相连，为直接挡；第四挡为齿轮 1-2-7-8-6，为倒挡。$z_1 = 20$，$z_2 = 35$，$z_3 = 28$，$z_4 = 27$，$z_5 = 18$，$z_6 = 37$，$z_7 = 14$，求各挡传动比。

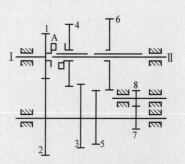

图 10-5　汽车变速器传动图
Ⅰ—输入轴　Ⅱ—输出轴
A—牙嵌离合器　1~8—齿轮

解　由式（10-3）得

第一挡传动比

$$i_{16} = \frac{n_1}{n_6} = (-1)^2 \frac{z_2 z_6}{z_1 z_5} = \frac{35 \times 37}{20 \times 18} = 3.6$$

第二挡传动比

$$i_{14} = \frac{n_1}{n_4} = (-1)^2 \frac{z_2 z_4}{z_1 z_3} = \frac{35 \times 27}{20 \times 28} = 1.69$$

第三挡传动比

$$i_{\text{ⅠⅡ}} = \frac{n_\text{Ⅰ}}{n_\text{Ⅱ}} = 1$$

第四挡传动比

$$i_{16} = \frac{n_1}{n_6} = (-1)^3 \frac{z_2 z_8 z_6}{z_1 z_7 z_8} = -\frac{z_2 z_6}{z_1 z_7}$$

$$= -\frac{35 \times 37}{20 \times 14} = -4.6$$

例 10-2　在图 10-6 所示的轮系中，$z_1 = 16$，$z_2 = 32$，$z_2' = 20$，$z_3 = 40$，$z_3' = 2$（右），$z_4 = 40$。若 $n_1 = 800\text{r/min}$，求蜗轮的转速 n_4 及各轮的转向。

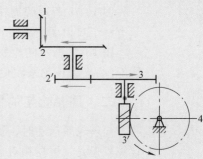

图 10-6　空间齿轮机构组成的定轴轮系

解　根据式（10-3）计算轮系的传动比为

$$i_{14} = \frac{n_1}{n_4} = \frac{z_2 z_3 z_4}{z_1 z_2' z_3'} = \frac{32 \times 40 \times 40}{16 \times 20 \times 2} = 80$$

所以，$n_4 = \dfrac{n_1}{i_{14}} = \dfrac{800}{80} = 10 \text{r/min}$，各轮的转向见图 10-6 中箭头。

第三节　周转轮系的传动比

一、周转轮系的组成及类型

在图 10-7 所示的轮系中，齿轮 1、3 及构件 H 各绕其固定轴线 O_1、O_3 和 O_H 转动（三轴线重合）。齿轮 2 空套在固定于构件 H 的轴上。当构件 H 转动时，齿轮 2 一方面绕自己的轴线 O_2 转动（自转），同时又随构件 H 绕固定轴线 O_H 转动（公转），此轮系即为周转轮系。

在周转轮系中，轴线位置固定的齿轮，称为太阳轮，见图中的齿轮 1 和 3；轴线位置绕另一固定轴线回转，即兼有自转和公转的齿轮，称为行星轮，见图中的齿轮 2；支承行星轮并绕固定轴线回转的构件，称为转臂（或行星架），用 H 表示。

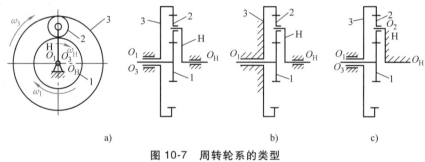

图 10-7　周转轮系的类型

a) 差动轮系　b) 行星轮系　c) 转化轮系

注意：在周转轮系中，必须保证转臂和太阳轮回转轴线共线，否则轮系不能回转。通常以太阳轮和转臂作为该机构的输入与输出构件，故它们是周转轮系的基本构件。

图 10-7a 所示的周转轮系，它的两个太阳轮都能转动，机构的自由度为 2。这种有两个自由度的周转轮系称为差动轮系。

图 10-7b 所示的周转轮系，只有一个太阳轮能转动，机构的自由度为 1。这种只有一个自由度的周转轮系称为行星轮系。

图 10-7c 所示的轮系，转臂 H 固定不动（即 $\omega_H = 0$），行星轮 2 只能绕固定轴线 O_2 自转，该轮系转化为定轴轮系。

二、周转轮系的传动比计算

周转轮系运动时，行星轮既做自转又做公转，其传动比不能直接用式（10-3）计算。但是，根据相对运动原理，如在周转轮系上加一个与转臂 H 角速度 ω_H 大小相等而方向相反的公共角速度 $-\omega_H$，则各构件间的相对运动关系并不改变，而转臂的角速度变为零，此时原周转轮系就转化为定轴轮系了。经转化而得到的假想定轴轮系，称为原周转轮系的转化轮系。转化轮系中各构件的角速度见表 10-1。

表 10-1 转化轮系中的各构件的角速度

构 件	周转轮系的角速度	转化轮系的角速度
1	ω_1	$\omega_1^H = \omega_1 - \omega_H$
2	ω_2	$\omega_2^H = \omega_2 - \omega_H$
3	ω_3	$\omega_3^H = \omega_3 - \omega_H$
H	ω_H	$\omega_H^H = \omega_H - \omega_H = 0$

在图 10-7a 所示周转轮系的转化轮系中，太阳轮 1、3 的传动比可由式（10-3）求得

$$i_{13}^H = \frac{\omega_1^H}{\omega_3^H} = \frac{\omega_1 - \omega_H}{\omega_3 - \omega_H} = -\frac{z_3}{z_1}$$

式中，"$-$"号表示轮 1 和轮 3 在转化轮系中的转向相反（即 ω_1^H 与 ω_3^H 反向）。

上式为周转轮系中各齿轮角速度与齿数之间的关系。若已知各轮的齿数和角速度 ω_1、ω_3、ω_H 中任意两值，就可确定另一值。

如果设周转轮系中两太阳轮为 A、B，系杆为 H，则其转化轮系的传动比 i_{AB}^H 为

$$i_{AB}^H = \frac{\omega_A^H}{\omega_B^H} = \frac{\omega_A - \omega_H}{\omega_B - \omega_H} = (-1)^m \frac{\text{转化轮系在 A、B 间所有末轮齿数的连乘积}}{\text{转化轮系在 A、B 间所有首轮齿数的连乘积}}$$

$$(10-4)$$

式中，m 为 A、B 两轮间所有齿轮外啮合的次数。

应用上式时必须注意：

1）A、B 和 H 三个构件的轴线应互相平行，这样三个构件的角速度 ω_A、ω_B 和 ω_H 可用代数运算。

2）将 ω_A、ω_B 和 ω_H 的值代入上式时，必须带正号或负号。如对差动轮系，当已知的两个角速度方向相反，则代入公式时，一个用正值而另一个用负值。

3）$i_{AB}^H \neq i_{AB}$。i_{AB}^H 为转化轮系的传动比，也即齿轮 A、B 相对于转臂 H 的传动比。而 i_{AB} 是周转轮系中 A、B 两轮的传动比。

4）式（10-4）也适用于由锥齿轮组成的周转轮系，但转化轮系传动比 i_{AB}^H 的正负号，必须用画箭头的方法确定。

例 10-3 在图 10-8 所示的差动轮系中，已知 $z_1 = 15$，$z_2 = 25$，$z_2' = 20$，$z_3 = 60$，$n_1 = 200\text{r/min}$，$n_3 = 50\text{r/min}$，转向如箭头所示，求转臂 H 的转速 n_H。

解 设转速 n_1 为正，因 n_3 的转向与 n_1 相反，故转速 n_3 为负。由式（10-4）得

$$i_{13}^H = \frac{n_1 - n_H}{n_3 - n_H} = (-1)\frac{z_2 z_3}{z_1 z_2'}$$

$$\frac{200 - n_H}{-50 - n_H} = -\frac{25 \times 60}{15 \times 20}$$

因此
$$n_H = -8.33\text{r/min}$$

负号表示 n_H 的转向与 n_1 的转向相反，与 n_3 的转向相同。

例 10-4   在图 10-9 所示的锥齿轮组成的周转轮系中，已知 $z_1 = 48$，$z_2 = 42$，$z_2' = 18$，$z_3 = 21$，$n_1 = 100\text{r/min}$，$n_3 = 80\text{r/min}$，转向如箭头所示，求转臂 H 的转速 n_H。

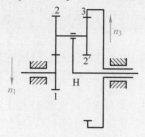

图 10-8   差动轮系

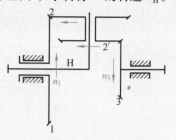

图 10-9   锥齿轮组成的周转轮系

解   已知 n_1 与 n_3 转向相反，若取 n_1 为正，则 n_3 为负值。其传动比 i_{13}^H 也为负值，即

$$i_{13}^H = \frac{n_1 - n_H}{n_3 - n_H} = -\frac{z_2 z_3}{z_1 z_2'}$$

$$\frac{100 - n_H}{-80 - n_H} = -\frac{42 \times 21}{48 \times 18}$$

则
$$n_H = 9.072\text{r/min}$$

求得的 n_H 为正值，表示转臂 H 的转向与轮 1 的转向相同。

第四节   轮系的应用

轮系广泛应用于各种机械中，它的主要功能有以下几个方面。

一、获得大的传动比

图 10-10 所示的行星轮系采用了较少齿数的变位齿轮，$z_1 + z_2 \neq z_2' + z_3$，这种轮系可以获得很大的传动比。当 $z_1 = 100$，$z_2 = 101$、$z_2' = 100$、$z_3 = 99$ 时，其传动比 i_{H1} 由式 (10-4) 得

$$\frac{n_1 - n_H}{n_3 - n_H} = (-1)^2 \frac{z_2 z_3}{z_1 z_2'}$$

$$\frac{n_1 - n_H}{0 - n_H} = \frac{101 \times 99}{100 \times 100}$$

$$i_{1H} = \frac{1}{10000}$$

即 $i_{H1} = 10000$。

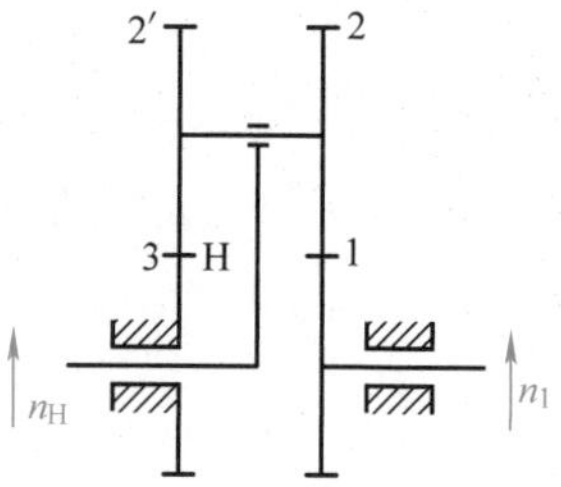

图 10-10   行星轮系

二、实现变速运动

在主动轴转速不变的条件下，采用轮系可使从动轴获得多种工作转速。如图 10-5 所示的汽车变速器，该变速器可使输出轴得到四个挡次的转速。

三、合成运动

图 10-11 所示为船用航向指示器。其右舷发动机通过定轴轮系 4-1′ 带动太阳轮 1 转动，左舷发动机通过定轴轮系 5-3′ 带动太阳轮 3 转动。当两个发动机的转速发生变化时，太阳轮 1 和 3 的转速也随之相应变化，带动与转臂相固连的航向指针 P，实现运动的合成，指示船舶的航行方向。

四、分解运动

差动轮系还可用于将一个构件的转动，按工作要求分解为另外两个构件的转动，如图 10-12 所示的汽车后桥差速器。当汽车转弯时，它要求将发动机传到齿轮 5 的运动，以不同转速分别传递给左右两个车轮。其工作原理是，汽车发动机通过变速器带动小锥齿轮 5、大锥齿轮 4，它们同装在后桥的壳体内组成一个定轴轮系。与两车轮半轴固连的锥齿轮 1、3 和行星轮 2 及转臂 H（与大锥齿轮 4 固连在一起）组成一个差动轮系。

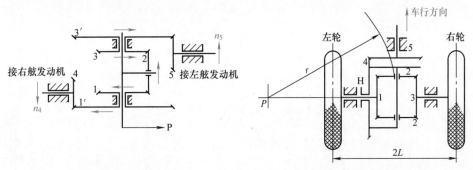

图 10-11　航向指示器　　　　　图 10-12　汽车后桥差速器

若输入转速为 n_5，两个车轮的外径相等，轮距为 $2L$，设汽车两轮的转速分别为 n_1 和 n_3，则

1）当汽车直线行驶时，两车轮的转速相等，即 $n_1 = n_3$。因此，行星轮没有自转运动，此时轮 1、2、3 和 4 形成一整体运动，即

$$n_1 = n_3 = n_4 = \frac{n_5}{i_{54}} = n_5 \frac{z_5}{z_4}$$

2）当汽车转弯时，两轮行驶的距离不相等，其转速比为

$$\frac{n_1}{n_3} = \frac{r-L}{r+L} \tag{10-5a}$$

又因

$$i_{13}^{H} = \frac{n_1 - n_4}{n_3 - n_4} = -\frac{z_3}{z_1} = -1$$

其中 $z_1 = z_3$，故有

$$2n_4 = n_1 + n_3 \tag{10-5b}$$

联解式（10-5a）、式（10-5b）得两车轮的转速为

$$n_1 = \frac{r-L}{r} n_4, \quad n_3 = \frac{r+L}{r} n_4$$

由于 $n_1 \neq n_3$，故行星轮有自转，轮系起到差速作用，即由齿轮 5 传至齿轮 4 的一种运动 n_4 分解为 n_1 和 n_3 两种运动。

第五节 几种特殊的行星传动简介

在实际工作的机械中，有几种特殊的行星传动机构，即渐开线少齿差行星传动、摆线针轮行星传动和谐波齿轮传动。它们具有传动比大、效率高、重量轻和结构紧凑等优点，并越来越广泛地被采用。

一、渐开线少齿差行星传动

图 10-13 所示为渐开线少齿差行星传动，它是由渐开线齿轮组成的。

太阳轮 1 固定，转臂 H 为输入轴，V 为输出轴，行星轮 2 的自转运动通过等速输出机构 3 和输出轴 V 输出，V 的转速就是行星轮 2 的绝对转速，该轮系的传动比为

$$\frac{n_2 - n_H}{n_1 - n_H} = \frac{z_1}{z_2}, \quad \frac{n_2 - n_H}{0 - n_H} = \frac{z_1}{z_2}$$

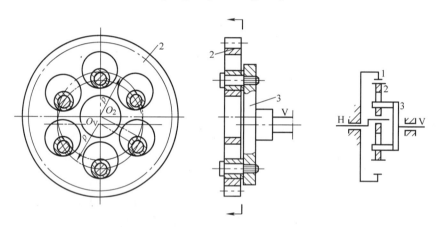

图 10-13　渐开线少齿差行星传动
1—太阳轮　2—行星轮　3—输出机构

$$i_{2H} = 1 - \frac{z_1}{z_2} = \frac{z_2 - z_1}{z_2} = -\frac{z_1 - z_2}{z_2}$$

所以

$$i_{HV} = i_{H2} = \frac{1}{i_{2H}} = -\frac{z_2}{z_1 - z_2}$$

由上式可以看出，齿数差 $\Delta z = z_1 - z_2$ 越小，其传动比越大。当 $\Delta z = 1$ 时，称为一齿差行星传动，这时传动比出现最大值。即

$$i_{HV} = -z_2$$

可见，这种行星轮系可以得到很大的传动比。

渐开线少齿差行星传动虽然具有传动比大、结构紧凑和体积小等优点，但由于啮合角增大使其径向分力增大，导致行星轮轴承的使用寿命和传动效率均较低。因此，目前只在小功率传动中应用。同时，由于齿数差很小，为避免发生齿部重叠干涉现象，一般采用降低齿顶高系数和采用正变位齿轮的方法。

二、摆线针轮行星传动

摆线针轮行星传动属于少齿差行星传动，其结构如图 10-14 所示。行星轮 2 采用摆线齿形，故又称摆线轮；太阳轮 1 采用许多轴销（外面可加套筒）固定在机壳上，称为针轮；转臂 H 为偏心轴；行星轮的运动依靠等角速比的销孔输出机构传到输出轴上。因为这种传动的齿数差总是等于 1，所以其传动比为

$$i_{HV} = -\frac{z_2}{z_1 - z_2} = -z_2$$

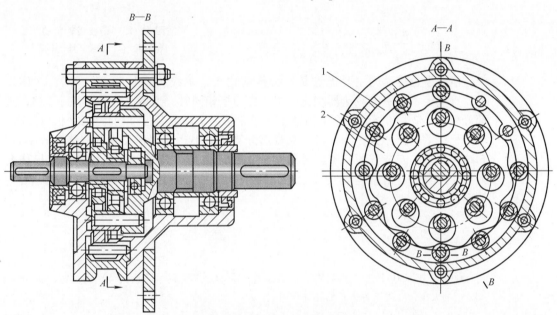

图 10-14　摆线针轮行星传动

1—太阳轮　2—行星轮

摆线针轮行星传动的优点是：①传动比范围大，单级传动为 9~87，两级传动为 121~7569；②体积小，重量轻，用它代替两级普通圆柱齿轮减速器，体积可减小 1/2~2/3，重量减轻 1/3~1/2；③效率高，一般为 0.90~0.94，最高可达 0.97；④摆线轮和针轮之间几乎有半数齿同时接触，所以传动平稳，承载能力大；⑤由于针轮销可以加套筒，使针轮和摆线轮之间成为滚动摩擦，轮齿磨损小，使用寿命长，其寿命较普通齿轮减速器可提高 2~3 倍。基于上述优点，摆线针轮行星传动在国防、冶金、矿山、化工、纺织等部门得到广泛应用。

三、谐波齿轮传动

谐波齿轮传动是一种依靠弹性变形运动来实现传动的新型传动，它突破了机械传动采用刚性构件机构的模式，而是使用了一个柔性构件机构来实现机械传动。谐波齿轮传动如图 10-15 所示，H 为波发生器，它相当于转臂；1 为刚轮，它相当于太阳轮；2 为柔轮，可产生较大的弹性变形，它相当于行星轮。转臂 H 的长度大于柔轮内孔直径。

谐波齿轮传动的传动原理是：当将波发生器 H 装入柔轮 2 内孔后，迫使柔轮产生椭圆状径向变形。椭圆长轴两端柔轮外齿与刚轮 1 内齿相啮合，短轴两端则处于完全脱开状态，其他各点处于啮合与脱开的过渡阶段。一般刚轮固定不动，当主动件波发生器 H 回转时，柔轮与刚轮的啮合区也就跟着转动。由于柔轮比刚轮少（$z_1 - z_2$）个齿，所以当波发生器转一周时，柔轮相对刚轮沿相反方向转过（$z_1 - z_2$）个齿的角度，即反转 $\dfrac{z_1 - z_2}{z_2}$ 周，因此得传动比 i_{H2} 为

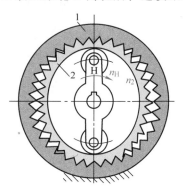

$$i_{H2} = \frac{n_H}{n_2} = -\frac{1}{(z_1 - z_2)/z_2} = -\frac{z_2}{z_1 - z_2}$$

图 10-15 谐波齿轮传动
1—刚轮 2—柔轮 H—转臂

谐波齿轮传动的主要优点是：①传动比大，单级传动比为 70～320；②体积小、重量轻，与一般减速器相比，当输出力矩相同时，通常其体积可减小 2/3，重量可减轻 1/2；③同时啮合的齿数多，柔轮采用了高疲劳强度的特殊钢材，因而传动平稳，承载能力大；④在齿的啮合部分滑移量小，摩擦损失少，故传动效率高；⑤结构简单，安装方便，不需要等角速比输出机构。其缺点是柔轮的疲劳损伤会影响使用寿命。谐波齿轮传动已广泛用于航空、能源、船舶、机床、车辆、冶金等部门。

习　题

10-1　在图 10-16 所示的轮系中，已知 $z_1 = 15$，$z_2 = 25$，$z_3 = 15$，$z_4 = 30$，$z_5 = 15$，$z_6 = 30$。求 i_{16} 的大小，并确定各齿轮的转动方向。

10-2　在图 10-17 所示轮系中，各齿轮为标准齿轮、标准安装。已知齿轮 1、2、3 的齿数分别为 z_1、z_2、z_3，求模数相同时的 z_4 及 i_{14}。

10-3　在图 10-18 所示的工作台进给机构中，运动经手柄输入，由丝杠传给工作台。已知丝杠线数为 1，丝杠螺距 $P = 5$mm，$z_1 = z_2 = 19$，$z_3 = 18$，$z_4 = 20$，试求手柄转一周时工作台的进给量。

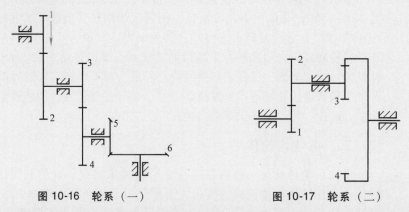

图 10-16 轮系（一）　　　　　　图 10-17 轮系（二）

10-4　图 10-19 所示为 NGW 型行星齿轮减速器，$z_1 = 20$，$z_2 = 31$，$z_3 = 82$，$n_1 = 960$r/min，求 i_{1H} 和 n_H。

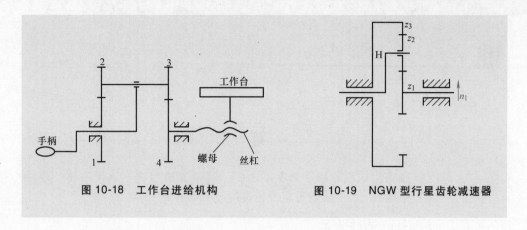

图 10-18 工作台进给机构   图 10-19 NGW 型行星齿轮减速器

第十一章

轴

第一节 概 述

轴是组成机器的重要零件之一，其主要功用是支承做回转运动的零件（如齿轮、带轮），大多数轴还起着传递运动和转矩的作用。

一、轴的分类

按照轴线形状可将轴分为直轴（图 11-1）、曲轴（图 11-2）和挠性轴（又称钢丝软轴，图 11-3）。曲轴主要用于做往复运动的机械（如曲柄压力机、内燃机等）和行星轮系中；挠性轴可以把回转运动和转矩灵活地传递到空间任何位置，它可用于连续振动的场合，具有缓和冲击的作用，常用于振捣器、手提砂轮等移动设备中。曲轴和挠性轴属于专用机械零件，故本章只讨论直轴。

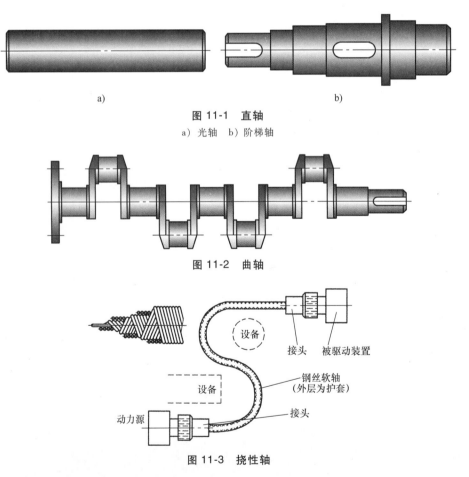

a)   b)

图 11-1 直轴

a）光轴 b）阶梯轴

图 11-2 曲轴

图 11-3 挠性轴

直轴根据工作时的承载情况可分为心轴、转轴和传动轴。

（1）**心轴**　只承受弯矩的轴称为
心轴。心轴又分为转动心轴（与轴上
零件一起转动的心轴，图 11-4a），如
与滑轮静连接的轴和火车的车轮轴
等；固定心轴（固定不动的心轴，图
11-4b），如与滑轮动连接的轴和自行
车的前、后轮轴等。

（2）**转轴**　工作中既承受弯矩又
承受转矩的轴称为转轴。转轴在各类
机器中最常见，如图 11-5 所示齿轮减
速器的轴。

（3）**传动轴**　只承受转矩或主要
承受转矩（即受到的弯矩很小）的轴
称为传动轴。如汽车的传动轴，如图
11-6 所示。

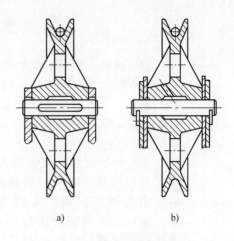

图 11-4　心轴
a）转动心轴　b）固定心轴

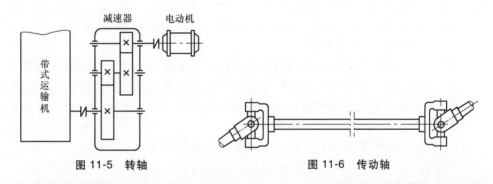

图 11-5　转轴　　　　　　**图 11-6　传动轴**

直轴又分为光轴（即等直径轴，图 11-1a）和阶梯轴（图 11-1b）。光轴主
要用于传动轴，阶梯轴多用于转轴。本章主要讨论受力及结构相对复杂的转轴
设计。

二、轴设计的主要内容

轴的设计包括轴的结构设计和轴的工作能力计算两方面的内容。

轴的结构设计是根据轴的使用场合，轴上零件的安装、定位以及轴的制造工
艺等要求，合理地确定轴的结构形状和尺寸。轴的结构设计合理与否，将影响轴
的工作能力、轴上零件的工作可靠性、轴的制造成本和装配性能等。因此，轴的
结构设计是轴设计中的重要内容。

轴的工作能力计算是保证轴具有足够的强度、刚度和振动稳定性等方面的计
算。不同的机械对轴工作的要求各不相同。对于机器中的转轴，主要应满足强度
和结构的要求；对于工作时不允许有过大变形的轴（如机床主轴），应主要满足刚
度要求；对于高速机器中的轴，则应满足振动稳定性的要求。

设计轴的一般步骤是：根据工作要求选择轴的材料和热处理方法；初步确定
轴的直径；再考虑轴上零件的安装和受力等情况，进行轴的结构设计；最后对轴
作强度校核，必要时进行轴的刚度及振动稳定性计算。

第二节　轴 的 材 料

轴的材料主要采用碳素钢和合金钢。钢轴的毛坯多用轧制圆钢或锻件。

碳素钢比合金钢价廉，对应力集中敏感性低，强度、塑性和韧性均较好，经热处理后，可改善其力学性能，故应用广泛。工程上常用的有 35、40、45 和 50 等优质碳素钢，对于不重要或承受载荷较小的轴，可用 Q235、Q275 等普通碳素钢。

合金钢的力学性能和热处理性能均高于碳素钢，在传递动力较大并要求减小尺寸和质量，提高轴的硬度和耐磨性以及满足其他特殊要求（如高温、低温、耐腐蚀等）时，常用 20Cr、20CrMnTi、35SiMn、40Cr、40MnB 等合金钢。采用合金钢制造轴时，必须进行热处理或化学热处理。由于合金钢对应力集中较敏感，设计时应从结构上避免或减少应力集中，并应减小表面粗糙度值。合金钢经各种热处理如淬火、渗碳、渗氮等，对提高轴的疲劳强度有显著效果。但对提高合金钢轴的刚度没有实效，因为各种碳素钢和合金钢在热处理前后、一般工作温度下（低于 200℃）的弹性模量相差无几。因此，在选择钢的种类和热处理方法时，所根据的是轴的强度和耐磨性，而不是轴的弯曲或扭转刚度。提高轴的刚度应从适当增加轴的直径、减小支承跨距或悬臂量等方面考虑。

此外，轴也可采用球墨铸铁和高强度铸钢材料，这些材料容易制成复杂的形状，且具有良好的吸振性和耐磨性，对应力集中敏感性小，价格也较低，故常用来制造形状复杂的轴，如内燃机中的曲轴。但铸铁抗冲击性差，铸造质量不易控制，使用时需经严格检验。

轴的常用材料及其主要力学性能见表 11-1。

表 11-1　轴的常用材料及其主要力学性能

材料	牌号	热处理	毛坯直径 /mm	硬度 (HBW)	力学性能/MPa				备　注
					抗拉强度 R_m	屈服强度 R_{eH}	弯曲疲劳极限 σ_{-1}	剪切疲劳极限 τ_{-1}	
普通碳素钢	Q235-A	热轧或锻后空冷	≤100		400~420	225	170	105	用于不重要或载荷不大的轴
			>100~250		375~390	215			
优质碳素钢	45	正火	25	≤241	610	360	260	150	应用最广泛
		正火回火	≤100	170~217	600	300	240	140	
			101~300	162~217	580	290	235	135	
		调质	≤200	217~255	650	360	270	155	
合金钢	40Cr	调质	25		1000	800	485	280	用于载荷较大而无很大冲击的重要轴
			≤100	241~286	750	550	350	200	
			101~300	241~286	700	500	320	185	
	40MnB	调质	25		1000	800	485	280	性能接近 40Cr，用于重要的轴
			≤200	241~286	750	550	335	195	
	20Cr	渗碳淬火回火	15	56~62 HRC	850	550	375	215	用于要求强度及韧性均好的轴
			>15~30		650	400	280	160	
	20CrMnTi		>30~60		650	400	280	160	

（续）

材料	牌号	热处理	毛坯直径 /mm	硬度 （HBW）	力学性能/MPa				备　注
					抗拉强度 R_m	屈服强度 R_{eH}	弯曲疲劳极限 σ_{-1}	剪切疲劳极限 τ_{-1}	
球墨铸铁	QT600-3			197~269	600	420	215	185	用于制造复杂外形的轴
	QT800-2			187~255	800	480	200	255	

注：剪切屈服极限 $\tau_S = (0.55 \sim 0.62) R_{eH}$。

第三节　轴的结构设计

一、轴径的初步计算

轴的工作能力主要取决于轴的强度和刚度，对于一般传递动力的轴，主要是满足强度要求。由于只有已知轴上载荷的作用位置及支点跨距后，才能对轴进行强度计算。因此，通常轴的设计方法是：先进行轴的初步计算，以确定轴的相关尺寸，进行轴的结构设计；再进行强度验算，根据验算结果调整轴的结构和尺寸，最终完成轴的设计。

由于转轴上载荷的作用位置和支点跨距未知，故弯矩无法求出。通常转轴轴径是按扭转强度进行初步计算，并用降低许用应力的方法来考虑弯矩的影响。实际设计中，转轴轴径也可用经验类比法确定，如与电动机轴相连的轴的直径 $d = (0.8 \sim 1) d_{电动机}$。所确定的轴径可作为转轴受转矩段的最小直径。

轴的抗扭强度条件为

$$\tau_T = \frac{T}{W_T} = \frac{9.55 \times 10^6 P}{0.2 d^3 n} \leqslant [\tau]_T \tag{11-1}$$

式中，τ_T、$[\tau]_T$ 分别为轴的切应力和材料的许用切应力（MPa）；T 为轴上的转矩（N·mm）；P 为轴传递的功率（kW）；W_T 为轴的抗扭截面系数（mm^3），对实心轴 $W_T = \pi d^3/16 \approx 0.2 d^3$；$d$ 为计算截面处轴的直径（mm）；n 为轴的转速（r/min）。

由式（11-1）得，按转矩初步计算轴直径的公式为

$$d \geqslant \sqrt[3]{\frac{9.55 \times 10^6}{0.2 [\tau]_T}} \sqrt[3]{\frac{P}{n}} = A \sqrt[3]{\frac{P}{n}} \tag{11-2}$$

式中，A 为计算系数，与材料的 $[\tau]_T$ 有关，可按表 11-2 查取。

当按式（11-2）初算轴径后，如果在轴的相应截面处开有一个键槽，则应将该直径加大 3%~5%；如同一截面处有两个键槽，应将该直径加大 7%~10%，并按规范将尺寸圆整。若该直径处装有标准件，则应按标准件与轴的装配尺寸圆整。

二、轴的结构设计

按转矩初步计算轴径后，便可进行轴的结构设计。轴的结构主要取决于：①轴上零件的类型、尺寸、数量以及它们在轴上的布置情况和固定方法；②作用在轴上载荷的大小、方向和分布情况；③轴的加工工艺和装配要求等因素。由于这

些因素千差万别，所以轴的结构形式多种多样，没有标准的结构形式。轴的结构设计就是使轴的各部分具有合理的形状和尺寸，其主要要求如下：

1）轴和轴上零件要有准确的工作位置且定位可靠。

2）轴上零件应便于装拆和调整。

3）轴应具有良好的制造和装配工艺性。

4）轴的受力状况合理，应力集中小，有利于提高轴的强度和刚度等。

设计时需根据具体情况进行分析，可做几个方案进行比较，以便选取较好的设计方案。

表 11-2　轴常用材料的许用切应力 $[\tau]_T$ 及 A 值

轴 的 材 料	Q235-A，20	Q275A，35，（1Cr18Ni9Ti）	45	40Cr，35SiMn，38SiMnMo，3Cr13
$[\tau]_T$	15~25	20~35	25~45	35~55
A	140~126	135~112	126~103	112~97

注：1. 表中 $[\tau]_T$ 已考虑弯矩对轴的影响，其值比纯扭转时的值低。

2. A 和 $[\tau]_T$ 的取值如下：弯矩较小、载荷较平稳、无轴向载荷或只有较小的轴向载荷、轴的材料强度较高、轴的刚度要求不严、轴只做单向运转以及对减速器的低速轴等，A 取较小值，$[\tau]_T$ 取较大值；反之，A 取较大值，$[\tau]_T$ 取较小值。

图 11-7 所示为按上述要求设计的轴，它由轴颈、轴头和轴身组成。与轴承相配合的轴段称为轴颈；与传动零件相配合的轴段（图中安装联轴器 5 及齿轮 2 处的轴段）称为轴头；用于连接轴颈和轴头的轴段称为轴身。轴头和轴颈的直径应

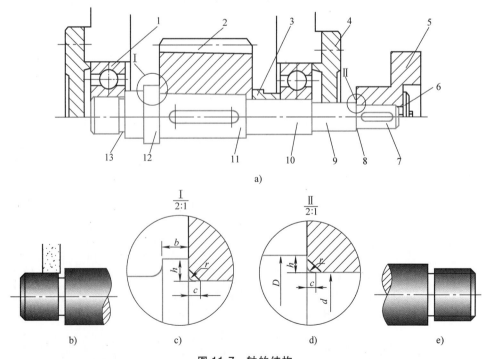

图 11-7　轴的结构

a）减速器轴　b）砂轮越程槽　c）轴环　d）轴肩　e）螺纹退刀槽

1—滚动轴承　2—齿轮　3—套筒　4—轴承盖　5—联轴器　6—轴端挡圈　7—轴头 1

8—轴肩　9—轴身　10—轴颈　11—轴头 2　12—轴环　13—砂轮越程槽

按规范圆整。下面结合此轴说明轴结构设计中应注意的一些问题。

1. 轴上零件的固定

为了保证轴上零件具有准确的工作位置，轴上零件通常都要进行轴向固定和周向固定。

（1）轴向固定 轴向固定的目的是使轴上零件有确定的轴向位置，并在承受轴向力时不产生轴向移动。零件的轴向固定方法有轴肩、轴环、套筒、轴承端盖、轴端挡圈和圆螺母等。

轴肩和轴环结构简单，定位可靠，可承受较大的轴向力。但在轴肩和轴环处因截面突变，会引起较大的应力集中，且轴肩过多也不利于加工。为使定位可靠，一般轴肩和轴环的高度 $h=(0.07\sim0.1)d$（d 为与零件相配处轴的直径），轴环宽度 $b\approx1.4h$。为便于滚动轴承的拆卸，轴肩和轴环的高度 h 必须小于轴承内圈的端面高度，其值按机械设计手册确定。为使零件能靠紧定位面，轴肩和轴环的过渡圆角半径 r 必须小于零件孔的倒角 C 或圆角半径 R（图 11-7c、d）。对于标准零件，则应按标准零件的 R 和 C 来确定轴肩和轴环的圆角半径 r。非定位轴肩的高度没有严格的规定，一般取为 $1\sim2mm$。

套筒用于轴上两零件间相对位置的轴向固定（如图 11-7 中齿轮与右轴承间的固定）。使用套筒固定可使轴的结构简化，但不宜太长，也不宜用在转速较高的轴上，套筒外径应按机械设计手册中的安装尺寸确定。轴承端盖主要用于轴承外圈的轴向固定，轴端挡圈用于轴端零件的固定（图 11-8a），可承受较大的轴向载荷，但应有防松装置。当要求被定位零件的对中性好或承受冲击载荷时，可采用圆锥面加轴端挡圈的结构（图 11-8b）。圆螺母（图 11-9）多用于轴端零件的轴向固定。当轴上零件间距较大不宜用套筒时，也常用圆螺母固定。使用圆螺母需在轴上切制螺纹，故会产生应力集中，降低轴的疲劳强度，所以常用细牙螺纹。另外，为防止圆螺母松动，需加止动垫圈或使用双圆螺母。

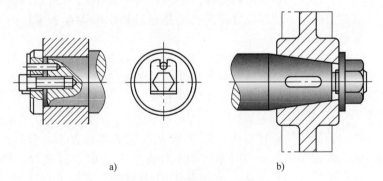

a)   b)

图 11-8 轴端零件的固定
a) 轴端挡圈固定 b) 圆锥面定位

此外，还常用弹性挡圈固定（图 11-10）和紧定螺钉固定（图 11-11）等方法进行轴向固定，它们只适用于零件所受轴向载荷不大的场合。

当轴上零件的一端用轴肩或轴环定位后，为保证零件在阶梯处的另一端固定可靠，零件的轮毂宽度应稍大于配合轴段的长度，如图 11-7 所示，齿轮和半联轴器的轮毂宽度应分别比与它们相配合的轴段长度大 $2\sim3mm$。同理，对于图 11-7 中的右轴承，为使其内圈的左端面紧靠在套筒上，套筒的右端面应比其对应的轴肩向右伸出 $2\sim3mm$。

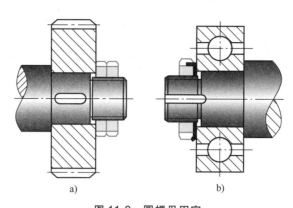

图 11-9　圆螺母固定

a）双圆螺母　b）圆螺母与止动垫圈

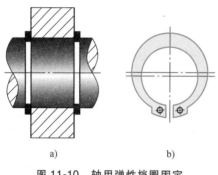

图 11-10　轴用弹性挡圈固定

a）固定结构　b）轴用弹性挡圈

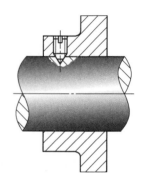

图 11-11　紧定螺钉固定

　　上述的几种轴向固定都是零件相对于轴的轴向固定，而整个轴系的轴向位置也必须确定。轴的位置及其调整是通过轴承的固定来实现的，具体固定方法详见第十二章内容。

　　（2）周向固定　周向固定的目的是在传递运动和动力时，防止轴上零件和轴发生相对转动。常用的周向固定方法有键、花键、销、成形连接和过盈配合连接等，此类轴毂连接的方法详见第七章。

　　2. 安装与制造要求

　　轴的结构设计首先应确定轴上零件的装拆方案，即根据轴上零件的布置情况，确定与轴配合直径最大的零件由哪个方向进行装拆。如图 11-7 中，齿轮与轴头的配合直径最大，它由轴的右端装拆。装拆方向不同，轴上零件的定位情况就不同，轴的结构就会发生变化。下面对圆锥—圆柱齿轮减速器（图 11-12a）的两种装配方案进行分析对比。显然，图 11-12c 所示方案 2 较图 11-12b 所示方案 1 多用了一个长套筒，增加了机器的零件数量和质量。因此，图 11-12b 所示方案 1 较合理。

　　零件装配时，要求轴上所有零件都能顺利地到达安装位置，为减少零件在装拆时对配合表面的擦伤破坏，应使零件在其配合表面上的装拆路径最短。以图 11-7 中右轴承为例，与该轴承配合的轴段右端不应伸出该轴承的右端面。为便于有过盈配合的零件装配，应在零件进入的轴端或轴肩处加工出倒角或导向锥（图 11-7）。

　　考虑轴的加工因素，要求同一根轴上所有的键槽应布置在轴的同一母线上

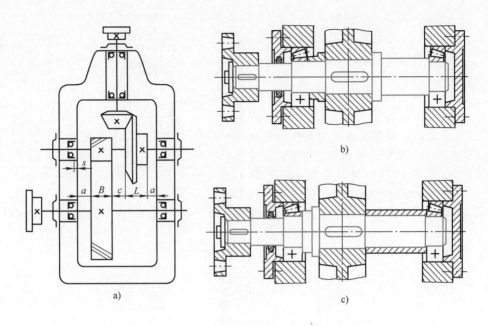

图 11-12　圆锥-圆柱齿轮减速器输出轴的结构方案

a) 圆锥-圆柱齿轮减速器简图　b) 结构方案 1　c) 结构方案 2

（图 11-7a 中两轴头处的键槽）；轴上需要磨削的轴段，靠轴肩处应有砂轮越程槽（图 11-7b）；车螺纹的轴段，应有螺纹退刀槽（图 11-7e）；精度要求较高的轴，在轴的两端应钻中心孔作为基准；轴上的倒角、圆角尺寸应尽可能一致，以减少刀具种类，提高生产率。

3. 提高轴强度的措施

多数转轴在变应力作用下工作，故易发生疲劳破坏，所以应设法降低轴的应力集中程度，提高轴的表面质量。为此，轴肩处应有较大的过渡圆角，在保证有足够定位高度的条件下，轴的直径变化应尽可能小。当靠轴肩定位零件的圆角半径较小时（如滚动轴承内圈的圆角），为了增大轴肩处的圆角半径，可采用内凹圆角（图 11-13a）或加装隔离环（图 11-13b）。键槽端部与轴肩的距离不宜过小，以免损伤轴肩处的过渡圆角和增加重叠应力集中源的数量。尽可能避免在轴上受载较大的轴段切制螺纹。提高表面质量的措施包括：降低表面粗糙度值；对重要的轴可采用滚压、喷丸等表面强

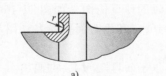
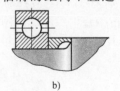

图 11-13　轴肩过渡结构
a) 内凹圆角　b) 隔离环

化处理，表面高频感应淬火热处理，渗碳、碳氮共渗、渗氮等化学处理等。

第四节　轴的设计计算

一、轴的计算力学模型

为了便于进行轴的强度和刚度的分析与计算，需对轴进行必要的简化，确定

合理的力学模型。

　　通常将轴简化为一铰支梁，忽略轴和轴上零件的自重，轴上的分布载荷按图 11-14 所示的方法简化。作用在轴段上的转矩通常从传动件轮毂宽度的中点算起。轴的支座反力的作用点由轴承类型、布置方式决定，按图 11-15 所示的方法确定，图中 a、b 值由机械设计手册查取。当轴的跨距较小时，支座反力的作用点通常取轴承宽度的中点（图 11-14a）。

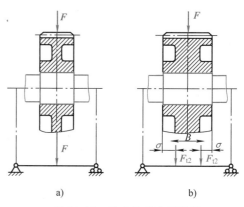

图 11-14　轴的计算力学模型
a）齿宽较小时　b）齿宽较大时

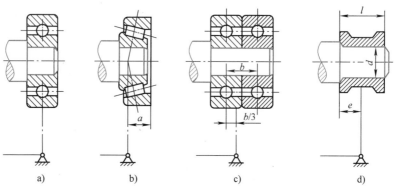

图 11-15　不同轴承的作用点位置

轴的强度计算

二、轴的强度计算

对传动轴可直接用式（11-1）校核其扭转强度或用式（11-2）计算轴的直径。对转轴主要进行弯扭合成强度校核计算，步骤如下，如图 11-16 所示。

1）画出轴的计算简图，如图 11-16b 所示。将轴上的作用力分解为水平面所受力（图 11-16c）和垂直面所受力（图 11-16e），并求出水平面内和垂直面内的支承反力。

2）计算水平面弯矩 M_H，并画出水平面弯矩图（图 11-16d）。

3）计算垂直面弯矩 M_V，并画出垂直面弯矩图（图 11-16f）。

4）计算合成弯矩 $M=\sqrt{M_H^2+M_V^2}$，画出合成弯矩图（图 11-16g）。

5）计算轴的转矩 T（$T=9.55\times10^6 P/n$），画出转矩图（图 11-16h）。

6）计算当量弯矩，画出当量弯矩图（图 11-16i）根据第三强度理论，当量弯矩 $M_e=\sqrt{M^2+(\alpha T)^2}$，式中 α 为根据转矩性质而定的应力校正系数。对于对称循环变化的转矩，取 $\alpha=\dfrac{[\sigma_{-1}]_b}{[\sigma_{-1}]_b}=1$；对于脉动循环变化的转矩，取 $\alpha=\dfrac{[\sigma_{-1}]_b}{[\sigma_0]_b}\approx0.6$；对于不变的转矩，$\alpha=\dfrac{[\sigma_{-1}]_b}{[\sigma_{+1}]_b}\approx0.3$。当转矩变化规律不易确定或情况不明时，可视转矩

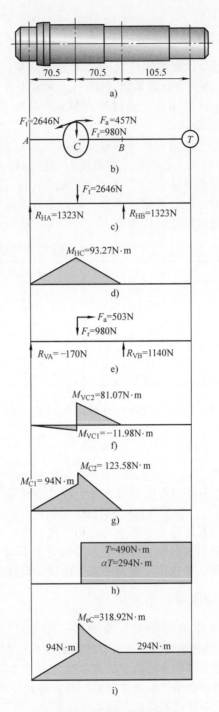

图 11-16 轴的受力分析

按脉动循环变化，取 $\alpha \approx 0.6$。

7）校核轴的强度。对选定的危险截面按下式验算

$$\sigma_e = \frac{M_e}{W} = \frac{\sqrt{M^2 + (\alpha T)^2}}{0.1d^3} \leqslant [\sigma_{-1}]_b \qquad (11\text{-}3)$$

或
$$d \geqslant \sqrt[3]{\frac{M_e}{0.1[\sigma_{-1}]_b}}$$
（11-4）

式中，d 为危险截面的轴径（mm），当危险截面有键槽时，应将计算的轴径增大 $4\% \sim 7\%$；W 为抗弯截面系数（mm^3），对实心轴，$W = \pi d^3/32 \approx 0.1 d^3$；$M_e$ 为当量弯矩（$N \cdot mm$）；$[\sigma_{-1}]_b$ 为轴的材料在对称循环状态下的许用弯曲应力（MPa），可按表 11-3 选取。

在同一轴上各截面所受的载荷是不同的，设计计算时应选择若干个危险截面（即当量弯矩较大而直径较小的截面）进行计算。

若计算结果不能满足式（11-3）或式（11-4）的条件，则表明轴的强度不够，必须修改轴的结构，并重新验算；若计算结果能满足轴的强度要求，且安全裕量不过大，一般就以原结构为准。

表 11-3　轴的许用弯曲应力　　　　　　（单位：MPa）

材　料	R_m	$[\sigma_{+1}]_b$	$[\sigma_0]_b$	$[\sigma_{-1}]_b$
碳素钢	400	130	70	40
	500	170	75	45
	600	200	95	55
	700	230	110	65
合金钢	800	270	130	75
	1000	300	150	90

式（11-3）和式（11-4）也可用来计算心轴，只要取 $T = 0$，则其计算截面的直径为
$$d = \sqrt[3]{\frac{M}{0.1[\sigma_b]}}$$
（11-5）

式中，$[\sigma_b]$ 为许用弯曲应力，对于转动心轴取 $[\sigma_{-1}]_b$；对于固定心轴，载荷不变时取 $[\sigma_{+1}]_b$，载荷变化时取 $[\sigma_0]_b$。其中 $[\sigma_0]_b$、$[\sigma_{+1}]_b$ 分别为轴材料在脉动循环变应力和静应力状态下的许用弯曲应力，可按表 11-3 选取。

对于一般用途的轴，按上述方法设计计算即可，对于重要的轴，还需要作进一步精确计算，校核危险截面的安全因数，具体方法参阅有关机械设计的图书。

三、轴的刚度计算

轴受弯矩作用会产生弯曲变形（图 11-17），受转矩作用会产生扭转变形（图 11-18）。如果轴的刚度不够，产生的变形过大，就会影响轴上零件的正常工作。例如，轴的刚度不够会使轴上的齿轮啮合时产生偏载，使啮合恶化，严重时会造成断齿；或使滑动轴承产生边缘接触，造成轴瓦不均匀磨损；或使滚动轴承内、外圈轴线偏斜太大而转动不灵活。如果机床主轴的刚度不够，将会影响加工精度。因此，为使轴工作时不致因刚度不够而失效，设计时必须根据轴的工作条件限制其变形量。

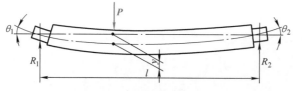

图 11-17　轴的挠度和转角

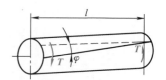

图 11-18　轴的扭转角

轴的弯曲刚度条件为

$$\left.\begin{aligned}\text{挠度} \quad & y \leqslant [y] \\ \text{偏转角} \quad & \theta \leqslant [\theta]\end{aligned}\right\} \tag{11-6}$$

式中，$[y]$ 和 $[\theta]$ 分别为轴的许用挠度和许用偏转角。

轴的扭转变形用每米长的扭转角 φ 表示，轴受转矩时，其刚度条件为

$$\varphi = \frac{Tl}{GI_P} \leqslant [\varphi] \tag{11-7}$$

式中，$[\varphi]$ 为轴的许用扭转角。

许用挠度、许用转角、许用扭转角见表 11-4，抗弯、抗扭截面模量计算公式见表 11-5。

表 11-4 许用挠度、许用转角和许用扭转角

变形		适用场合	许用值
弯曲变形	挠度/mm	一般用途的轴	$(0.0003 \sim 0.0005)l$
		机床主轴	$\leqslant 0.0002l$
		感应电动机轴	$\leqslant 0.1\Delta$
		安装齿轮的轴	$(0.01 \sim 0.05)m_n$
		安装蜗轮的轴	$(0.02 \sim 0.05)m_t$
	转角/rad	滑动轴承	$\leqslant 0.001$
		深沟球轴承	$\leqslant 0.005$
		调心球轴承	$\leqslant 0.05$
		圆柱滚子轴承	$\leqslant 0.0025$
		圆锥滚子轴承	$\leqslant 0.0016$
		安装齿轮处	$\leqslant 0.001 \sim 0.002$
扭转变形	每米长的扭转角	一般传动	$0.5° \sim 1°$
		较精密传动	$0.25° \sim 0.5°$
		重要传动	$< 0.25°$

注：l—跨距；Δ—电动机定子与转子间气隙；m_n—齿轮法向模数；m_t—蜗轮端面模数。

表 11-5 抗弯、抗扭截面模量计算公式

截面	W	W_T
	$\dfrac{\pi d^3}{32} \approx 0.1d^3$	$\dfrac{\pi d^3}{16} \approx 0.2d^3$
	$\dfrac{\pi d^3}{32}(1-\beta^4) \approx 0.1d^3(1-\beta^4)$ $\beta = \dfrac{d_1}{d}$	$\dfrac{\pi d^3}{16}(1-\beta^4) \approx 0.2d^3(1-\beta^4)$ $\beta = \dfrac{d_1}{d}$
	$\dfrac{\pi d^3}{32} - \dfrac{bt(d-t)^2}{2d}$	$\dfrac{\pi d^3}{16} - \dfrac{bt(d-t)^2}{2d}$

（续）

截　面	W	W_T
 	$\dfrac{\pi d^3}{32}-\dfrac{bt(d-t)^2}{d}$	$\dfrac{\pi d^3}{16}-\dfrac{bt(d-t)^2}{d}$
 	$\dfrac{\pi d^3}{32}\left(1-1.54\dfrac{d_1}{d}\right)$	$\dfrac{\pi d^3}{16}\left(1-\dfrac{d_1}{d}\right)$
 	$\dfrac{\left[\pi d^4+(D-d)(D+d)^2bz\right]}{32D}$ z ——花键齿数	$\dfrac{\left[\pi d^4+(D-d)(D+d)^2bz\right]}{16D}$ z ——花键齿数

四、轴的振动稳定性计算

轴是一个弹性体，由于轴及轴上零件存在材质不均匀、加工误差、对中不良等，将使轴系的质心偏离轴线，当轴旋转时，就会产生离心力，使轴受到周期性干扰力，引起轴的振动。当轴的强迫振动频率等于轴的固有频率时，轴在运转中会出现共振现象，导致轴不能正常工作。

轴发生共振时的转速称为临界转速，它是轴系结构本身固有的。临界转速有多个，最低的一个称为一阶临界转速，其余按由小到大的顺序分别称为二阶临界转速、三阶临界转速……因此，轴的振动稳定性条件是使轴的工作转速 n 避开其临界转速 n_c，即

刚性轴 　　　　　　　　　　　$n \leqslant n_\mathrm{c1}$

挠性轴 　　　　　　　　　$1.4 n_\mathrm{c1} \leqslant n \leqslant 0.7 n_\mathrm{c2}$ 　　　　　　(11-8)

式中，n_c1 为一阶临界转速；n_c2 为二阶临界转速。

例 11-1　试设计图 11-19 所示斜齿圆柱齿轮减速器的输出轴。已知传递功率 $P = 20\mathrm{kW}$，输出轴转速 $n = 390\mathrm{r/min}$，从动齿轮 3 的分度圆直径 $d_2 = 370.302\mathrm{mm}$，螺旋角 $\beta = 10°35'11''$（左旋），压力角 $\alpha_\mathrm{n} = 20°$，轮毂长度为 80mm，采用直径系列为 2 的深沟球轴承，单向转动。

解　**1. 选择轴的材料，确定许用应力**

材料选用 45 钢，正火处理。由表 11-1 查得 $R_\mathrm{m} = 610\mathrm{MPa}$，由表 11-3 查得其许用弯曲应力 $[\sigma_{-1}]_\mathrm{b} = 55\mathrm{MPa}$。

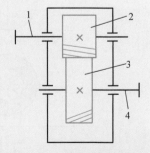

图 11-19　减速器传动简图

1—输入轴　2—主动齿轮
3—从动齿轮　4—输出轴

2. 按扭转强度计算的最小直径（即轴伸出端的轴头直径）

根据式（11-2），并将从表 11-2 查取的 $A = 112$ 代入后得

$$d \geq A\sqrt[3]{\frac{P}{n}} = 112 \times \sqrt[3]{\frac{20}{390}}\ \text{mm} = 41.61\text{mm}$$

因有键槽，需将轴径增大 3%，即 $41.61\text{mm} \times 103\% = 42.86\text{mm}$。圆整为标准直径，取 $d = 45\text{mm}$。

3. 轴的结构设计

在进行轴的结构设计时，必须按比例绘制轴系结构草图（图 11-20）。

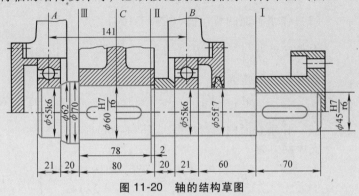

图 11-20　轴的结构草图

（1）**确定各轴段的直径**　按结构和强度要求做成阶梯轴，外伸端直径为 $\phi45\text{mm}$。为使联轴器能轴向定位，在轴的外伸端做一轴肩，所以通过轴承透盖、右轴承和套筒的轴段直径取 $\phi55\text{mm}$。为便于轴承的装拆，与透盖毡圈接触的轴段公差取 f7，即比安装轴承处的直径（该处公差为 k6）略细。按题意选用两个 6211 型滚动轴承，故左轴承处的轴径也是 $\phi55\text{mm}$。安装齿轮的轴头直径取为 $\phi60\text{mm}$，轴环外径取为 $\phi70\text{mm}$。考虑到轴环的左侧面与滚动轴承内圈的端面相接，轴肩高度应低于轴承内圈，故轴环左端呈锥形。按轴承安装尺寸的要求（见轴承标准），左轴承处的轴肩直径为 $\phi62\text{mm}$，轴肩圆角半径为 1mm。齿轮与联轴器处的轴环、轴肩的圆角半径为 2mm。

（2）**确定各轴段的长度**　齿轮轮毂长度是 80mm，故取安装齿轮的轴头长度为 78mm；由轴承标准查得 6211 轴承宽度是 21mm，因此取左端轴颈长度为 21mm；由于齿轮端面、轴承端面与箱体内壁应保持一定的距离，取轴环和套筒宽度均为 20mm；由结构草图可知，跨距 $l = \left(2 \times \dfrac{21}{2} + 2 \times 20 + 80\right)\ \text{mm} = 141\text{mm}$。右边的 $\phi55\text{mm}$ 轴段长度应根据减速器箱体结构、轴承盖形式（凸缘式端盖或嵌入式端盖）以及箱外旋转零件至端盖间的距离要求等综合确定，现取为 $(2 + 20 + 21 + 60)\ \text{mm} = 103\text{mm}$，其中 60mm 为右轴承右端面至联轴器端面的轴段长度。安装联轴器的轴头长度根据联轴器尺寸取为 70mm。

（3）**轴上零件的周向固定**　联轴器及齿轮处均采用 A 型普通平键连接，由机械设计手册查得键的尺寸为宽度×高度×长度（$b \times h \times L$），联轴器处为 $14\text{mm} \times 9\text{mm} \times 50\text{mm}$，齿轮处为 $18\text{mm} \times 11\text{mm} \times 70\text{mm}$。

4. 按弯扭合成强度计算

（1）画出轴的结构简图（图 11-16a）和轴的受力图（图 11-16b），并确定轴上的作用力

从动轴上的转矩为 $T = 9550 \times \dfrac{P}{n} = 9550 \times \dfrac{20}{390} \text{N} \cdot \text{m} = 490 \text{N} \cdot \text{m}$

作用在齿轮上的圆周力 F_t、径向力 F_r、轴向力 F_a 分别为

$$F_t = \frac{2T}{d_2} = \frac{2 \times 490}{370.302 \times 10^{-3}} \text{N} = 2646 \text{N}$$

$$F_r = \frac{F_t}{\cos\beta} \tan\alpha_n = \left(\frac{2646}{\cos 10°35'11''} \tan 20° \right) \text{N} = 980 \text{N}$$

$$F_a = F_t \tan\beta = (2646 \tan 10°35'11'') \text{N} = 503 \text{N}$$

（2）作水平面的弯矩图（图 11-16d）

支承反力为 $R_{HA} = R_{HB} = \dfrac{F_t}{2} = \dfrac{2646}{2} \text{N} = 1323 \text{N}$

截面 C 处弯矩为

$$M_{HC} = R_{HA} \cdot \frac{l}{2} = 1323 \times \frac{0.141}{2} \text{N} \cdot \text{m} = 93.27 \text{N} \cdot \text{m}$$

（3）作垂直面内的弯矩图（图 11-16f）

支承反力为

$$R_{VA} = \frac{F_r}{2} - \frac{F_a d_2}{2l} = \left(\frac{980}{2} - \frac{503 \times 370.302}{2 \times 141} \right) \text{N} = -170 \text{N}$$

$$R_{VB} = \frac{F_r}{2} + \frac{F_a d_2}{2l} = \left(\frac{980}{2} + \frac{503 \times 370.302}{2 \times 141} \right) \text{N} = 1140 \text{N}$$

截面 C 左侧的弯矩为

$$M_{VC1} = R_{VA} \cdot \frac{l}{2} = -170 \times \frac{0.141}{2} \text{N} \cdot \text{m} = -11.98 \text{N} \cdot \text{m}$$

截面 C 右侧的弯矩为

$$M_{VC2} = R_{VB} \cdot \frac{l}{2} = 1150 \times \frac{0.141}{2} \text{N} \cdot \text{m} = 81.07 \text{N} \cdot \text{m}$$

（4）作合成弯矩图（图 11-16g）

截面 C 左侧的合成弯矩为

$$M_{C1} = \sqrt{M_{HC}^2 + M_{VC1}^2} = \sqrt{93.27^2 + (-11.98)^2} \ \text{N} \cdot \text{m} = 94 \text{N} \cdot \text{m}$$

截面 C 右侧的合成弯矩为

$$M_{C2} = \sqrt{M_{HC}^2 + M_{VC2}^2} = \sqrt{93.27^2 + 81.07^2} \ \text{N} \cdot \text{m} = 123.58 \text{N} \cdot \text{m}$$

（5）作转矩图（图 11-16h）

$$T = 490 \text{N} \cdot \text{m}$$

（6）作当量弯矩图（图 11-16i）　因单向传动，转矩可认为按脉动循环变化，所以应力校正系数 $\alpha = 0.6$，则 $\alpha T = 0.6 \times 490 \text{N} \cdot \text{m} = 294 \text{N} \cdot \text{m}$。

危险截面 C 处的当量弯矩为

$$M_{eC} = \sqrt{M_{C2}^2 + (\alpha T)^2} = \sqrt{123.58^2 + 294^2} \ \text{N} \cdot \text{m} = 318.92 \text{N} \cdot \text{m}$$

（7）校核危险截面轴径

由式（11-4）得

$$d \geqslant \sqrt[3]{\frac{M_{eC}}{0.1 \, [\sigma_{-1}]_b}} = \sqrt[3]{\frac{318.92 \times 10^3}{0.1 \times 55}} \ \text{mm} = 38.7 \text{mm}$$

因 C 处有一键槽，故将轴径增大 3%，即 38.7mm×103% = 39.8mm。在结构设计草图中，此处轴径为 60mm，故强度足够。但考虑到外伸端直径为 $\phi45$mm，以及轴结构上的需要，不宜将 C 处轴径减小，所以仍保持结构草图中的尺寸，以保证轴的刚度。

<h1 style="text-align:center">习 题</h1>

11-1 按载荷分类，轴分哪几种类型？各承受什么载荷？

11-2 若轴的强度不足或刚度不足，可采取哪些措施加以解决？

11-3 当量弯矩计算公式 $M_e = \sqrt{M^2 + (\alpha T)^2}$ 中，引入 α 的原因是什么？α 值应如何确定？

11-4 一传动轴的材料为 45 钢，调质处理，传递的最大功率 $P = 60$kW，转速 $n = 500$r/min。该轴的直径为多少？

11-5 一转轴在危险截面 $d = 80$mm 处受不变的转矩 $T = 2.0×10^3$N·m、弯矩 $M = 0.85×10^3$N·m。轴的材料为 45 钢，调质处理。该轴是否满足强度要求？

11-6 试设计图 11-21 所示直齿圆柱齿轮减速器中的主动轴。减速器用电动机直接驱动，电动机功率 $P = 8$kW，转速 $n_1 = 1000$r/min。主动轴上直齿轮的模数 $m = 2.5$mm，齿数 $z_1 = 23$，轮毂宽度为 70mm，联轴器轮毂宽度为 75mm。假设采用直径系列为 2 的深沟球轴承，单向转动。

11-7 指出图 11-22 中轴在结构上不合理和不完善的地方，并说明错误原因及改进意见，同时画出合理的结构图。

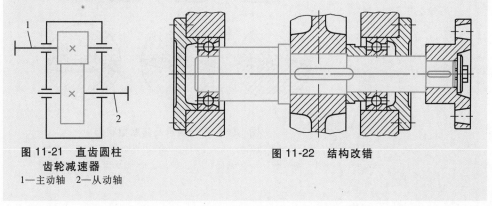

图 11-21 直齿圆柱
齿轮减速器
1—主动轴 2—从动轴

图 11-22 结构改错

第十二章

轴承

　　轴承的作用是支承轴及轴上的转动零件，使其保持一定的工作精度，并减少支承与转动零件间的摩擦与磨损。合理选择和使用轴承对提高机器的性能、延长机器的寿命起着重要作用。根据接触表面摩擦性质的不同，轴承可分为滑动轴承和滚动轴承。

第一节　滑动轴承概述

　　图 12-1a 所示为径向滑动轴承，它由轴承座 1、下轴瓦 2、上轴瓦 3、轴承盖 4 和润滑装置 5 等组成。

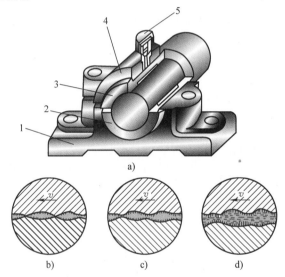

图 12-1　滑动轴承及其摩擦状态
a) 径向滑动轴承　b) 干摩擦　c) 边界摩擦　d) 液体摩擦
1—轴承座　2—下轴瓦　3—上轴瓦　4—轴承盖　5—润滑装置

一、摩擦状态

按相对运动表面的润滑情况，摩擦可分为以下几种状态。

1. 干摩擦

　　两摩擦表面间不加任何润滑剂而直接接触的摩擦（图 12-1b）称为干摩擦。干摩擦的摩擦功损耗大，磨损严重，温升很高，会导致轴瓦烧毁。所以，在滑动轴承中不允许出现干摩擦。

2. 边界摩擦

　　两摩擦表面间有润滑油存在，润滑油能吸附在金属表面上形成一层极薄的油膜（厚度一般在 0.1μm 以下），即边界油膜（图 12-1c）。因为边界油膜的厚度很小，不能将两金属表面完全分隔开，所以两金属表面相互运动时，表面间的微观峰顶仍将相互搓削，摩擦、磨损现象仍然存在。边界摩擦状态虽不能完全消除磨损，但能有效地减轻磨损。这种摩擦状态的摩擦因数 f 约为 0.1。

3. 液体摩擦

若两摩擦表面间有充足的润滑油，则在一定的条件下，两摩擦表面间能形成足够厚的润滑油膜，将两金属表面完全分隔开（图 12-1d）。由于两金属表面不直接接触，因此，在做相对运动时，只需克服液体的内摩擦，所以摩擦因数很小，$f = 0.001 \sim 0.008$。这是一种理想的摩擦状态。

4. 混合摩擦

若摩擦表面间的摩擦状态介于边界摩擦和液体摩擦之间时，称为混合摩擦，或称为非液体摩擦状态。

在一般机器中，多数滑动摩擦副处于非液体摩擦状态。这种摩擦状态能有效地降低摩擦、减轻磨损。所以，设计非液体摩擦轴承时，必须维持这种摩擦状态。对于高速、重载、高精度和重要机械设备上的轴承，应实现液体摩擦状态。无润滑的干摩擦状态必须避免。

二、滑动轴承的分类

根据工作时的摩擦状态不同，滑动轴承分为液体摩擦滑动轴承和非液体摩擦滑动轴承两类。液体摩擦滑动轴承根据油膜形成方法的不同又分为液体动压轴承和液体静压轴承。

根据承受载荷的方向不同，滑动轴承分为径向轴承和推力轴承，前者承受径向载荷（轴承的反作用力与轴的中心线垂直）；后者承受轴向载荷（轴承的反作用力与轴的中心线方向一致）。

三、滑动轴承的应用

液体摩擦滑动轴承具有承载能力大、抗冲击、工作平稳、噪声低、回转精度高和摩擦、磨损小等优点。因此，液体摩擦滑动轴承在高速、重载、高精度场合，如汽轮机、大型电机、离心式压缩机、轧钢机、精密机床中得到广泛应用。非液体摩擦滑动轴承结构简单、制造容易、成本低，所以，在要求不高、低速、有冲击的机器，如水泥搅拌机、滚筒清砂机、破碎机、卷扬机等机械中获得广泛应用。本章主要介绍非液体摩擦滑动轴承的设计问题。

四、滑动轴承的设计内容

正确设计滑动轴承，应合理解决以下问题：
1）选择和确定轴承的类型及结构形式。
2）选择和确定轴瓦的材料和结构。
3）选择润滑剂和润滑方法。
4）计算轴承的工作能力。

第二节 滑动轴承的典型结构

一、径向滑动轴承的结构

径向滑动轴承的结构形式主要有整体式、剖分式和调心式等。

1. 整体式径向滑动轴承

整体式径向滑动轴承主要由轴承座 1 和轴套 2 组成，轴套用紧定螺钉 3 固定在轴承座上，如图 12-2 所示。轴承座用地脚螺栓固定在机座上，顶部设有装油杯的螺纹孔，轴承座的材料一般为铸铁。轴套用减摩材料制成，压入轴承孔内，轴套上开有油孔，并在内表面上开出油沟以输送润滑油。

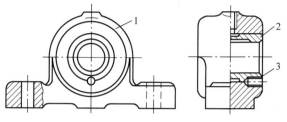

图 12-2　整体式径向滑动轴承

1—轴承座　2—轴套　3—紧定螺钉

整体式轴承结构简单，制造方便，成本低廉。但轴套磨损后，轴颈与轴承间的间隙无法调整，必须通过轴向移动来装拆轴。因装拆不便，故一般用于低速、轻载、间歇工作处，如手动机械、低速输送机械等。

2. 剖分式径向滑动轴承

剖分式径向滑动轴承由轴承座 1，轴承盖 2，剖分（或整体）轴瓦 3、4 和连接螺栓（或双头螺柱）5 等组成，如图 12-3 所示。在轴瓦内壁不承载表面上开设油沟和油孔，润滑油通过油孔和油沟流入轴承间隙。轴承盖和轴承座的剖分面常做成阶梯形，以便定位和防止工作时发生横向错动。多数轴承的剖分面是水平的，也有倾斜的（图 12-4），这要由载荷的方向而定。若载荷方向有较大偏斜时，则轴承剖分面应呈 45°偏斜布置。

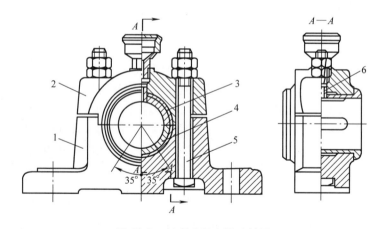

图 12-3　剖分式径向滑动轴承

1—轴承座　2—轴承盖　3—上轴瓦　4—下轴瓦　5—连接螺栓　6—轴瓦固定套

剖分式轴承装拆方便，当轴瓦磨损后可以用减少剖分面处的垫片厚度来调节径向间隙，但调节后应刮修轴承内孔。由于剖分式轴承克服了整体式轴承的缺点，故应用广泛。

3. 调心式滑动轴承

为了避免因轴的挠曲而引起轴颈与轴瓦两端的边缘接触（图 12-5a），造成剧烈发热和早期磨损，通常限制轴承宽度 B 与直径 d 的比值（B/d 称为宽径比）。当 $B/d>1.5$ 时，应采用调心式轴承，如图 12-5b 所示。这种轴承的轴瓦与轴承座呈球面接触，当轴颈倾斜时，轴瓦可自动调心。

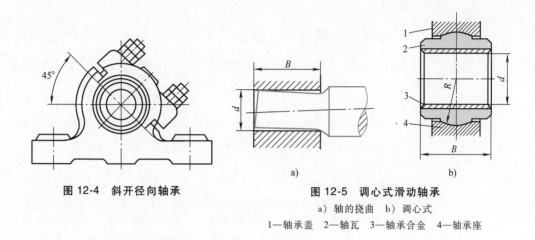

图 12-4　斜开径向轴承

图 12-5　调心式滑动轴承
a）轴的挠曲　b）调心式
1—轴承盖　2—轴瓦　3—轴承合金　4—轴承座

二、推力滑动轴承的结构

推力轴承用来承受轴向载荷，当与径向轴承联合使用时，可用于同时承受径向和轴向载荷的场合。推力轴承由轴承座和推力轴颈组成。常见的轴颈结构见表12-1。由表图知，推力轴承的工作表面可以是轴的端面或轴上的环面。由于支承面上离中心越远处其相对滑动速度越大，磨损也越快，故实心轴承端面上的压力分布不均匀，靠近中心处的压力高。因此，一般推力轴承采用空心轴颈或多环轴颈。多环轴颈不仅能承受较大的轴向载荷，还可以承受双向轴向载荷。推力轴承轴颈的基本尺寸可按表12-1中的经验公式确定。

表 12-1　常见的推力滑动轴承轴颈结构及尺寸

空 心 式	单 环 式		多 环 式
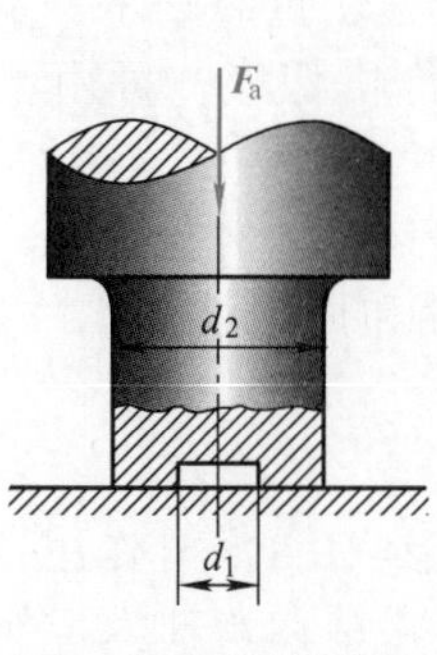	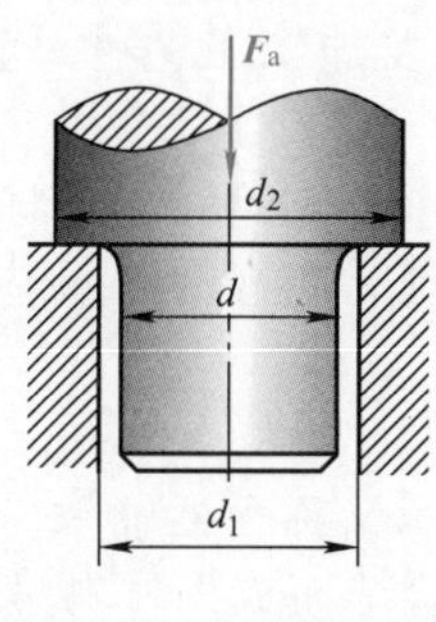	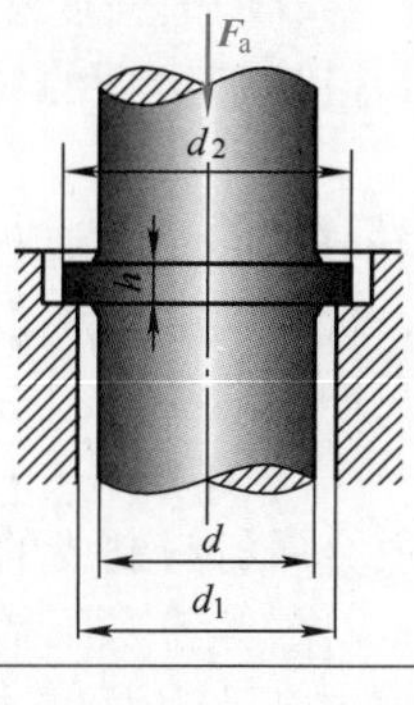	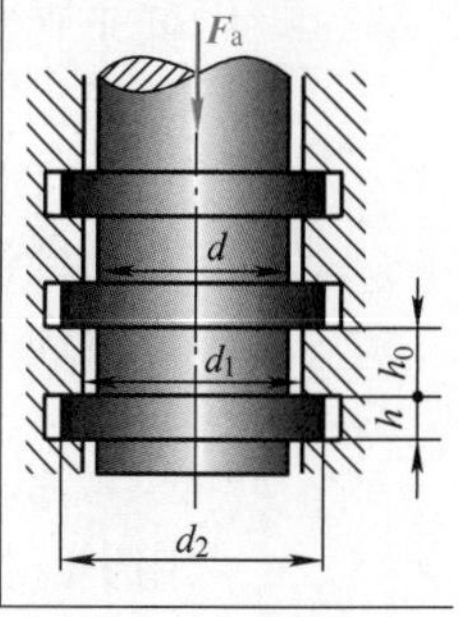
d_2 由轴的结构设计拟定，$d_1 = (0.4 \sim 0.6) d_2$ 若结构上无限制，$d_1 = 0.5 d_2$	d_1、d_2 由轴的结构设计拟定	d 由轴的结构设计拟定，$d_2 = (1.2 \sim 1.6) d$，$d_1 = 1.1d$，$h = (0.12 \sim 0.15) d$，$h_0 = (2 \sim 3) h$	

第三节　轴　瓦

轴瓦是滑动轴承中的关键零件，其工作表面既是承载表面，又是摩擦表面。因此，轴瓦的材料选取是否适当以及结构是否合理，对滑动轴承的性能将产生很大的影响。

一、轴瓦和轴承衬的材料

轴瓦常见的失效形式是：轴瓦磨损、胶合、压溃、腐蚀、疲劳剥落和轴承衬脱落等。

根据轴瓦的失效形式分析，对轴承材料的基本要求是：要有足够的强度；良好的减摩性和耐磨性；良好的塑性、顺应性和嵌入性；良好的导热性和抗胶合性。

常用的轴承材料有金属材料、多孔质金属材料和非金属材料。

1. 金属材料

（1）轴承合金　轴承合金（又称白合金、巴氏合金）是在软基体金属（如锡、铅）中加入适量硬质合金颗粒（如锑或铜）而形成的。软基体具有良好的塑性、顺应性和嵌入性，而硬质金属颗粒则起到支承载荷、抵抗磨损的作用。按基体材料的不同，可分为锡锑轴承合金和铅锑轴承合金两大类。锡锑轴承合金的摩擦因数小、抗胶合性能良好、对油的吸附性强，耐腐蚀、易磨合，是优良的轴承材料，常用于高速、重载的轴承。但其价格较高且机械强度较差，因此作为轴承衬材料浇注在钢、铸铁或青铜轴瓦上。铅锑轴承合金的各种性能与锡锑轴承合金接近，但材料较脆，不宜承受较大的冲击载荷，一般用于中速、中载的轴承。

（2）铜合金　它是铜与锡、铅、锌、铝的合金，是广泛使用的轴承材料。铜合金分青铜和黄铜两类，其中青铜最为常用。青铜强度高、耐磨性和导热性好，但可塑性及磨合性较差，因此与之相配的轴颈必须淬硬。青铜可以单独做成轴瓦，但为了节省非铁（有色）金属，也可将青铜浇注在钢或铸铁轴瓦内壁上。青铜有锡青铜、铅青铜和铝青铜等几种。其中，锡青铜的减摩性、耐磨性和耐蚀性能好，适用于中速、重载轴承；铅青铜具有较高的抗胶合能力和冲击强度，适用于高速、重载轴承；铝青铜的强度和硬度都较高，适用于低速、重载轴承。黄铜的减摩性低于青铜，但具有优良的铸造及加工工艺性，且价格低廉，可用于低速、中载轴承。

（3）铸铁　包括普通灰铸铁、耐磨铸铁和球墨铸铁。铸铁具有一定的减摩性和耐磨性，价格低廉，易于加工。但塑性、顺应性和嵌入性差，故适用于轻载、低速和不受冲击的场合。

2. 多孔质金属材料

多孔质金属材料制成的轴承又称含油轴承，它具有自润滑作用。这种材料是用铜、铁、石墨等粉末压制、烧结而成，材料呈多孔结构，轴承工作前经热油浸泡，使孔隙内充满润滑油。工作时由于热膨胀以及轴颈转动的抽吸作用，使油自动进入润滑表面；不工作时因毛细管作用，油被吸回轴承内部，因此在较长时间内，轴承不加润滑油也能很好地工作。常用的多孔质金属材料有铁基和铜基两种，具有成本低、含油量多和强度高等特性。这种材料适用于不便加油，无冲击，中、低速的场合。

3. 非金属材料

非金属材料主要有塑料、石墨、陶瓷、木材和橡胶等。塑料轴承的塑性、磨合性、耐蚀性、耐磨性好，具有一定的自润滑作用。但其导热性差，所以要注意冷却，可用于不宜使用润滑油的机器中。

橡胶轴承是用硬化橡胶制成的，由于橡胶弹性大，所以可用于有振动的机器，也用于水润滑且有灰尘或泥砂的场合。

常用轴承材料及其基本性能见表 12-2。

表 12-2　常用轴承材料及其基本性能

轴 承 材 料		最大许用值			最高工作温度/℃	硬度HBW	性能比较			
		$[p]$/MPa	$[v]$/(m/s)	$[pv]$/(MPa·m/s)			摩擦相容性	嵌入性、顺应性	耐蚀性	抗疲劳性
锡基轴承合金	ZSnSb12Pb10Cu4	25	80	20	150	29	优	优	优	劣
铅基轴承合金	ZPbSb16Sn16Cu2	15	12	10		30	优	优	中	劣
锡青铜	ZCuSn10P1	15	10	15	280	90	中	劣	优	优
	ZCuSn5Pb5Zn5	8	3	15		65				
铅青铜	ZCuPb30	25	12	30		25	良	良	劣	良
铁青铜	ZCuAl10Fe3	15	4	12		110	劣	劣	良	良
耐磨铸铁	锑铜铸铁	—	—	—		220	劣	劣	优	优
	铬铜铸铁	9	—	—						
灰铸铁	HT150~HT250	1~4	0.5~2	—	—	—	劣	劣	优	优

二、轴瓦结构

径向轴瓦有整体式和剖分式两种结构。整体式轴瓦按材料和制法可分为卷制轴套（图 12-6）、双金属轴套、整体轴套（图 12-7）和粉末冶金轴套等。剖分式轴瓦分为厚壁轴瓦和薄壁轴瓦两种，厚壁轴瓦采用离心铸造法，在铸铁、铜或青铜轴瓦内表面上浇注一层轴承合金。为使轴承衬与轴瓦贴合牢固，常在轴承内表面上制出沟槽或螺纹（图 12-8）。

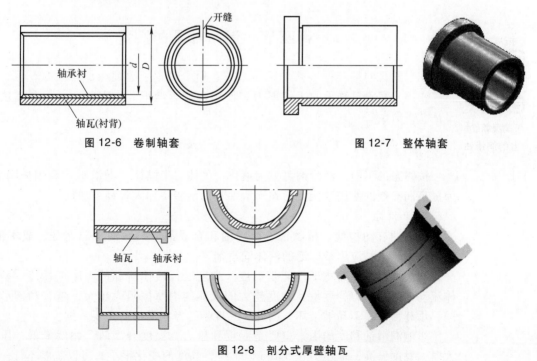

图 12-6　卷制轴套　　　　　　　　　　　图 12-7　整体轴套

图 12-8　剖分式厚壁轴瓦

薄壁轴瓦可采用轧制或烧结法制造。在钢背上用轧制或金属粉末烧结的方法，使轴瓦材料贴附在钢背上，然后经冲裁、弯曲成形及精加工等工序制成（图 12-9）。薄壁轴瓦适用于大批量生产，在汽车发动机上广泛应用。

为了使润滑油能流到轴瓦的整个工作面上，轴瓦上要开出油孔和油沟。图 12-10 所示为几种常见的油沟形式。通常油孔和油沟开在非承载区，这样可以保证承载区油膜的连续性，提高承载能力，使润滑油能均匀地分布在整个轴颈长度上。

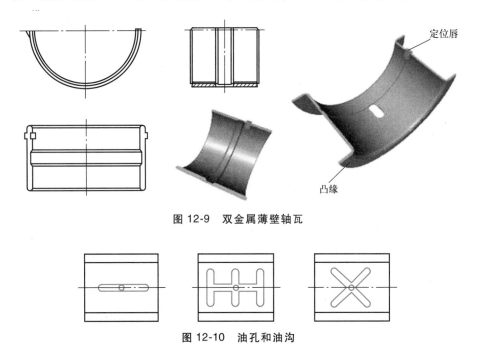

定位唇

凸缘

图 12-9 双金属薄壁轴瓦

图 12-10 油孔和油沟

第四节 滑动轴承的润滑

拓展视频

抗美援朝战场
上的润滑油

润滑的目的是降低摩擦功耗、减小磨损，同时还起到冷却、吸振、防锈和密封等作用。润滑对轴承的工作能力和使用寿命影响很大。因此，必须合理选择润滑剂及润滑装置。

一、润滑剂

按物态的不同，润滑剂可分为液体、气体、半固体（润滑脂）和固体润滑剂。为提高润滑剂的使用性能，常在润滑油和润滑脂中加入各种添加剂。

1. 润滑油

润滑油有动物油、植物油、矿物油和合成油。矿物油来源充分、成本低廉、适用范围广，是应用最广泛的液体润滑剂。

润滑油最主要的物理性能是黏度。黏度表征液体流动的内摩擦性能，是对液体流动内摩擦阻力的度量。黏度越大的液体的内摩擦阻力越大，越有利于形成油膜，承载后油膜不易被破坏。因此，黏度是选择润滑油的主要依据。

影响润滑油黏度的因素主要是温度和压力。温度升高时，黏度降低；压力增大时，黏度升高，但压力在 5MPa 以下时，黏度的变化很小，可以忽略不计。选择润滑油时，应考虑速度、载荷和环境等条件。对于速度低、载荷大、温度高的轴承应选用黏度大的油；反之，选用黏度小的油。

滑动轴承润滑油的选择见表 12-3。

表 12-3　滑动轴承润滑油的选择（非液体润滑，工作温度为 10~60℃）

轴径圆周速度 v/(m/s)	轻载（$p_m < 3\text{MPa}$）		中载（$p_m = 3~7.5\text{MPa}$）		重载（$p_m > 7.5\text{MPa}$）	
	运动黏度 ν_{40} /($10^{-6} \cdot \text{m}^2/\text{s}$)	润滑油牌号	运动黏度 ν_{40} /($10^{-6} \cdot \text{m}^2/\text{s}$)	润滑油牌号	运动黏度 ν_{40} /($10^{-6} \cdot \text{m}^2/\text{s}$)	润滑油牌号
<0.1	80~150	LAN100、150	140~220	LAN150、220	470~220	LAN460、680、1000
0.1~0.3	65~120	LAN68、100	120~170	LAN100、150	250~600	LAN220、320、460
0.3~1.0	45~75	LAN46、68	100~125	LAN100	90~350	LAN100、150、220、320
1.0~2.5	40~75	LAN32、46、68	65~90	LAN68、100		
2.5~5.0	40~45	LAN32、46				
5~9	15~50	LAN15、22、32、46				
>9	5~23	LAN7、10、15、22				

2. 润滑脂

润滑脂是在润滑油内加入稠化剂（如钙、钠、铝、锂等金属皂）混合稠化而成的一种膏状的半固体润滑剂。按所用金属皂的不同，润滑剂主要有：

（1）钙基润滑脂　耐水性好，但耐热性较差（使用温度不超过 60℃）。

（2）钠基润滑脂　有较好的耐热性（使用温度可达 140℃），但耐水性较差。

（3）锂基润滑脂　其耐热性和耐水性都较好，使用温度在 -20~150℃。

润滑脂常用于低速、重载和为避免润滑油流失或不易补充润滑剂的场合。

润滑脂的主要性能指标是针入度和滴点。针入度表示润滑脂的黏稠程度，它是用 150g 的标准圆锥体放于 25℃ 的润滑脂中，经 5s 后沉入的深度（单位为 0.1mm）表示。针入度越小，则润滑脂越黏稠。滴点是指润滑脂在滴点计中受热后滴下第一滴油时的温度。滴点标志润滑脂的耐高温能力。选用时应使润滑脂的滴点高于工作温度 20℃ 以上。

3. 固体润滑剂

固体润滑剂有石墨、二硫化钼（MoS_2）、聚四氟乙烯等。它通常与润滑油或润滑脂混合使用，也可以单独涂覆、烧结在摩擦表面形成覆盖膜，或者混入金属或塑料粉末中烧结成形，制成各种耐磨零件。

石墨性能稳定，在 350℃ 以上才开始氧化，并可在水中工作。聚四氟乙烯摩擦因数小，只有石墨的一半。二硫化钼吸附性强，摩擦因数小，使用温度范围广（-60~300℃），但遇水后性能会下降。

二、润滑方法

润滑方法是指向摩擦副表面供给润滑剂的方法。下面介绍几种常用的润滑方法。

1. 人工加油润滑

这是最简单的间断供油方法，用于低速、轻载、间歇工作和不重要的场合。人工加润滑油是用油壶向油孔注油。为防止污物进入油孔，可在油孔中安装压配式注油杯（图 12-11）或旋套式注油杯（图 12-12）。

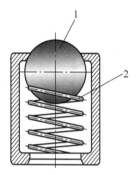

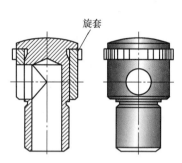

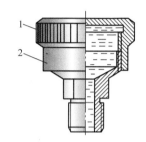

图 12-11　压配式注油杯　　　图 12-12　旋套式注油杯　　　图 12-13　旋盖式油杯（黄油杯）
1—钢球　2—弹簧　　　　　　　　　　　　　　　　　　　　1—杯盖　2—杯体

图 12-13 所示是用于润滑脂的旋盖式油杯，可以通过旋转杯盖将杯内的润滑脂定期挤入轴承中。

2. 滴油润滑

润滑油通过润滑装置连续滴入轴承间隙中进行润滑。常用的润滑装置有油绳式弹簧盖油杯（图 12-14）和针阀式油杯（图 12-15）。

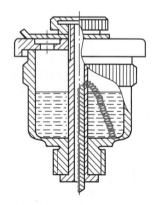

图 12-14　油绳式弹簧盖油杯

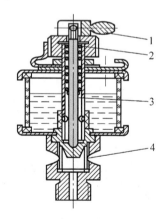

图 12-15　针阀式油杯
1—手柄　2—调节螺母
3—针阀　4—观察孔

油绳式弹簧盖油杯是利用棉线的毛细管作用，将油从油杯中不断吸入轴承。这种油杯结构简单，但供油量不能调节，机器停止后仍继续供油。

针阀式油杯是一种常用的润滑装置，当手柄 1 扳倒时，针阀被提起，底部油孔打开，油杯中的油流进轴承。调节螺母 2 可控制针阀 3 提升的高度，从而调节进油量。

3. 油环润滑

油环润滑如图 12-16 所示。轴颈上套有一油环，油环下部浸入油池中，当轴颈旋转时，靠摩擦力带动油环旋转，把油引入轴承。油环润滑适用的转速范围为 100～2000r/min。

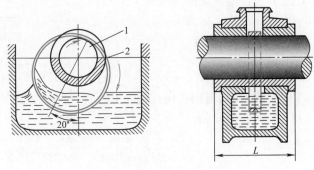

图 12-16　油环润滑

1—轴颈　2—油环

除了以上介绍的几种润滑方法外，还有飞溅润滑、压力润滑等。前者是利用转动零件（如齿轮或装在轴上的甩油盘）浸入油池，在旋转时把润滑油溅到轴承中进行润滑。后者是用油泵把油注入轴承中进行润滑。压力润滑的供油量充分，润滑和冷却效果好，适用于高速、重载的场合。缺点是供油设备结构复杂。

润滑方法的选择，可根据下述经验公式确定

$$K = \sqrt{pv^3} \tag{12-1}$$

式中，K 为选择参数；p 为轴承的压强（MPa）；v 为轴颈圆周速度（m/s）。

当 $K \leqslant 2$ 时，采用脂润滑，旋盖式油杯；$K > 2 \sim 16$ 时，采用油润滑，针阀式油杯；$K > 16 \sim 32$ 时，采用油润滑，油环、飞溅或压力循环润滑；$K > 32$ 时，采用压力润滑。

第五节　非液体摩擦滑动轴承的计算

非液体摩擦滑动轴承的主要失效形式为过度磨损和胶合，在变载荷条件下工作的轴承还可能发生疲劳破坏。

非液体摩擦滑动轴承的设计依据是维持边界油膜不遭破坏。由于影响边界油膜破裂的因素很复杂，目前尚缺乏可靠的计算方法。因此，通常采用条件性的计算方法。即：

1）为防止过度磨损而限制轴承的压强 p。

2）为防止轴承温升过高时发生胶合而限制 pv 值。

3）为防止轴承边缘局部发生严重磨损而限制滑动速度 v。

一、径向滑动轴承

设计轴承时通常已知轴颈直径 d、轴的转速 n 和载荷 F，然后按以下步骤进行计算：

1. 确定轴承类型

根据工作条件和使用要求，确定轴承类型和结构，并按表 12-2 选取轴瓦材料。

2. 确定轴承宽度

根据轴承的宽径比 B/d（一般推荐用 $B/d = 0.5 \sim 1.5$），确定轴承宽度 B（图 12-17）。

3. 校核轴承工作能力

（1）校核轴承压强 p

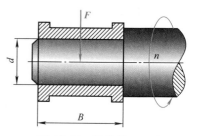

图 12-17　计算轴颈尺寸

$$p = \frac{F}{Bd} \le [p] \qquad (12-2)$$

式中，$[p]$ 为轴瓦材料的许用压强（MPa），见表 12-2。

（2）校核轴承 pv 值

$$pv = \frac{F}{Bd} \frac{\pi dn}{60 \times 1000} = \frac{Fn}{19100B} \le [pv] \qquad (12-3)$$

式中，$[pv]$ 为轴瓦材料的许用 pv 值（MPa·m/s），见表 12-2。

（3）校核滑动速度 v

$$v = \frac{\pi dn}{60 \times 1000} \le [v] \qquad (12-4)$$

式中，$[v]$ 为轴瓦材料的许用 v 值（m/s），见表 12-2。

对于低速或间歇转动轴的轴承只需进行压强校核。

校核结果不能满足要求时，应根据具体情况改选轴瓦材料或改变轴承尺寸（B 或 d），直到满足要求为止。

4. 选择轴承配合

根据不同的使用条件选择轴承的配合，以保证适当的间隙和旋转精度。具体选择时可参考表 12-4。

表 12-4　非液体摩擦滑动轴承的常用配合及应用

配合符号	应 用 举 例
H7/g6	磨床与车床分度头主轴承
H7/f7	铣床、钻床及车床轴承，汽车发动机曲轴的主轴承及连杆轴承，齿轮减速器及蜗杆减速器轴承
H9/f9	电动机、离心泵、风扇及齿轮轴的轴承，蒸汽机与内燃机曲轴的主轴承和连杆轴承
H11/d11	农业机械用轴承
H7/e8	汽轮机和内燃机凸轮轴、高速转轴、刀架丝杠、机车多支点轴轴承

二、推力滑动轴承

非液体摩擦推力滑动轴承的计算与径向滑动轴承相似。多环推力轴承校核公式如下：

1. 校核轴承压强 p

$$p = \frac{F_a}{\frac{\pi}{4}(d_2^2 - d_1^2)z} \le [p] \qquad (12-5)$$

式中，F_a 为作用在轴承上总的轴向载荷（N）；d_2 为环形支承面外径（mm）；d_1 为环形支承面内径（mm）；z 为环数；$[p]$ 为推力轴瓦的许用压强（MPa），见表 12-5。

2. 校核 pv_m 值

$$pv_m \leqslant [pv] \tag{12-6}$$

式中，v_m 为环形支承面平均直径 d_m 处的圆周速度（m/s）。

$$v_m = \frac{\pi d_m n}{60 \times 1000}, \quad d_m = \frac{d_2 + d_1}{2}$$

许用值 $[pv]$ 可由表 12-5 查取。由于推力轴承压力分布不均匀和润滑条件差，所以 $[p]$ 与 $[pv]$ 值比径向轴承低很多。

表 12-5 推力轴瓦材料 $[p]$ 及 $[pv]$ 值

轴 颈	轴 瓦	$[p]$/MPa	$[pv]$/(MPa·m/s)
未淬火钢	铸铁	2.0~2.5	
	青铜	4~6	
	轴承合金	5~6	1~2.5
淬火钢	铸铁	7.5~8	
	青铜	8~9	
	轴承合金	12~15	

例 12-1　试设计绞车卷筒两端的非液体摩擦滑动轴承（图 12-18）。已知钢丝绳拉力 $F_W = 22$kN，卷筒转速 $n = 30$r/min，轴颈直径 $d = 55$mm，结构尺寸如图 12-18a 所示。

解　1. 求滑动轴承上的径向载荷 F

当钢丝绳在卷筒中间时，两端滑动轴承受力相等，且为钢丝绳上拉力的一半。但是，当钢丝绳绕在卷筒的边缘时，一侧滑动轴承上受力达最大值，为

$$F_A = F_B = F_W \times \frac{700}{800} = 22000 \times \frac{7}{8} \text{N} = 19250\text{N}$$

2. 求滑动轴承宽度

取宽径比 $B/d = 1.2$，此时 $B = 1.2 \times 55$mm $= 66$mm。

3. 校核轴承工作能力

（1）校核压强 p

$$p = \frac{F_A}{Bd} = \frac{19250}{66 \times 55}\text{MPa} = 5.3\text{MPa}$$

（2）校核 pv 值

$$pv = \frac{F_A n}{19100B} = \frac{19250 \times 30}{19100 \times 66}\text{MPa·m/s} = 0.46\text{MPa·m/s}$$

（3）校核 v 值

$$v = \frac{\pi dn}{60 \times 1000} = \frac{\pi \times 55 \times 30}{60 \times 1000}\text{m/s} = 0.09\text{m/s}$$

根据上述计算，由表 12-2 可知，选用铸锡铅青铜（ZCuSn5Pb5Zn5）作为轴瓦材料时足够安全，其 $[p] = 8$MPa，$[pv] = 15$MPa·m/s，$[v] = 3$m/s。也可选用铸铝铁青铜（ZCuAl10Fe3）作为轴瓦材料，其 $[p] = 15$MPa，$[pv] = 12$MPa·m/s，$[v] = 4$m/s。

4. 选择轴承配合

由于绞车卷筒轴转速低，要求不高，参照表12-4可选择H11/d11。

5. 选择润滑剂和润滑方法

$$K = \sqrt{pv^3} = \sqrt{5.3 \times (0.09)^3} = 0.06 < 2$$

故选用润滑脂润滑，采用旋盖式油杯，结构如图12-18b所示。

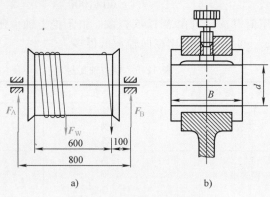

图 12-18　绞车卷筒的轴承
a）结构尺寸　b）结构图

第六节　滚动轴承的类型、代号和选择

一、滚动轴承的结构和类型

径向轴承一般由外圈1、内圈2、滚动体3和保持架4（部分轴承还有引导环5、密封6）组成，如图12-19a所示。内、外圈分别与轴颈和轴承座孔配合。当内、外圈相对转动时，滚动体沿滚道滚动。保持架的作用是将滚动体均匀地分隔开，避免滚动体直接接触产生磨损。推力轴承（图12-19b）的套圈分为轴圈和座圈，与轴配合的套圈称为轴圈，与轴承座或壳体相配合的套圈称为座圈。

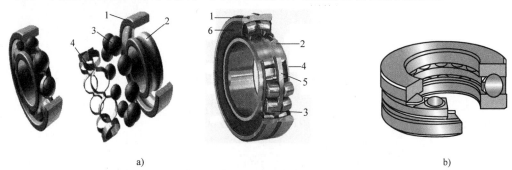

图 12-19　滚动轴承的结构
a）径向轴承　b）推力轴承
1—外圈　2—内圈　3—滚动体　4—保持架　5—引导环　6—密封

滚动轴承的内、外圈和滚动体应具有高的硬度和接触疲劳强度，良好的耐磨性和冲击韧性。一般用含铬轴承钢（GCr9、GCr15等）制造，经热处理后，硬度

不低于 60~65HRC，工作表面要求磨削抛光。保持架多采用钢板冲压后经铆接或焊接制成，也可采用黄铜、硬铝或塑料制成实体保持架。

与滑动轴承相比，滚动轴承具有摩擦阻力小、起动灵活、效率高、润滑方便和互换性好等优点；其缺点是抗干扰能力差，工作时有噪声，工作寿命不及液体摩擦的滑动轴承。滚动轴承已标准化，并由专业厂家生产，设计时可根据具体工作条件选用合适类型和尺寸的轴承，并合理进行滚动轴承的组合结构设计。

按照滚动体的形状，滚动轴承分为球轴承和滚子轴承。滚子又分为圆柱滚子、圆锥滚子、鼓形滚子和滚针（图 12-20）等。通常，相同直径的滚子轴承比球轴承承载能力大。

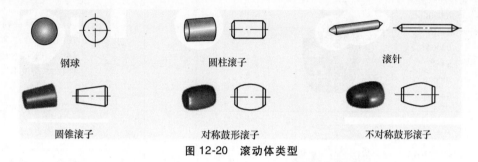

钢球　　　　　　　　　圆柱滚子　　　　　　　　　滚针

圆锥滚子　　　　　　对称鼓形滚子　　　　　　不对称鼓形滚子

图 12-20　滚动体类型

滚动轴承的类型很多，表 12-6 列出了常用滚动轴承的类型及主要性能。

表 12-6　常用滚动轴承的类型及主要性能

轴承类型及代号	结构图	载荷方向	极限转速	允许偏斜角	性能和应用
调心球轴承 10000			中	3°	主要承受径向载荷和较小的轴向载荷。外圈内表面为球面，故具有调心性能。适用于刚性小、对中性差的轴以及多支点的轴
调心滚子轴承 20000			低	2°~5°	性能同调心球轴承，但具有较大的承载能力。适用于其他类轴承不能胜任的重载荷场合，如轧钢机、破碎机、吊车走轮的轴承
圆锥滚子轴承 30000 $\alpha = 10° \sim 18°$ 30000B $\alpha = 27° \sim 30°$			中	2′	能同时承受较大的径向载荷和单向轴向载荷，内外圈可分离，装拆方便，一般成对使用。适用于刚性大、载荷大的轴，应用广泛
推力球轴承 50000	a) 单向(51000) b) 双向(52000)		低	不允许	只能承受轴向载荷，轴线必须与轴承底座面垂直，极限转速低。一般与径向轴承组合使用；当仅承受轴向载荷时，可单独使用，如起重机吊钩等

（续）

轴承类型及代号	结 构 图	载荷方向	极限转速	允许偏斜角	性能和应用
深沟球轴承 60000		↕	高	8′	主要承受径向载荷及较小的轴向载荷，极限转速高。适用于转速高、刚度大的轴，常用于中、小功率的轴
角接触球轴承 70000C $\alpha = 15°$ 70000AC $\alpha = 25°$ 70000B $\alpha = 40°$		↑→	高	2′~8′	能同时承受径向、轴向载荷，接触角 α 越大，轴向承载能力也越大，一般成对使用。适用于刚性较大、跨度不大、转速高的轴
圆柱滚子轴承 N0000		↑	较高	2′~4′	能承受大的径向载荷，不能承受轴向载荷，内外圈可分离。其结构形式有外圈无挡边（N），内圈无挡边（NU），外圈单挡边（NF），内圈单挡边（NJ）等

二、滚动轴承的代号

滚动轴承的类型很多，各类轴承又有不同的结构、尺寸、公差等级和技术要求，为便于设计时选用，GB/T 272—2017 规定了滚动轴承代号的表示方法。常用滚动轴承代号由基本代号、前置代号和后置代号组成，见表 12-7 。

表 12-7 滚动轴承代号的构成

前置代号	基 本 代 号					后 置 代 号
	五	四	三	二	一	
轴承分部件代号	类型代号	尺寸系列代号		内径代号		内部结构代号　　　公差等级代号 密封与防尘结构代号　游隙代号 保持架及其材料代号　多轴承配置代号 特殊轴承材料代号　　其他代号
		宽度系列代号	直径系列代号			

1. 基本代号

基本代号表示轴承的类型和尺寸，是轴承代号的核心。它由内径代号、尺寸系列代号和类型代号组成。

（1）内径代号　用基本代号右起第一、二位数字表示，对于常用轴承内径的表示方法见表 12-8，其他轴承内径的表示方法可查机械设计手册。

表 12-8 滚动轴承内径代号

内径代号	00	01	02	03	04~96
轴承内径/mm	10	12	15	17	内径代号×5

（2）尺寸系列代号　它由轴承的直径系列代号和宽（高）度系列代号组成。基本代号右起第三位数字是轴承的直径系列代号。为了适应不同工作条件的需要，对于内径相同的轴承可取不同的外径、宽度和滚动体。7、8、9、0、1、2、3、4、5 表示不同的尺寸系列，对应于相同内径轴承的外径尺寸依次递增。7 表示超特轻，8、9 表示超轻，0、1 表示特轻，2 表示轻，3 表示中，4 表示重，5 表示特重。部分直径系列之间的尺寸对比如图 12-21 所示。

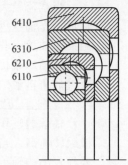

图 12-21　直径系列对比

基本代号右起第四位数字是宽度系列代号，它表示结构、内径和直径系列都相同的轴承可取不同的宽度。宽度系列代号为 0 表示正常，1 表示稍宽，2 表示宽，3、4、5、6 表示特宽。通常，除调心滚子轴承和圆锥滚子轴承外，宽度系列代号 0 可不标出。

（3）轴承类型代号　基本代号右起第五位数字或字母表示轴承类型，类型代号及意义见表 12-6。

2. 前置代号

轴承的前置代号表示成套轴承分部件，用字母表示。例如；L 表示可分离轴承的可分离内圈和外圈；K 表示滚子和保持架组件等。

3. 后置代号

用字母（或加数字）表示，具体表示内容见表 12-7，常用代号有：

（1）内部结构代号　表示同一类型轴承的不同内部结构。例如，角接触轴承的公称接触角 15°、25° 和 40°，可分别用 C、AC 和 B 表示等；同一类型的加强型用 E 表示。

（2）公差等级代号　轴承的公差等级分为六级，依次由高级到低级，其代号分别为/P2、/P4、/P5、/P6、/P6X 和/P0。其中，6X 级仅适用于圆锥滚子轴承；0 级为普通级，代号可省略。

（3）游隙代号　轴承的游隙分为 6 个组别，径向游隙依次由小到大。常用游隙组别为 "0 组"，在轴承代号中不标出，其余游隙组别分别用/C1、/C2、/C3、/C4、/C5 表示。

例 12-2　说明轴承代号 6206、7312AC/P4、31415E、N308/P5 的含义。

解　6206 表示深沟球轴承，正常宽度，轻系列，内径为 30mm，公差等级为 P0 级，游隙代号为 0 组。

7312AC/P4 表示角接触球轴承，正常宽度，中系列，内径为 60mm，接触角 $\alpha = 25°$，公差等级为 P4 级，游隙代号为 0 组。

31415E 表示圆锥滚子轴承，较宽，重系列，内径为 75mm，加强型，公差等级为 P0 级，游隙代号为 0 组。

N308/P5 表示圆柱滚子轴承，正常宽度，中系列，内径为 40mm，公差等级为 P5 级，游隙代号为 0 组。

三、滚动轴承的类型选择

选择滚动轴承的类型，应考虑轴承所承受载荷的大小、方向和性质，转速的高低，调心性能要求，轴承的装拆以及经济性等。

1. 轴承的载荷

当载荷较大且有冲击时，宜选用滚子轴承；当载荷较轻、冲击较小时，选球轴承。当轴承承受纯径向载荷时，选用向心轴承；当轴承承受纯轴向载荷时，选用推力轴承。若轴承同时承受径向和轴向载荷，当轴向载荷相对较小时，可选用深沟球轴承或接触角较小的角接触球轴承；当轴向载荷相对较大时，应选接触角较大的角接触球轴承或圆锥滚子轴承。

2. 轴承转速

轴承的工作转速应低于其极限转速。球轴承（推力球轴承除外）比滚子轴承极限转速高。当转速较高时，应优先选用球轴承。在同类型轴承中，直径系列中外径较小的轴承，宜用于高速，外径较大的轴承，宜用于低速。实体保持架能承受更高的转速。

3. 轴承调心性能

当轴的弯曲变形大、跨距大、轴承座刚度低或多支点轴及轴承座分别安装难以对中的场合，应选用调心轴承。

4. 轴承的装拆

对需要经常装拆的轴承或支承长轴的轴承，为了便于装拆，宜选用内外圈可分离轴承，如 N0000，NA0000、30000 等。

5. 经济性

特殊结构轴承比一般结构轴承价格高；滚子轴承比球轴承价格高；同型号而不同公差等级的轴承，价格差别很大。所以，在满足使用要求的情况下，应优先选用球轴承和 0 级（普通级）公差轴承。

第七节　滚动轴承的失效形式和选择计算

一、失效形式

滚动轴承工作时，内外套圈与滚动体之间既有自转又有公转。因此，在安装、润滑、维护良好的条件下，滚动体和套圈接触处受脉动循环的变应力作用，会产生疲劳点蚀，使运转的轴承产生振动、噪声和发热，使轴承的旋转精度降低，导致轴承失效。

对于转速很低或间歇摆动的轴承，在过大的静载荷或冲击载荷的作用下，会使轴承元件接触处产生不均匀的塑性变形凹坑，增大摩擦，降低运转精度。这类轴承一般不会产生疲劳点蚀。

由于结构设计、装配、润滑、密封、维护不当等原因，可能导致轴承过度磨损、胶合、内外套圈断裂、烧伤、滚动体和保持架破裂等失效形式。

二、设计准则

为保证轴承正常工作，应针对其主要失效形式进行承载能力或寿命计算。

对于一般转动的轴承，疲劳点蚀是其主要失效形式。故应进行寿命计算。

对于摆动或转速极低的轴承，塑性变形是其主要失效形式。故应进行静强度计算。

对于高速运转轴承，疲劳点蚀、磨损和过热烧伤是其主要失效形式。除进行寿命计算外，还应验算其极限转速。

三、滚动轴承的寿命计算

1. 滚动轴承的寿命和基本额定寿命

单个轴承中的任一元件出现疲劳点蚀前，两套圈相对转动的总转数或某一恒定转速下工作小时数称为该轴承的寿命。

由于材质和热处理的不均匀及制造误差等因素，即使是同一型号、同一批生产的轴承，在同样条件下工作，其寿命也各不相同。图 12-22 所示为试验所得的轴承寿命分布曲线。可以看出，轴承寿命呈现很大的离散性，最高寿命与最低寿命可相差几十倍。为此，引入一种在概率条件下的基本额定寿命作为轴承计算的依据。

轴承的基本额定寿命是指一组相同的轴承在相同条件下运转，其中 90% 的轴承不发生疲劳点蚀前的总转数 L_{10}（单位为 10^6 r）或在给定恒转速下的总工作小时数 L_h，即可靠度 $R = 90\%$（或失效概率 $R_f = 10\%$）时的轴承寿命。

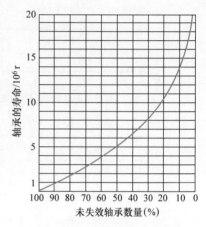

图 12-22　轴承寿命分布曲线

2. 滚动轴承的基本额定动载荷

轴承的寿命与所受载荷的大小有关，当轴承的基本额定寿命 L_{10} 为 10^6 r 时，轴承所能承受的最大载荷为基本额定动载荷，用 C 表示。各种型号轴承的 C 值可从机械设计手册中查取。对于径向轴承，基本额定动载荷是指纯径向载荷，对于向心推力轴承，基本额定动载荷是指径向分量，统称为径向基本额定动载荷，用 C_r 表示；对于推力轴承，基本额定动载荷是指纯轴向载荷，称为轴向基本额定动载荷，用 C_a 表示。基本额定动载荷 C 表征了不同型号轴承的抗疲劳点蚀失效的能力，C 值越大，轴承的承载能力越高，它是选择轴承型号的重要依据。

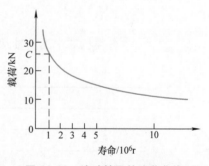

图 12-23　滚动轴承的疲劳曲线

3. 轴承寿命的计算公式

滚动轴承的载荷与寿命之间的关系，可用疲劳曲线表示，如图 12-23 所示。图中纵坐标表示载荷，横坐标表示寿命，其曲线方程为

$$P^\varepsilon L_{10} = 常数 \tag{12-7}$$

式中，P 为当量动载荷（N）；L_{10} 为基本额定寿命（10^6 r）；ε 为寿命指数，对球类轴承 $\varepsilon = 3$，对滚子类轴承 $\varepsilon = 10/3$。

由基本额定动载荷的定义可知，当轴承寿命 $L_{10} = 10^6$ r 时，轴承的载荷 $P = C$，由式（12-7），可得到滚动轴承寿命计算的基本公式为

$$L_{10} = \left(\frac{C}{P}\right)^\varepsilon \times 10^6 \tag{12-8}$$

以小时（h）表示的轴承寿命 L_h 计算公式为

$$L_h = \frac{10^6}{60n}\left(\frac{C}{P}\right)^\varepsilon = \frac{16667}{n}\left(\frac{C}{P}\right)^\varepsilon \tag{12-9}$$

式中，n 为轴承转速（r/min）。

标准中列出的基本额定动载荷 C 是在工作温度 $t \leqslant 120℃$ 下的轴承实验载荷值。当温度超过 120℃ 时，将对轴承元件的材料性能产生影响，需引入温度系数 f_t（表12-9），对轴承的基本额定动载荷值进行修正。

表 12-9　温度系数 f_t

轴承工作温度/℃	≤120	125	150	175	200	225	250	300
f_t	1.0	0.95	0.9	0.85	0.8	0.75	0.7	0.6

考虑到载荷性质对轴承工作的影响，引入载荷系数 f_P，见表 12-10。

表 12-10　载荷系数 f_P

载荷性质	f_P	举　例
无冲击或轻微冲击	1.0~1.2	电动机、汽轮机、通风机、水泵
中等冲击和振动	1.2~1.8	车辆、传动装置、起重机、内燃机、冶金设备、减速器
强大冲击和振动	1.8~3.0	破碎机、轧钢机、石油机械、振动筛

引入温度系数和载荷系数后，式(12-8)和式(12-9)变为

$$L_{10} = \left(\frac{f_t C}{f_P P}\right)^\varepsilon \times 10^6 \tag{12-10}$$

$$L_h = \frac{10^6}{60n}\left(\frac{f_t C}{f_P P}\right)^\varepsilon = \frac{16667}{n}\left(\frac{f_t C}{f_P P}\right)^\varepsilon \tag{12-11}$$

各类机器中滚动轴承的预期寿命 L_h' 可参照表 12-11 确定。

表 12-11　滚动轴承的预期寿命 L_h'

机　器　种　类		预期寿命/h
不经常使用的仪器及设备		300~3000
航空发动机		500~2000
间断使用的机械	中断使用不致引起严重后果的手动机械、农业机械等	3000~8000
	中断使用引起严重后果，如升降机、运输机、吊车等	8000~12000
每天工作8h的机械	利用率不高的齿轮传动、电动机等	10000~25000
	利用率高的通风设备、机床等	20000~30000
连续工作24h的机械	一般可靠性的空气压缩机、电动机、水泵等	40000~50000
	高可靠性的电站设备、给排水装置等	≈100000

综上所述，轴承寿命计算后应满足

$$L_h \geqslant L_h' \tag{12-12}$$

若将式（12-11）改写为

$$C_r \geqslant \frac{f_p P}{f_t}\left(\frac{L'_h n}{16667}\right)^{1/\varepsilon}$$

(12-13)

按式（12-13）计算出的 C_r，查机械设计手册确定滚动轴承的型号和尺寸。

4. 滚动轴承的当量动载荷

滚动轴承的基本额定动载荷是在一定的载荷条件下得到的，即径向轴承仅承受纯径向载荷 F_r，推力轴承仅承受轴向载荷 F_a。如果轴承同时承受径向载荷 F_r 和轴向载荷 F_a，在进行轴承寿命计算时，必须将实际载荷转换为与确定基本额定动载荷时的载荷条件相一致的假想载荷，在其作用下的轴承寿命与实际载荷作用下的轴承寿命相同，这一假想载荷称为当量动载荷，用 P 表示。其计算公式为

$$P = XF_r + YF_a$$

(12-14a)

式中，X 为径向载荷系数，Y 为轴向载荷系数，X、Y 值见表 12-12。

表 12-12 径向载荷系数 X 和轴向载荷系数 Y（摘自 GB/T 6391—2010）

轴承类型 名称	代号	相对轴向载荷 $\dfrac{14.7F_a}{C_{0r}}$	相对轴向载荷 $\dfrac{F_a}{C_0}$	$F_a/F_r \leqslant e$ X	$F_a/F_r \leqslant e$ Y	$F_a/F_r > e$ X	$F_a/F_r > e$ Y	判断系数 e
调心球轴承	10000	—	—	1	0	0.4	$0.4\cot\alpha$	$1.5\tan\alpha$
调心滚子轴承	20000	—	—	1	(Y_1)	0.67	(Y_2)	(e)
圆锥滚子轴承	30000	—	—	1	0	0.4	Y	(e)
深沟球轴承	60000	0.172	—	1	0	0.56	2.30	0.19
		0.345					1.99	0.22
		0.689					1.71	0.26
		1.030					1.55	0.28
		1.380					1.45	0.30
		2.070					1.31	0.34
		3.450					1.15	0.38
		5.170					1.04	0.42
		6.890					1.00	0.44
角接触球轴承	70000C $\alpha=15°$		0.015	1	0	0.44	1.47	0.38
			0.029				1.40	0.40
			0.058				1.30	0.43
			0.087				1.23	0.46
			0.120				1.19	0.47
			0.170				1.12	0.50
			0.290				1.02	0.55
			0.440				1.00	0.56
			0.580				1.00	0.56
	70000AC $\alpha=25°$		—	1	0	0.41	0.87	0.68
	70000B $\alpha=40°$		—	1	0	0.35	0.57	1.14

注：1. 表中括号内的系数 Y、Y_1、Y_2 和 e 的详值查机械设计手册，对不同型号的轴承，有不同的数值。α 为接触角。

2. 深沟球轴承的 X、Y 值仅适用于 0 组游隙的轴承，对应其他游隙组轴承的 X、Y 值可查机械设计手册。

3. 对深沟球轴承和角接触球轴承，先根据计算所得的相对轴向载荷值查出对应的 e 值，然后再得出相应的 X、Y 值。对于表中未列出的相对轴向载荷值，可用线性插值法求出相应的 e、X、Y 值。

对于只承受径向载荷 F_r 的轴承（如圆柱滚子轴承、滚针轴承），当量动载荷为

$$P = F_r \tag{12-14b}$$

对于只承受轴向载荷 F_a 的轴承（如推力球轴承），当量动载荷为

$$P = F_a \tag{12-14c}$$

角接触球轴承的载荷计算

5. 角接触球轴承和圆锥滚子轴承的轴向载荷计算

（1）内部轴向力　角接触球轴承和圆锥滚子轴承的滚动体与外圈接触处存在接触角 α，在承受径向载荷 F_r 时，会产生一个内部轴向力 F_S，如图 12-24 所示。内部轴向力等于轴承中承受载荷的各滚动体产生的轴向分力之和，即 $F_S = \Sigma F_{ri}\tan\alpha$。在计算角接触球轴承的轴向载荷时，必须同时考虑外加轴向载荷和轴承径向载荷产生的内部轴向力。

当半圈滚动体受载时，轴承内部轴向力 F_S 与径向载荷 F_r 的关系为

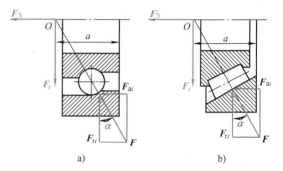

图 12-24　角接触球轴承的内部轴向力
a）角接触球轴承　b）圆锥滚子轴承

$$F_S \approx 1.25 F_r \tan\alpha \tag{12-15}$$

此时内部轴向力 F_S 的近似计算公式见表 12-13。

表 12-13　内部轴向力 F_S 的近似计算公式

轴承类型	角接触球轴承			圆锥滚子轴承
	70000C 型	70000AC 型	70000B 型	30000 型
F_S	eF_r [2]	$0.68F_r$	$1.14F_r$	$F_r/2Y$ [1]

[1] Y 是对应表 12-12 中 $F_a/F_r > e$ 的 Y 值。
[2] e 值由表 12-12 查取。

（2）角接触球轴承的装配形式　成对使用的角接触球轴承有两种装配形式：正装和反装，如图 12-25 所示。正装又称"面对面"安装，轴承外圈窄边相对，使载荷作用中心靠近，缩短轴的支承跨距，如图 12-25a 所示。反装又称"背靠背"安装，轴承外圈宽边相对，使载荷作用中心远离，加大轴的支承跨距，如图 12-25b 所示。采用正装时，两轴承的内部轴向力方向相对；采用反装时，两轴承的内部轴向力方向相背。

（3）成对安装角接触球轴承轴向载荷的计算　成对安装角接触球轴承的轴向载荷为受径向载荷 F_r 产生的内部轴向力 F_S 和外加轴向载荷 F_a 的综合作用。

以图 12-25a 正装形式为例，设轴所受的轴向载荷为 F_a，轴承 1 和轴承 2 所受径向载荷分别为 F_{r1} 和 F_{r2}，由 F_{r1} 和 F_{r2} 产生的内部轴向力分别为 F_{S1} 和 F_{S2}。

当 $F_a + F_{S2} > F_{S1}$ 时，整个轴有向左移动的趋势，则轴承 1 被"压紧"而轴承 2 被"放松"。根据轴向力平衡条件，轴承 1、2 所受的轴向载荷分别为

$$\left.\begin{array}{l} F_{a1} = F_a + F_{S2} \\ F_{a2} = F_{S2} \end{array}\right\} \tag{12-16}$$

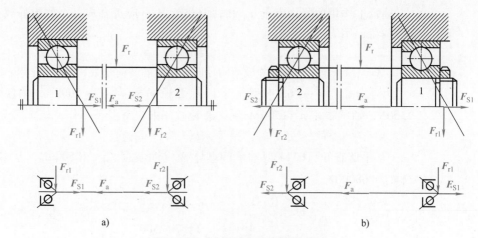

图 12-25 成对安装的角接触球轴承

a）正装 b）反装

当 $F_a + F_{S2} < F_{S1}$ 时，轴有向右移动的趋势，则轴承 2 被"压紧"，轴承 1 被"放松"。根据轴向力平衡条件，轴承 1、2 的轴向载荷分别为

$$\left.\begin{array}{l} F_{a2} = F_{S1} - F_a \\ F_{a1} = F_{S1} \end{array}\right\} \tag{12-17}$$

角接触球轴承轴向载荷的计算方法可归纳为：

1）根据轴承的安装方式，确定轴承的内部轴向力 F_{S1} 和 F_{S2} 的大小和方向。

2）根据轴承的内部轴向力 F_{S1}、F_{S2} 和外加轴向载荷 F_a 的合力指向，确定被"压紧"轴承和被"放松"轴承。

3）被"压紧"轴承的轴向载荷等于除本身内部轴向力以外的其余轴向力的代数和。

4）被"放松"轴承的轴向载荷等于本身的内部轴向力。

上述原则也适合于圆锥滚子轴承的轴向载荷确定。

四、滚动轴承的静强度计算

滚动轴承静强度计算的目的：限制轴承在静载荷或冲击载荷作用下产生过大的塑性变形。GB/T 4662—2012 规定：使受载最大的滚动体与滚道接触中心处的计算接触应力达到一定数值时的静载荷，称为基本额定静载荷，用 C_0 表示。C_0 值可由机械设计手册查出。

轴承静强度条件为

$$C_0 \geqslant S_0 P_0 \tag{12-18}$$

式中，S_0 为轴承静强度安全因数，其值可根据使用条件参考表 12-14 确定。

表 12-14 轴承静强度安全因数 S_0

旋转条件	载荷条件	S_0	使用条件	S_0
连续旋转轴承	普通载荷	1~2	高精度旋转场合	1.5~2.5
	冲击载荷	2~3	振动冲击场合	1.2~2.5
不常旋转及做摆动运动的轴承	普通载荷	0.5	普通旋转精度场合	1.0~1.2
	冲击及不均匀载荷	1~1.5	允许有变形量	0.3~1.0

轴承上作用的径向载荷 F_r 和轴向载荷 F_a，应折合成一个假想静载荷，称为当量静载荷，用 P_0 表示。

$$P_0 = X_0 F_r + Y_0 F_a \qquad (12\text{-}19)$$

式中，X_0 和 Y_0 分别为当量静载荷的径向和轴向静载荷系数，其值可查机械设计手册。

例 12-3　有一 6314 型轴承，所受径向载荷 $F_r = 5000\text{N}$，轴向载荷 $F_a = 2500\text{N}$，轴承转速 $n = 1500\text{r/min}$，有轻微冲击，常温下工作，试求其寿命。

解　1. 确定 C_r

从手册查知，6314 型轴承的基本额定动载荷 $C_r = 105000\text{N}$，基本额定静载荷 $C_{0r} = 68000\text{N}$。

2. 计算 $14.7F_a/C_{0r}$ 值，并确定 e 值

$$\frac{14.7F_a}{C_{0r}} = \frac{14.7 \times 2500}{68000} = 0.54$$

由表 12-12 查得

$14.7F_a/C_{0r}$	0.345	0.689
e	0.22	0.26

用线性插值法确定 e 值

$$e \approx 0.24$$

3. 计算当量动载荷 P

由式（12-14a）得

$$P = XF_r + YF_a$$

$$\frac{F_a}{F_r} = \frac{2500}{5000} = 0.5 > e$$

由表 12-12 查得 $X = 0.56$、$Y = 1.85$，则

$$P = (0.56 \times 5000 + 1.85 \times 2500)\text{N} = 7425\text{N}$$

4. 计算轴承寿命

由式（12-11）得

$$L_h = \frac{16667}{n}\left(\frac{f_t C}{f_P P}\right)^{\varepsilon}$$

由表 12-10 查得 $f_P = 1.0 \sim 1.2$，取 $f_P = 1.2$；由表 12-9 查得 $f_t = 1$（常温下工作）；6314 型轴承为深沟球轴承，寿命指数 $\varepsilon = 3$，则

$$L_h = \frac{16667}{1500}\left(\frac{1 \times 105000}{1.2 \times 7425}\right)^3 \text{h} = 18184\text{h}$$

例 12-4　在图 12-26 所示的轴上正装一对 30208 轴承，已知轴承所受径向载荷分别为 $F_{r1} = 1080\text{N}$，$F_{r2} = 2800\text{N}$，外加轴向载荷 $F_a = 230\text{N}$。试确定哪个轴承危险。

解　1. 计算内部轴向力 F_S

由表 12-13 查得　$F_S = \dfrac{F_r}{2Y}$

由手册查得　$Y = 1.6$，$e = 0.37$

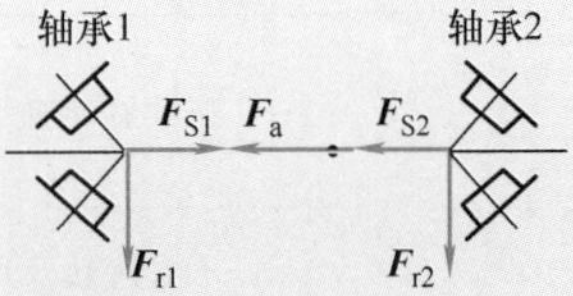

图 12-26　一对正装轴承

$$F_{S1}=\frac{F_{r1}}{2Y}=\frac{1080}{2\times1.6}N=337.5N,\ F_{S2}=\frac{F_{r2}}{2Y}=\frac{2800}{2\times1.6}N=875N$$

F_{S1}、F_{S2} 的方向如图 12-26 所示。

2. 计算轴承所受的轴向载荷

$$F_a+F_{S2}=(230+875)N=1105N>F_{S1}$$

轴有向左移动的趋势，轴承 1 被"压紧"，轴承 2 被"放松"。轴承所受的轴向载荷为

轴承 1　　　　　　　$F_{a1}=F_a+F_{S2}=(230+875)N=1105N$

轴承 2　　　　　　　　　　　$F_{a2}=F_{S2}=875N$

3. 计算当量动载荷 P

由式（12-14a）得　　　　　$P=XF_r+YF_a$

轴承 1　　　　　　　$\frac{F_{a1}}{F_{r1}}=\frac{1105}{1080}=1.023>e$

查表 12-12 及手册得　　　$X_1=0.4,\ Y_1=1.6$

$$P_1=(0.4\times1080+1.6\times1105)N=2200N$$

轴承 2　　　　　　　$\frac{F_{a2}}{F_{r2}}=\frac{875}{2800}=0.313<e$

查表 12-12 得　　　　　　$X_2=1,\ Y_2=0$

$$P_2=(1\times2800+0)N=2800N$$

$P_2>P_1$，轴承 2 危险。

第八节　滚动轴承的组合设计

为使轴承正常工作，除应正确选择轴承的类型和尺寸外，还应合理地进行轴承的组合设计。轴承组合设计主要是正确解决轴承的支承结构、固定、配合、调整、润滑和密封等问题。

一、滚动轴承的支承结构

滚动轴承的支承结构有三种基本形式：

1. 两端固定式

当轴承跨距较小（$L\leqslant350mm$）、工作温度不高时，可采用两端固定结构。图 12-27 所示为采用两个深沟球轴承的支承结构。这种结构是使两端轴承各限制轴在一个方向的轴向移动，两个轴承合在一起限制了轴的双向移动。为了补偿轴的受热伸长，

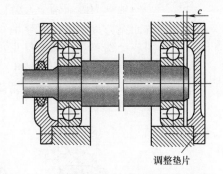

图 12-27　深沟球轴承两端固定的支承结构

可在一端轴承的外圈和轴承端面间留出 $c=0.2\sim0.4mm$ 的轴向间隙。

2. 一端固定，一端游动式

当轴的跨距较大（$L>350mm$）或工作温度较高时，轴的伸缩量较大，应采用一端固定一端游动的支承结构，如图 12-28 所示。固定端轴承用来限制轴两个方向

的轴向移动，而游动端轴承的外圈在机座孔内沿轴向游动或内圈沿轴向游动。

3. 两端游动式

图 12-29 所示为人字齿轮轴的结构，其两端均为游动支承。因人字齿轮的啮合作用，当大齿轮的轴向位置固定后，小齿轮轴的轴向位置将随之确定，如再将小齿轮轴的轴向位置也固定，则会发生干涉以至卡死。

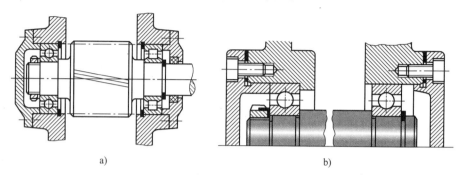

a)   b)

图 12-28　一端固定一端游动的支承结构

a）轴承内圈沿轴向游动　b）轴承的外圈在机座孔内沿轴向游动

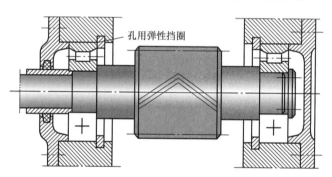

图 12-29　两端游动的支承结构

二、滚动轴承的轴向固定

要保证轴系正常工作，滚动轴承的内圈和外圈需要轴向固定。

轴承内圈在轴上通常以轴肩固定一端的位置，轴肩的高度不仅要保证与轴承端面充分接触，还要使轴承便于拆卸。若需两端固定时，另一端可用轴用弹性挡圈、轴端挡圈、圆螺母与止动垫圈等固定，如图 12-30 所示。弹性挡圈结构紧凑，装拆方便，用于承受较小的轴向载荷和转速不高的场合；轴端挡圈用螺钉固定在轴端，可承受中等轴向载荷；圆螺母与止动垫圈用于轴向载荷较大、转速较高的场合。

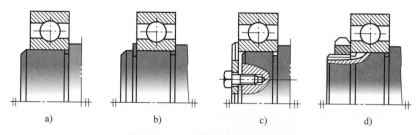

a)   b)   c)   d)

图 12-30　内圈的轴向固定装置

a）轴肩　b）轴用弹性挡圈　c）轴端挡圈　d）圆螺母与止动垫圈

　　轴承外圈在座孔中的轴向位置通常采用挡肩、轴承盖和孔用弹性挡圈等固定，如图 12-31 所示。座孔挡肩和轴承盖用于承受较大的轴向载荷，弹性挡圈用于承受较小的轴向载荷。

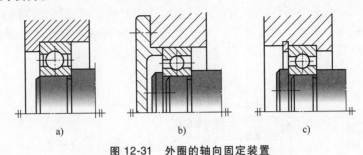

图 12-31　外圈的轴向固定装置

a）挡肩　b）轴承盖　c）孔用弹性挡圈

三、滚动轴承的配合

　　轴承的配合是指内圈与轴、外圈与座孔的配合。滚动轴承是标准件，因此轴承内圈与轴的配合采用基孔制，轴承外圈与座孔的配合采用基轴制。

　　轴承配合种类的选取应根据载荷的大小、方向、性质、工作温度、旋转精度和装拆等因素来确定。对于转动的套圈（内圈或外圈）采用较紧的配合，固定的套圈采用较松的配合；一般当转速越高、载荷越大、振动越大、旋转精度越高、工作温度越高时，应采用较紧的配合；经常拆卸或游动的套圈采用较松的配合。

　　在具体选择轴承与轴、座孔的配合时，可参阅机械设计手册。

四、滚动轴承的预紧

　　轴承的预紧是使滚动体和内、外圈之间产生一定的预变形，用以消除游隙，增加支承的刚性，减小轴运转时的径向和轴向摆动量，提高轴承的旋转精度，减少振动和噪声。但预紧力的选择要适当，过小达不到要求的效果，过大会影响轴承寿命。

　　常用的预紧方法有：用弹簧预紧（图 12-32a）；用锁紧圆螺母压紧一对磨窄的外圈预紧（图 12-32b）；用锁紧圆螺母压紧一对轴承中间装入长度不等的套筒预紧（图 12-32c）等。

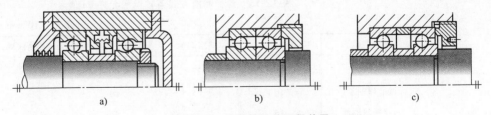

图 12-32　滚动轴承的预紧装置

a）弹簧预紧　b）磨窄外圈　c）长度不等的套筒

五、滚动轴承的装拆

　　对轴承进行组合设计时，必须考虑轴承的装拆。轴承的安装、拆卸方法，应根据轴承的结构、尺寸及配合性质来确定。装拆轴承的作用力应加在紧配合套圈端面上，不允许通过滚动体传递装拆压力，以免在轴承工作表面出现压痕，影响其正常工作。

为了不损伤轴承及轴，对于尺寸较大的轴承，可先将轴承放进温度低于100℃的油中预热，然后热装；中、小轴承可用软锤直接打入。拆卸轴承应借助压力机和其他拆卸工具。图12-33所示为滚动轴承的装拆工具。

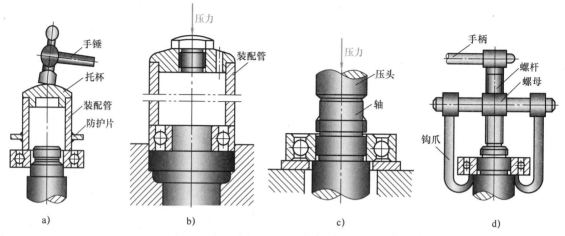

图 12-33　滚动轴承的装拆

a）用手锤将轴承装配到轴上　b）将轴承压装在壳体孔中
c）用压力机拆卸轴承　d）用拆卸器拆卸轴承

六、滚动轴承的润滑

滚动轴承润滑的目的是降低摩擦、减少磨损、散热、防锈、吸收振动、减小接触应力等。

常用的润滑剂为润滑油和润滑脂。润滑脂不易流失，密封和维护简单，一次装填可运转较长时间，脂的装填量不应超过轴承空间的 $1/3 \sim 1/2$。润滑油比润滑脂摩擦损耗小，且可起到散热和冷却作用，但密封要求较高。一般滚动轴承采用润滑脂润滑。

滚动轴承的润滑方式可根据 dn 值来确定 [d 为滚动轴承内径（mm）；n 为轴承转速（r/min）]，表12-15列出了各种润滑方式下轴承允许的 dn 值。

表 12-15　各种润滑方式下轴承的允许 dn 值

（单位：$10^4 \text{mm} \cdot \text{r/min}$）

轴承类型	脂润滑	油浴润滑	滴油润滑	循环油润滑	喷油润滑
深沟球轴承	16	25	40	60	>60
调心球轴承	16	25	40		
角接触球轴承	16	25	40	60	>60
圆柱滚子轴承	12	25	40	60	>60
圆锥滚子轴承	10	16	23	30	
调心滚子轴承	8	12		25	
推力球轴承	4	6	12	15	

七、滚动轴承的密封

轴承密封的目的是防止润滑剂流失和灰尘、水分及其他杂物等侵入。密封方式分为接触式和非接触式两类。

1. 接触式密封

（1）毡圈密封（图12-34）适用于接触处轴的圆周速度小于4~5m/s，温度低于90℃的脂润滑。毡圈密封结构简单，但摩擦较大。

（2）唇式密封圈（图12-35）适用于接触处轴的圆周速度小于7m/s，温度低于100℃的脂或油润滑。使用时注意密封唇方向朝向密

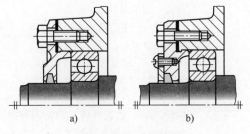

图12-34　毡圈密封

封部位，如密封唇朝向轴承，用于防止润滑剂泄出（图12-35a）；密封唇背向轴承，用于防止灰尘和杂物侵入（图12-35b）。必要时可以同时安装两个密封（图12-35c），以提高密封效果。唇式密封圈密封使用方便，密封可靠。

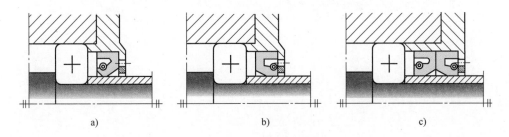

图12-35　唇式密封圈
a）密封唇向里　b）密封唇向外　c）双密封唇

接触式密封要求轴颈硬度大于40HRC，表面粗糙度值$Ra<0.8\mu m$。

2. 非接触式密封

使用非接触式密封，可避免接触处产生滑动摩擦，故常用于速度较高的场合。

（1）缝隙式密封（图12-36）　在轴和轴承盖间留有细小的径向缝隙，为增加密封效果，可在缝隙中填充润滑脂。

（2）曲路式密封（图12-37）　在旋转的零件与固定的密封零件之间组成曲折的缝隙来实现密封，缝隙中填充润滑脂，可提高密封效果。这种密封形式对脂、油润滑都有较好的密封效果，但结构较复杂，制造、安装不太方便。

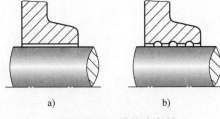

a）　　　　　b）

图12-36　缝隙式密封
a）间隙式密封　b）沟槽式密封

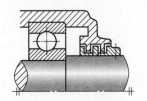
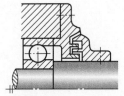

图12-37　曲路式密封

习　题

12-1　摩擦状态分为哪几种？各有何特点？

12-2　滑动轴承的材料应满足哪些要求？非液体摩擦滑动轴承设计时要进行哪些条件性验算？理由是什么？

12-3　滚动轴承由哪些基本元件组成？各元件的作用是什么？选择滚动轴承类型时应考虑哪些因素？

12-4　试说明下列轴承代号的含义：6241、6410、30207、5307/P6、7208AC/P5、7008C/P4、6308/P5、N307/P2。

12-5　一非液体摩擦径向滑动轴承，轴颈直径 $d=200mm$，宽径比 $B/d=1$，轴颈转速 $n=1460r/min$，轴瓦材料为 ZCuAl10Fe3，试问它可以承受的最大径向载荷是多少？

12-6　根据工作要求决定选用深沟球轴承，轴承的径向载荷 $F_r=5500N$，轴向载荷 $F_a=2700N$，轴承转速 $n=2560r/min$，运转有轻微冲击。若要求轴承工作 4000h，轴颈直径不大于 60mm，试确定该轴承的型号。

12-7　图 12-25b 所示为一对反装的 7207AC 角接触球轴承，分别受径向载荷 $F_{r1}=1040N$ 和 $F_{r2}=3390N$，外加轴向载荷 $F_a=870N$，指向轴承 1，转速 $n=1800r/min$，有中等冲击，常温下工作。试确定轴承的寿命。

第十三章

联轴器、离合器和制动器

联轴器和离合器是用来连接两轴（或轴与转动件），并传递运动和转矩的部件。两者的区别是：用联轴器连接的两轴只有在机器停车后，通过拆卸才能彼此分离；而用离合器连接的两轴，则可在机器转动过程中随时使其分离和接合。制动器是对机械的运动件施加阻力或阻力矩，使其减速、停止或保持静止状态的部件。

机器一般由若干部件组成，通过装配形成整机。在图 13-1 给出的卷扬机中，电动机 1 的轴和减速器 3 的输入轴是通过联轴器 2 连接的；减速器 3 的输出轴是通过离合器 4 与卷筒 5 的轴连接的；为了便于卷扬机在工作时紧急制动，以及能使重物悬吊在空中上下不动，在卷筒 5 的轴上还设置了一个制动器 6。这样，当电动机 1 连续转动时，就可以随时控制卷筒 5 的转动或停止。

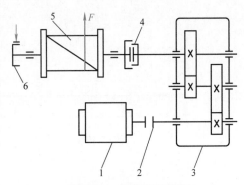

图 13-1　卷扬机示意图
1—电动机　2—联轴器　3—减速器
4—离合器　5—卷筒　6—制动器

联轴器、离合器和制动器是机械传动中常用的部件，大多已标准化，设计时，只需根据工作要求从机械设计手册或产品样本中选用即可。

第一节　联　轴　器

一、联轴器的组成和分类

联轴器一般由两个半联轴器及其连接件组成。通常半联轴器与主、从动轴分别采用键连接。

联轴器连接的主动轴和从动轴属于两个不同的机器或部件，由于制造、安装等误差，相连两轴的轴线很难精确对中。即使安装时保持严格对中，但由于其工作载荷和工作温度的变化以及支承的弹性变形等原因，被连接两轴的轴线会产生轴向、径向、角度位移，以及由上述位移组合的综合位移（图 13-2），致使轴、轴承等零件受到附加载荷。当相对位移过大时，将使机器的工作状况恶化，导致机器振动加剧、轴和轴承过度磨损、机器密封失效等现象发生。不同机器对联轴器的结构、相对位移的许用补偿量和缓冲吸振能力往往有不同的要求。

联轴器的类型很多，根据其性能不同，可划分为刚性联轴器和挠性联轴器两大类。根据是否具有弹性元件，挠性联轴器可分为无弹性元件挠性联轴器和有弹性元件挠性联轴器。有弹性元件挠性联轴器又分为非金属弹性元件挠性联轴器和金属弹性元件挠性联轴器。联轴器的主要类型、特点和功用见表 13-1。联轴器大多已标准化，设计人员可根据实际工作条件和使用要求，查阅有关机械设计手册选用。下面介绍几种常用的联轴器。

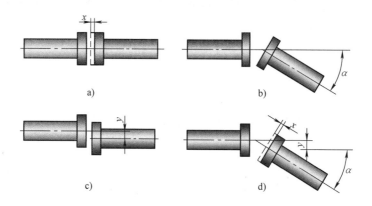

图 13-2 两轴轴线的相对位移

a) 轴向位移 x b) 角度位移 α c) 径向位移 y d) 综合位移 x、y、α

表 13-1 联轴器的分类

类　型			举　例	在传动系统中的作用
刚性联轴器			套筒联轴器、凸缘联轴器、夹壳联轴器等	只能传递运动和转矩,不具备其他功能
挠性联轴器	无弹性元件		滑块联轴器、齿式联轴器、滚子链联轴器、万向联轴器等	能传递运动和转矩,且具有不同程度的轴向、径向、角位移补偿功能
	有弹性元件	非金属弹性元件	弹性套柱销联轴器、弹性柱销联轴器、梅花形弹性联轴器、轮胎式联轴器等	能传递运动和转矩,具有不同程度的轴向、径向、角位移补偿功能;还具有不同程度的减振、缓冲作用,能改善传动系统的工作性能
		金属弹性元件	膜片联轴器、蛇形弹簧联轴器等	

二、刚性联轴器

刚性固定式联轴器中的元件全部由刚性零件组成。其特点是结构简单、制造容易、成本低,不具有缓冲减振、补偿相对位移的能力。刚性固定式联轴器适用于载荷平稳、转速不高、工作中轴线不会发生相对位移的两轴连接。

1. 套筒联轴器

如图 13-3 所示,套筒联轴器由连接两轴轴端的公用套筒和连接套筒与轴的连接零件(键或销)所组成。这种联轴器的优点是结构简单、径向尺寸小,可根据不同轴径尺寸自行设计制造。其缺点是轴向尺寸较大,装拆时相连的机器设备需做较大的轴向位移,故仅适用于传递转矩较小、转速较低,且能轴向装拆的场合。

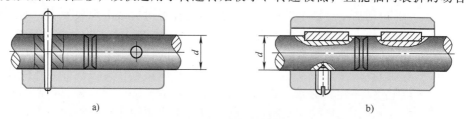

图 13-3 套筒联轴器

a) 用圆锥销连接 b) 用平键和紧定螺钉连接

套筒联轴器一般用于无轴肩的光轴，应用较广泛。

2. 凸缘联轴器

如图 13-4 所示，凸缘联轴器由两个分装在轴端带凸缘的半联轴器和连接它们的螺栓所组成。按对中方法不同，凸缘联轴器又可分为两种形式。图 13-4a 所示是用加强杆螺栓实现对中的形式，其装拆比较方便，只需拆下螺栓即可。由于靠螺栓的剪切传递转矩，故联轴器的尺寸较小。图 13-4b 所示是利用凸肩和凹槽相嵌合而实现对中的形式，故对中精度较高，它靠普通螺栓连接的预紧力在凸缘接触表面产生的摩擦力传递转矩。由于装拆时需做轴向移动，故不宜经常拆卸。

凸缘联轴器结构简单，传递转矩较大，但不能缓冲减振，故适用于要求对中精度较高、载荷平稳及转速不高的场合。

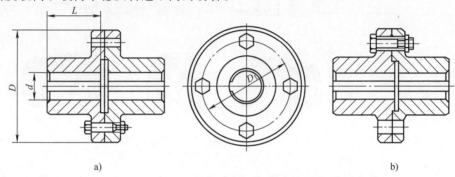

图 13-4　凸缘联轴器

a）用加螺杆螺栓对中　b）用凸肩和凹槽对中

3. 夹壳联轴器

如图 13-5 所示，夹壳联轴器由两个半筒形的夹壳 1、3 和安全罩 2 及一组连接螺栓组成。夹壳联轴器主要依靠壳与轴夹紧后产生的摩擦力来传递转矩，但为了连接可靠，在联轴器中一般仍装有平键。这种联轴器拆装时不需移动轴，使用方便，适用于低速、载荷平稳的场合，通常外缘速度小于或等于 5m/s，否则需要进行平衡校核。

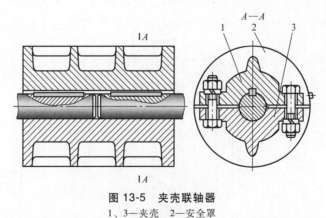

图 13-5　夹壳联轴器

1、3—夹壳　2—安全罩

三、无弹性元件的挠性联轴器

无弹性元件的挠性联轴器也是全部由刚性零件组成的，不能起到缓冲减振作用，但具有补偿相对位移的功能。它适用于基础和机架刚性较差、工作中不能保证轴线对中的两轴连接。

1. 滑块联轴器

如图13-6所示,滑块联轴器由两个端面开有凹槽的半联轴器1、3和一个两侧都有凸块的中间圆盘2所组成。中间圆盘两侧的凸块相互垂直,并分别嵌装在两个半联轴器的凹槽中构成移动副。当联轴器工作时,滑块随两轴转动,同时可补偿两轴的径向和角度位移。

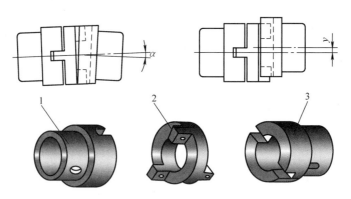

图 13-6 滑块联轴器

1、3—半联轴器 2—中间圆盘

滑块联轴器结构简单,制造方便,径向尺寸小,适用于两轴线间相对径向位移较大,传递转矩较大及无冲击的低速传动场合。

2. 齿式联轴器

如图13-7a所示,齿式联轴器由两个带有外齿的半联轴器1、2和两个带有内齿的外壳3、4所组成。两个半联轴器分别用键与主、从动轴相连接,而两个外壳则用一组螺栓5连成一体,从而使两个半联轴器和两个外壳之间通过内、外齿相互啮合而实现连接。内、外齿的齿廓均为渐开线,齿数一般为30~80。由于两个半联轴器的外齿齿面沿齿宽方向加工成鼓形,沿齿顶方向加工成椭球面(图13-7b),且使啮合齿间具有较大的顶隙和侧隙,从而使得齿式联轴器具有良好的补偿综合位移的能力。

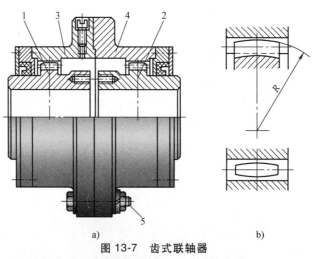

a) b)

图 13-7 齿式联轴器

a) 齿式联轴器结构 b) 外齿形状

1、2—半联轴器 3、4—外壳 5—螺栓

齿式联轴器能传递较大的转矩，适用速度范围广，工作可靠，对安装精度要求不高；但其结构复杂、质量较大、制造较难、成本较高，故主要用于重型机械。

3. 滚子链联轴器

如图 13-8 所示，滚子链联轴器由两个带有链轮的半联轴器 1、3 和一条双排或单排的滚子链 2 以及安全罩 4、5 所组成。滚子链联轴器的润滑对其性能有很大影响。转速较低时应定期涂润滑脂，转速高时更应充分润滑。

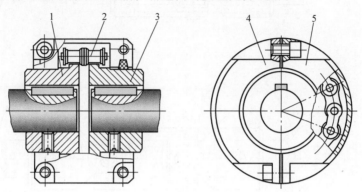

图 13-8　滚子链联轴器
1、3—半联轴器　2—滚子链　4、5—安全罩

滚子链联轴器结构简单、成本低、装拆方便，径向尺寸比其他联轴器小，质量轻、转动惯量小、效率高、工作可靠、使用寿命长，可以在恶劣环境下工作，具有一定的位移补偿能力和缓冲能力。但因链条的套筒与其相配件之间存在间隙，故不宜用于逆向传动、起动频繁的传动和立轴传动。同时由于受离心力的影响也不宜用于高速传动。

4. 万向联轴器

万向联轴器有多种结构形式，如十字轴式、球笼式、球叉式、球销式、球铰式等。最常用的是十字轴式万向联轴器，如图 13-9a 所示，它由两个叉形接头 1、3，一个中间连接件 2 和轴销 4、5 所组成。轴销 4 与 5 相互垂直配置并分别把两个叉形接头与中间连接件 2 连接起来。这种联轴器可以允许两轴间有较大的夹角，最大可达 35°~45°，而且在机器运转时，夹角发生改变仍可正常传动。

万向联轴器的缺点是：当主动轴的角速度 ω_1 为常数时，从动轴的角速度 ω_2 不是常数，而是在一定范围内（$\omega_1\cos\alpha \leqslant \omega_2 \leqslant \omega_1/\cos\alpha$）作周期性变化，从而会引起附加动载荷。为了克服这一缺点，常将十字轴式万向联轴器成对使用，如图 13-9b 所示。安装时应注意：必须保证输入轴、输出轴与中间轴之间的夹角相等，并且中间轴两端的叉形接头应在同一平面内。只有双万向联轴器才能使主、从动轴的角速度相等，避免动载荷的产生。

万向联轴器具有较大的角位移补偿能力，结构紧凑，维护方便，广泛用于汽车、拖拉机和机床等机械传动中。

四、有弹性元件的挠性联轴器

有弹性元件的挠性联轴器两个半联轴器之间的载荷是通过弹性元件传递的。这种联轴器不但可以补偿两轴间的相对位移，而且具有缓冲减振的功能，故适用

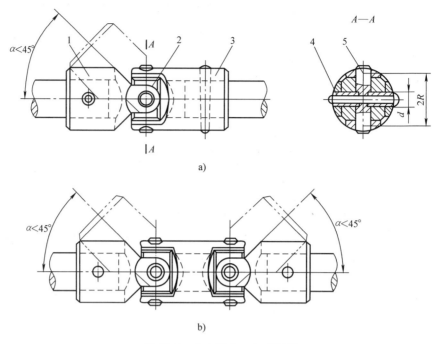

图 13-9 十字轴式万向联轴器

a）单万向联轴器 b）双万向联轴器

1、3—叉形接头 2—中间连接件 4、5—轴销

于高速和正反转变化较多、起动频繁的场合。

制造弹性元件的材料有金属和非金属两种。金属材料制成的弹性元件（主要为各种弹簧）的特点是：强度高、尺寸小、承载能力大、寿命长、其性能受工作环境影响小等，但制造成本较高。非金属材料（如橡胶、塑料等）制成的弹性元件的特点是：质量轻、价格较低、缓冲或减振性能较好，但强度较低、承载能力较小、易老化、寿命短，性能受环境条件影响较大等，故使用范围受到一定限制。

1. 弹性套柱销联轴器

如图 13-10 所示，弹性套柱销联轴器在结构上类似凸缘联轴器，也有两个带凸缘的半联轴器，分别与主、从动轴相连，但连接两个半联轴器的不是螺栓而是带弹性套的柱销。弹性套为橡胶制品，柱销用 45 钢制成，其右边的圆柱部分与弹性套配合，左边的圆锥面用螺纹连接固定在左半联轴器凸缘圆周上。

弹性套柱销联轴器结构简单，安装方便，易于制造，能缓冲吸振。但弹性套工作时受挤压产生的变形量不大，所以补偿

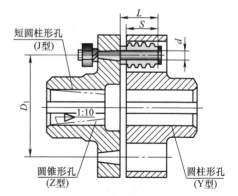

图 13-10 弹性套柱销联轴器

相对位移量有限，缓冲吸振性能不高。适用于正反转，起动频繁、载荷较平稳和传递转矩较小的场合。

2. 弹性柱销联轴器

如图 13-11 所示，弹性柱销联轴器主要由两个半联轴器 1、4 和弹性柱销 2 组

成。为了防止柱销滑出，在两个半联轴器的外侧用螺钉固定两挡板3。柱销常用尼龙制造，具有一定的弹性和耐磨性。柱销的形状一般为圆柱形与鼓形的组合体；在载荷平稳、安装精度较高的情况下，也可采用整体为圆柱体的柱销。

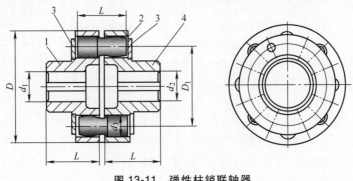

图 13-11　弹性柱销联轴器
1、4—半联轴器　2—弹性柱销　3—挡板

弹性柱销联轴器结构简单，装拆方便，传递转矩的能力较大，可起一定的缓冲减振作用，允许两轴轴线间有少量的径向位移和角位移，适用于轴向窜动量较大、正反转变化较多和起动频繁的场合。由于尼龙销对温度较敏感，因此使用温度应控制为-20~+70℃。

3. 梅花形弹性联轴器

如图 13-12 所示，梅花形弹性联轴器由两个半联轴器1、3和梅花形弹性体2组成。弹性体可根据使用要求选用不同硬度的橡胶弹性体、铸型尼龙等材料制造。工作时，梅花形弹性体受压缩并传递转矩。

梅花形弹性联轴器结构简单、耐磨性好，具有较大的补偿两轴相对位移的能力，缓冲减振性能好、适应性强、传递转矩大、使用寿命长，适用于各种机械。工作温度范围为-35~+38℃，短时工作温度可达100℃。

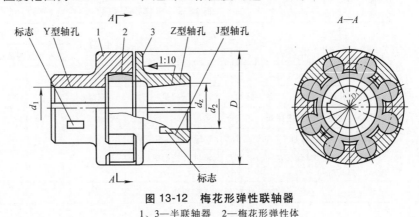

图 13-12　梅花形弹性联轴器
1、3—半联轴器　2—梅花形弹性体

4. 轮胎式联轴器

如图 13-13 所示，轮胎式联轴器由两个半联轴器1和5、橡胶或橡胶织物制成的轮胎形弹性元件3、夹紧板2、连接螺钉4组成。

轮胎式联轴器富有弹性，有良好的吸振缓冲、电绝缘性，可以补偿较大的轴向位移，不需润滑，使用寿命长。但径向尺寸较大，当转矩较大时，会因过大的扭转变形而产生附加轴向载荷。适用于正反转多变、起动频繁和冲击大的场合。

联轴器的选择

五、联轴器的选择

联轴器的选择包括类型和型号（尺寸）两个方面，应根据工作需要合理确定。首先根据工作要求选定合适的类型，然后根据轴的直径计算转矩和转速，从机械设计手册中查找出适用的型号。特殊情况下，还需对关键零件进行必要的计算。

1. 联轴器类型的选择

联轴器的类型主要根据机器的工作特点、性能要求（如缓冲减振、补偿位移等），结合联轴器的特点和适用范围等进行选择。通常对低速、刚性大的短轴，选用刚性联轴器；对低速、刚性小的长轴，选用无弹性元件挠性联轴器；对传递转矩较大的重型机械，选用齿式联轴器；对高速且有冲击或振动的轴，选用有弹性元件的挠性联轴器等。

2. 联轴器型号的选择

类型确定以后，对于已标准化的联轴器，一般可根据轴端的直径、转矩和转速从机械设计手册中选定型号（尺寸）。

计算转矩 T_{ca} 是将联轴器所传递的公称转矩 T 适当增大，以考虑工作过程中的过载、起动和制动时惯性力矩的影响。T_{ca} 的计算公式为

$$T_{ca} = KT \tag{13-1}$$

式中，K 为工作情况系数，见表 13-2。

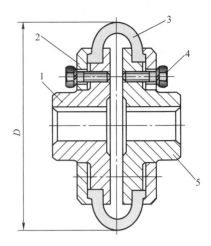

图 13-13　轮胎式联轴器
1、5—半联轴器　2—夹紧板
3—轮胎形弹性元件　4—连接螺钉

表 13-2　工作情况系数 K

工作机 ＼ 原动机	电动机	内燃机		
		四缸及四缸以上	双缸	单缸
转矩变化很小，如发电机、小型通风机、小型离心泵	1.3	1.5	1.8	2.2
转矩变化小，如木工机械、运输机、透平压缩机	1.5	1.7	2.0	2.4
转矩变化中等，如搅拌机、压力机、增压泵	1.7	1.9	2.2	2.6
转矩变化中等、有冲击，如织布机、水泥搅拌机、拖拉机	1.9	2.1	2.4	2.8
转矩变化较大、有较大冲击，如造纸机械、挖掘机、起重机、碎石机	2.3	2.5	2.8	3.2
转矩变化大、有强烈冲击，如压延机、重型轧机	3.1	3.3	3.6	4.0

例 13-1　电动机经减速器驱动水泥搅拌机工作。已知电动机的功率 $P = 5.5kW$，转速 $n = 970r/min$，电动机轴和减速器输入轴的直径均为 38mm，试选择电动机与减速器之间所需的联轴器。

解　1. 类型选择

为了隔离振动与冲击，选用弹性套柱销联轴器。

2. 求计算转矩 T_{ca}

公称转矩为

$$T = 9550 \frac{P}{n} = 9550 \times \frac{5.5}{970} \text{N} \cdot \text{m} = 54.15 \text{N} \cdot \text{m}$$

根据表 13-2，由原动机为电动机，工作机为水泥搅拌机查得：工作情况系数 $K = 1.9$。所以根据式（13-1）得计算转矩为

$$T_{ca} = KT = 1.9 \times 54.15 \text{N} \cdot \text{m} = 102.89 \text{N} \cdot \text{m}$$

3. 型号选择

从表 13-3 中查得：当半联轴器材料采用钢时，LT6 型弹性套柱销联轴器的许用转矩为 355N·m，许用最大转速为 3800r/min，轴径范围为 32~42mm，故适合选用。

表 13-3　LT 型弹性套柱销联轴器（摘自 GB/T 4323—2017）

型　号	公称转矩 $T/(\text{N} \cdot \text{m})$	许用转速 $[n]/(\text{r/min})$	轴孔直径 d/mm
LT4	100	5700	20, 22, 24
			25, 28
LT5	224	4600	25, 28
			30, 32, 35
LT6	355	3800	32, 35, 38
			40, 42

第二节　离　合　器

一、离合器的组成与分类

离合器是在机器运转过程中可将轴随时分离或接合的一种装置，它被广泛应用于各种机器中。

离合器主要由主动部分、从动部分、接合元件和操纵部分组成。主动部分与主动轴为固定连接，上面还安装有接合元件。从动部分有的与从动轴为固定连接，有的则可相对于从动轴做轴向移动并与操纵部分相连，同样在从动部分上也安装有接合元件。操纵部分控制接合元件的接合与分离，以实现两轴间转动和转矩的传递或中断。

离合器种类较多，按离合方式不同可分为操纵离合器和自动离合器两大类。操纵离合器根据操纵方式不同又分为机械离合器、电磁离合器、气压离合器和液压离合器等。自动离合器根据工作原理不同又分为超越离合器、离心离合器和安全离合器等。

按接合元件的工作原理不同，离合器可分为啮合式离合器和摩擦式离合器两种基本类型。啮合式离合器结构简单、传递转矩大，主、从动轴同步转动，结构紧凑。但接合时有刚性冲击，故只能在静止或两轴转速相差不大时接合。摩擦式离合器分离与接合较平稳，过载时可自行打滑。但主、从动轴不能严格同步，接合时会产生摩擦热，且摩擦元件易磨损。

二、操纵离合器

1. 牙嵌离合器

如图 13-14 所示，牙嵌离合器由两个端面制有凸出牙齿的两个半离合器 1、2

组成。半离合器 1 用平键和主动轴连
接，半离合器 2 则用导向平键 3（或
花键）与从动轴连接，并由操纵装置
带动滑环 4 使其沿导向平键在从动轴
上做轴向移动，实现两个半离合器的
分离与接合。固定在半离合器 1 上的
对中环 5 是用来保证两轴对中的。

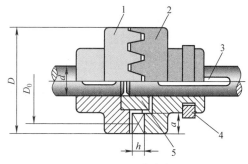

图 13-14   牙嵌离合器
1、2—半离合器 3—导向平键 4—滑环 5—对中环

牙嵌离合器靠端面上的牙相互啮
合来传递运动和转矩。牙嵌离合器常
用的牙形有矩形、梯形和锯齿形（图
13-15）三种。矩形牙制造容易，但
接合与分离较为困难，并且磨损后无法补偿，故使用较少；梯形牙强度较高，能
传递较大的转矩，接合与分离较容易，且能自动补偿牙的磨损和牙侧间隙，从而
减少冲击，故应用最广，多用于传递大转矩的离合器；锯齿形牙便于接合，强度
最高，能传递的转矩最大，但只能传递单向转矩（图 13-15c 中标有主动轴的转
向），反转时工作面将受到较大的轴向分力，迫使离合器自动分离。

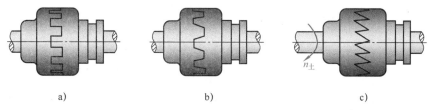

a)   b)   c)

图 13-15   牙嵌离合器的牙形
a）矩形牙   b）梯形牙   c）锯齿形牙

牙嵌离合器结构简单，外廓尺寸小，接合后两个半离合器之间没有相对转动，
但只适用于两轴的转速差较小或相对静止的情况下接合，否则接合和分离时牙间
会发生很大的冲击，影响牙的寿命。

2. 圆盘摩擦离合器

圆盘摩擦离合器有单盘和多盘两种。
图 13-16 所示为单盘摩擦离合器，主动
摩擦盘 2 与主动轴 1 之间通过平键和轴
肩得到周向和轴向定位，从动摩擦盘 3
通过导向平键 6 与从动轴 5 周向定位，
由操纵装置拨动滑环 4 使其在从动轴上
左右滑动。工作时，可向左施力使两摩
擦圆盘接触并压紧，从而产生摩擦力来
传递运动和转矩。单盘摩擦离合器结构
简单，散热性好，但传递的转矩有限，
仅适用于包装、纺织等轻型机械。

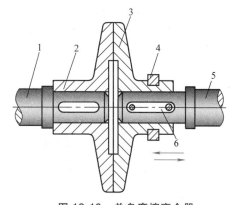

图 13-16   单盘摩擦离合器
1—主动轴 2—主动摩擦盘 3—从动摩擦盘
4—滑环 5—从动轴 6—导向平键

图 13-17 所示为多盘摩擦离合器。
它有两组摩擦盘，其中一组外摩擦盘 3
和外壳 2 连接（外圆齿插入外壳槽内），另一组内摩擦盘 4 和套筒 9 连接（内圆齿

插入套筒槽内）。外壳 2 和套筒 9 分别固定在主动轴 1 和从动轴 10 上，内、外摩擦盘交错排列。工作时，向左移动滑环 8，通过杠杆 7 可使两组摩擦盘压紧，此时离合器处于接合状态。同主动轴和外壳一起转动的外摩擦盘通过摩擦力将运动和转矩传递给内摩擦盘，从而带动套筒和从动轴转动。若向右移动滑环 8 时，杠杆 7 在弹簧 6 的作用下放松摩擦盘，离合器即分开。调节螺母 5 是用来调节内外摩擦盘组间的压力。摩擦盘数目多，可以增大所传递的转矩；但盘数过多，会影响分离动作的灵敏性，故通常限制在 10~15 对以下。多盘摩擦离合器能传递较大的转矩而又不会使其径向尺寸过大，故在机床、汽车及摩托车等机械中应用广泛。

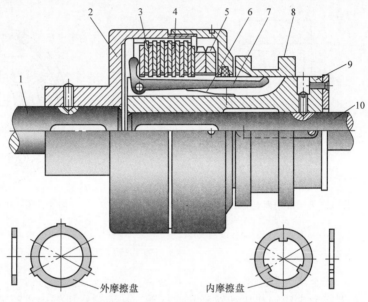

图 13-17　多盘摩擦离合器

1—主动轴　2—外壳　3—外摩擦盘　4—内摩擦盘　5—调节螺母
6—弹簧　7—杠杆　8—滑环　9—套筒　10—从动轴

3. 磁粉离合器

磁粉离合器利用磁粉传递转矩，是一种电磁操纵的离合器。它的工作原理如图 13-18 所示。金属圆筒 1 与从动轴相连，嵌有环形励磁线圈 3 的电磁铁 4 与主动轴相连，金属圆筒 1 与电磁铁 4 之间留有 1.5~2mm 的间隙，内装适量的磁粉（导磁铁粉混合物）2。当励磁线圈中无电流时，磁粉被主动轴的离心力甩到金属圆筒 1 的内壁上，并疏散开，此时离合器处于分离状态。通电后，励磁线圈产生磁场，磁粉在磁场作用下被吸引到金属圆筒与转子间聚集，产生磁连接力，将主、从动轴连接起来，即离合器处于接合状态。这时，磁粉离合器依靠磁粉间的磁力和摩擦力将主动轴的转矩传递给从动轴。

磁粉离合器可以实现远距离操纵，通过改变励磁电流的大小可以获得不同的转矩。它操纵方便、离合平稳、工作可靠、结构简单，但质量大、工作一定时间后需要更换磁粉。磁粉离合器现已广泛应用于机床和航空仪表中。

三、自动离合器

自动离合器是一种根据机器运动和动力参数，如转速、转矩等的变化而自动完成接合和分离动作的离合器，主要分类如下：

1. 超越离合器

图 13-19 所示为滚柱式超越离合器，它由星轮 1、外环 2、滚柱 3 和弹簧顶杆 4 组成。当星轮为主动件并顺时针转动时，滚柱被摩擦力带动而楔紧在槽的狭窄部分，从而带动外环一起转动，此时离合器处于接合状态。当星轮反向转动时，滚柱受摩擦力的作用被推到槽中宽敞部分，即外环不随星轮转动，这时离合器处于分离状态。如果星轮仍按顺时针方向转动，而外环还能从另一条运动链获得与星轮转向相同而转速较大的运动时，则按相对运动原理，离合器即处于分离状态。由于这种离合器的接合和分离与星轮及外环间速度差有关，因此称为超越离合器。

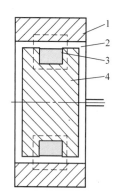

图 13-18　磁粉离合器工作原理图

1—金属圆筒　2—磁粉
3—环形励磁线圈　4—电磁铁

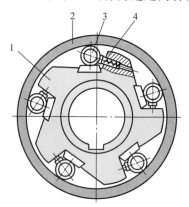

图 13-19　滚柱式超越离合器

1—星轮　2—外环　3—滚柱　4—弹簧顶杆

2. 安全离合器

安全离合器通常有啮合式和摩擦式两种。当转矩超过一定的数值时，安全离合器将使主动轴和从动轴分开或打滑，从而防止机器中重要零件的损坏。

牙嵌安全离合器（图 13-20）和牙嵌离合器很相似，只是牙面的倾斜角较大，并由弹簧压紧机构代替滑环操纵机构。工作时，两个半离合器由弹簧 2 的压紧力使牙盘 3、4 啮合以传递转矩。当转矩超过一定值时，接合牙面上的轴向力将超过弹簧力和摩擦阻力而使两个半离合器分离；当转矩降低到某一个确定值以下时，离合器会自动接合。另外，弹簧压力的大小可通过螺母 1 进行调节。

多盘摩擦安全离合器（图 13-21）和多盘摩擦离合器相似，只是没有操纵机

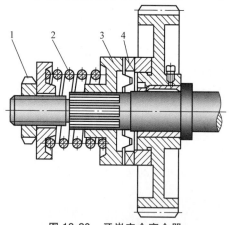

图 13-20　牙嵌安全离合器

1—调节螺母　2—弹簧　3、4—牙盘

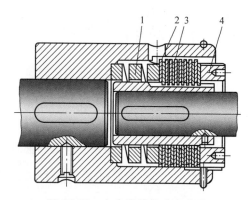

图 13-21　多盘摩擦安全离合器

1—弹簧　2—外摩擦盘
3—内摩擦盘　4—调节螺母

构，而是用弹簧 1 将内、外摩擦盘组 3、2 压紧，并用调节螺母 4 调节压紧力的大小。当工作转矩超过离合器所能传递的转矩时，摩擦盘接触面间因摩擦力不足而发生打滑，从而对机器起到安全保护的作用。

第三节 制 动 器

制动器是用于机械减速或使其停止的装置。有时也用作调节或限制机械的运动速度。它是保证机械正常安全工作的重要部件。

一、制动器的组成与分类

制动器主要由制动架、摩擦元件和松闸器等组成。许多制动器还装有自动调整间隙的装置。为了减小制动力矩，缩小制动器尺寸，通常将制动器装在机械的高速轴上，或装在减速器的输入轴上。某些安全制动器则装在低速轴或卷筒轴上，以防止传动机构断轴时物品的坠落。

制动器按工作状态可分为常闭式和常开式。常闭式制动器靠弹簧或重力的作用经常处于紧闸状态，而机构运行时，则用人力或松闸器使制动器松闸。与此相反，常开式制动器经常处于松闸状态，只有施加外力时才能使其处于紧闸状态。

制动器按构造特征可分为摩擦式制动器和非摩擦式制动器。摩擦式制动器有外抱块式制动器、内涨蹄式制动器、带式制动器和盘式制动器；非摩擦式制动器有磁粉式制动器、磁涡流式制动器和水涡流式制动器。

常用的制动器多采用摩擦式制动器，即利用摩擦元件之间产生摩擦阻力矩来消耗机械运动部件的动能，以达到制动的目的。制动器的制动架是其他部分安装和支承的基础。摩擦元件与制动轮为面接触，以产生制动力矩。松闸器则将作用于制动器的驱动力放大并传递给摩擦元件以实现制动（紧闸）或使摩擦元件与制动轮脱离接触而松闸。另外，许多制动器摩擦元件的间隙还装有自动调整装置。

本章介绍几种常用的摩擦式制动器。

二、常用摩擦式制动器

1. 带式制动器

图 13-22 所示为带式制动器工作原理图。当施加外力 F 时，杠杆 1 便收紧制动带 2 而抱住制动轮 3，此时凭借带与制动轮之间产生的摩擦力矩实现制动；当通过电磁铁 4 提起杠杆 1 时，制动带 2 与制动轮 3 脱开而实现松闸。带式制动器的优点是：结构简单、尺寸紧凑、可以产生较大的制动力矩。带式制动器的缺点是：制动时轴受力大，带和制动轮间压力不均匀，从而磨损也不均匀，且带易断裂。为了增强制动效果，可在制动带上衬垫石棉基摩擦材料或粉末冶金材料等。带式制动器常用于大型机械，要求结构紧凑的场合，如用于起重运输机械中。

2. 外抱块式制动器

图 13-23 所示为外抱块式制动器工作原理图。当铁芯线圈 1 通电时，电磁铁 2 与铁芯线圈 1 中的铁芯相吸，电磁铁 2 绕 O 点逆时针转动一个角度，致使推杆 3 向右移动，随之主弹簧 4 被压缩，于是左右两制动臂 8 带动左右两闸瓦 6 向外摆动而松闸。辅助弹簧 5 将在松闸时促使左右两制动臂和闸瓦离开制动轮 7。当铁芯线圈 1 断电时，在主弹簧 4 的拉力作用下，左右两制动臂被拉拢，从而压紧制动轮进行制动。闸瓦的材料可用铸铁，也可用覆以皮带或石棉带等的铸铁。外抱块

式制动器的优点是：制动和开启迅速、尺寸小、质量轻，易于调整瓦块间隙。外抱块式制动器的缺点是：制动时冲击力大，电能消耗也大，不宜用于制动力矩大和需要频繁制动的场合。外抱块式制动器常用于车辆的车轮和电动葫芦等设备中。

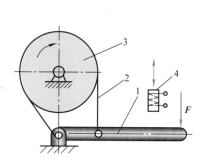

图 13-22　带式制动器工作原理图
1—杠杆　2—制动带　3—制动轮　4—电磁铁

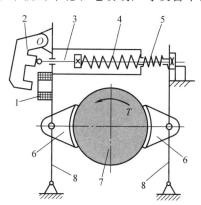

图 13-23　外抱块式制动器工作原理图
1—铁芯线圈　2—电磁铁　3—推杆
4—主弹簧　5—辅助弹簧　6—左、右闸瓦
7—制动轮　8—左、右制动臂

3. 内涨蹄式制动器

图 13-24 所示为内涨蹄式制动器工作原理图。制动时，压力油进入液压缸 4，推动左右两活塞移动，在活塞力 F 的作用下，两制动蹄 1 以销轴 2 为支点向外摆动，压紧在制动轮 3 的内表面上，实现制动。油路卸压后，弹簧 5 使两制动蹄与两制动轮分离，制动器处于松开状态。内涨蹄式制动器的特点是：结构紧凑，散热性好，容易密封；可用于安装空间受限制的场合，广泛用于轮式起重机和各种车辆（如汽车、拖拉机等）的车轮中。

4. 点盘式制动器

如图 13-25 所示，制动盘 1 随轴转动，固连在机架上的制动缸 2 通过制动块 3 旋压在制动盘上而制动。由于摩擦面只占制动盘的一小部分，故称点盘式制动器。这种制动器结构简单，散热条件好，但制动力矩不大。为了获得较大的制动力矩，可采用全盘式制动器。全盘式制动器结构类似于多盘摩擦离合器，但这时从动圆盘始终不动，则当离合器接合时即可起制动作用。点盘式制动器常用于结构要求很

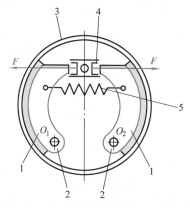

图 13-24　内涨蹄式制动器工作原理图
1—制动蹄　2—销轴
3—制动轮　4—液压缸　5—弹簧

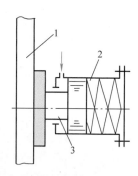

图 13-25　点盘式制动器
1—制动盘　2—制动缸
3—制动块

紧凑的场合，如车辆的车轮和电动葫芦等设备中。

三、制动器的选择

制动器的类型应根据使用要求和工作条件来选择。选择时应考虑以下几点：

1) 需要使用制动器的机械工作性质和条件。例如，对于起重机械的起升和变幅机构须采用常闭式制动器。而对于车辆及起重机械的运行和旋转机构等，为了控制制动力矩的大小以便准确停车，则多采用常开式制动器。

2) 应满足制动器的工作要求。例如，用于支承物品的制动器，其制动力矩必须有足够的安全裕度。对于有高安全性要求的机械，如运送熔化金属的起升机构，必须装两个制动器，每一个制动器都能安全地支承铁液包而不致坠落。对于落重制动器，应考虑散热问题，它必须有足够的散热面积，能在制动时将重物的位能所产生的热量散去，以免过热损坏或失效。

3) 应考虑应用的场所。如安装制动器的地点有足够的空间时，则可选用外抱块式制动器；空间受限制时，则可采用内涨蹄式、带式制动器。

制动器通常安装在机械的高速轴上，以减小所需的制动力矩。大型设备的安全制动器则应装在设备工作部分的低速轴或卷筒上，以防传动系统断轴时重物坠落。

习　题

13-1　联轴器和离合器的共同点和区别是什么？

13-2　常见的联轴器有哪些主要类型？其结构特点及使用范围如何？

13-3　在选择联轴器时，应考虑哪些主要因素？

13-4　单万向联轴器和双万向联轴器在工作性能上有何差别？

13-5　试说明常用离合器分为哪两大类？举例说明它们的特点、工作原理及应用场合。

13-6　制动器常用在哪些场合？它们的工作原理是什么？

13-7　一直流发电机的转速 $n = 3000 \text{r/min}$，最大功率 $P = 20 \text{kW}$，外伸轴直径 $d = 45 \text{mm}$，试选择联轴器型号（只要求与发电机轴连接的半联轴器满足对直径的要求即可）。

13-8　电动机与离心泵之间用联轴器相连。已知电动机功率 $P = 22 \text{kW}$，转速 $n = 970 \text{r/min}$，电动机外伸轴的直径 $d = 55 \text{mm}$，水泵外伸轴的直径 $d = 50 \text{mm}$。试选择联轴器型号，并写出其标记。

13-9　一带式制动器如图13-26 所示，其鼓轮直径 $D = 200 \text{mm}$，杠杆尺寸 $a = c = 50 \text{mm}$，$b = 300 \text{mm}$，闸带与鼓轮间摩擦因数 $f = 0.2$，包角 $\alpha = 270°$。若制动力矩 $T = 50 \text{N} \cdot \text{m}$，试求加在杠杆顶端的作用力 F。

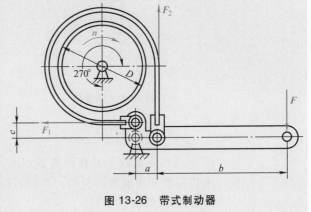

图 13-26　带式制动器

第十四章

弹簧

第一节　弹簧的功用与类型

一、弹簧的功用

弹簧是机械中广泛使用的一种弹性元件。在外载荷作用下，弹簧能产生较大的弹性变形，把机械功或动能转变为变形能；当外载荷卸除后，弹簧又能迅速地恢复原形，把变形能转变为机械功或动能。由于弹簧具有这种变形和储能、释能的功用，所以它常用于测量力的大小、控制运动、缓冲和减振、储能或释能。

1. 测量力的大小

图 14-1 所示的弹簧秤是利用弹簧受力后变形量大小来测量力的大小。

2. 控制运动

图 14-2 所示的内燃机阀门控制弹簧 2，它是利用弹簧受力变形产生的弹力来压住气阀推杆 4，使其始终与凸轮 1 接触，当凸轮转动时，使气阀推杆顺利地做上下往复运动，从而使阀门得到开启或关闭。

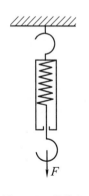

图 14-1　弹簧秤

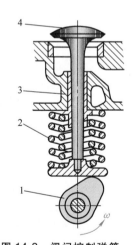

图 14-2　阀门控制弹簧

1—凸轮　2—控制弹簧　3—阀座　4—气阀推杆

3. 缓冲和减振

图 14-3 所示的汽车减振弹簧是利用其在弹性变形过程中能吸收冲击能量的特性，来达到缓冲和减振的目的，从而可提高车辆的平稳性。

4. 储能或释能

图 14-4 所示的钟表发条（弹簧）是用来储存与输出能量，以带动钟表的转动的。

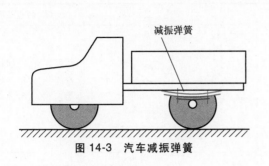

图 14-3　汽车减振弹簧

图 14-4　钟表发条（弹簧）

二、弹簧的类型

为了满足不同的工作要求，弹簧有各种不同的类型。按照所受载荷的不同，弹簧可分为拉伸弹簧、压缩弹簧、扭转弹簧和弯曲弹簧等四种。按照弹簧外形的不同，又可分为螺旋弹簧、环形弹簧、碟形弹簧、盘形弹簧、平面涡卷弹簧和板弹簧等。常用弹簧的基本类型和特点见表 14-1。

表 14-1　常用弹簧的基本类型、特点及应用

名　　称	简　　图	特　性　线	特点及应用
圆柱螺旋拉伸弹簧			承受拉伸，结构较简单，制造方便，特性线为直线，刚度稳定，应用较广
圆柱螺旋压缩弹簧			承受压缩，结构简单，制造方便，特性线为直线，刚度稳定，应用最广
圆锥螺旋压缩弹簧			承受压缩，当载荷达到一定程度使大端的工作圈被压至相互接触时，特性线即变为非线性，有利于消除或缓和共振，结构紧凑，稳定性好，主要用于承受较大载荷和减振
圆柱螺旋扭转弹簧			承受扭转，特性线为直线，主要用于各种装置的压紧、储能或传递转矩

（续）

名　称	简　图	特　性　线	特点及应用
平面涡卷弹簧（盘状弹簧）			承受扭转,变形角较大,储存能量大,特性线为直线,多用于仪器和钟表等的储能装置
蝶形弹簧			承受压缩,刚度大,缓冲减振能力强,采用不同的组合或参数,可得到不同的特性线,主要用于要求缓冲和减振能力强的重型机械
环形弹簧			承受压缩,圆锥面间具有较大的摩擦力,比蝶形弹簧更能缓冲吸振,常用作机车车辆、锻压设备和起重机中的重型缓冲装置
板弹簧			承受弯曲,变形大,缓冲减振能力强,常用于汽车、拖拉机和铁路车辆的悬挂装置

　　螺旋弹簧是用弹簧丝按螺旋线卷绕而成的，由于刚性稳定、结构简单、制造方便，故应用广泛。

　　环形弹簧是由分别带有内外锥形的钢制圆环交错叠合制成的。它比碟形弹簧更能缓冲吸振，常用于机车车辆、锻压设备和起重机中的重型缓冲装置。

　　碟形弹簧是用钢板冲压成截锥形的弹簧。这种弹簧的刚性很大，能承受很大的冲击载荷，并具有良好的吸振能力，所以常用作缓冲弹簧。

　　涡卷弹簧（也称盘状弹簧）是由钢带盘绕而成的，常用作仪器、钟表的储能装置。

　　板弹簧是由若干长度不等的条状钢板叠合在一起并用簧夹夹紧而成的。这种弹簧变形大，吸振能力强，常用作车辆减振弹簧。

　　本章主要介绍应用最广泛的圆柱螺旋压缩和拉伸弹簧的结构形式、基本参数和计算方法。

第二节　弹簧的制造、材料与许用应力

一、弹簧的制造

螺旋弹簧的制造过程包括：卷绕、两端加工、热处理和工艺性能试验等。为了提高承载能力，有时需要在弹簧制成后进行强压处理或喷丸处理。

螺旋弹簧的卷绕方法有冷卷法和热卷法两种。当弹簧丝直径 $d < 8 \sim 10\text{mm}$ 或虽弹簧丝直径较大但易于卷绕时，用经过热处理后的弹簧丝在常温下直接卷制，故称为冷卷。经冷卷后，一般只需进行低温回火以消除在卷绕时产生的内应力。当弹簧丝直径 $d \geqslant 8 \sim 10\text{mm}$ 或弹簧丝直径虽小于 $8 \sim 10\text{mm}$ 但螺旋弹簧的外径较小时，则要在 $800 \sim 1000℃$ 下卷制，故称为热卷。热卷后，必须进行淬火和中温回火处理。冷卷的压缩与拉伸螺旋弹簧分别用代号 Y 和 L 表示，而热卷的压缩与拉伸螺旋弹簧分别用代号 RY 和 RL 表示。

压缩弹簧为保证两端支承面与其轴线的垂直，应将端面并紧且磨平；拉伸和扭转弹簧的两端要制作成挂钩和工作臂，以便固定和加载。

工艺试验是使螺旋弹簧承受 $2 \sim 3$ 次工作极限载荷后，检查热处理是否合格，有无缺陷，是否符合弹簧规定性能的试验。

强压处理是将弹簧在超过工作极限载荷下，持续强压 $6 \sim 48\text{h}$ 的工艺。喷丸处理是用一定速度的喷射钢丸或铁丸撞击弹簧的工艺。这两种强化措施都能使弹簧丝表层产生塑性变形和有益的残余应力。由于残余应力的方向和工作应力的方向相反，从而提高了弹簧的承载能力。用于长期振动、高温或有腐蚀介质的弹簧，一般不应进行强压处理；拉伸螺旋弹簧一般不进行喷丸和强压处理。

二、弹簧的材料与许用应力

弹簧在机械中常受冲击性的交变载荷作用，所以弹簧材料应具有较高的弹性极限、疲劳极限，一定的冲击韧性、塑性和良好的热处理性能。工程上常用的弹簧材料有碳素弹簧钢、合金弹簧钢、不锈弹簧钢以及铜合金等。选择弹簧材料时应充分考虑弹簧的工作条件、功用、重要性和经济性等因素。如碳素弹簧钢价格较低，常用于制造尺寸较小的一般用途的弹簧；合金弹簧钢主要用于制造承受较大变载荷或冲击载荷的弹簧；在潮湿或酸碱等化学腐蚀介质中工作的弹簧应选用不锈钢或铜合金材料。表 14-2 列出了常用的金属弹簧材料。

弹簧材料的许用应力是根据弹簧的材料、类型和载荷的性质来确定的。弹簧按载荷性质可分为静载荷和动载荷两种类型。静载荷指弹簧承受恒定不变的载荷或载荷有变化，但循环次数 $N < 10^4$ 次的变化载荷；动载荷指弹簧承受循环次数 $N \geqslant 10^4$ 次的变化载荷。根据循环次数，动载荷又分为：

（1）有限疲劳寿命　冷卷弹簧载荷循环次数 $N \geqslant 10^4 \sim 10^6$ 次；热卷弹簧载荷循环次数 $N \geqslant 10^4 \sim 10^5$ 次。

（2）无限疲劳寿命　冷卷弹簧载荷循环次数 $N \geqslant 10^7$ 次；热卷弹簧载荷循环次数 $N \geqslant 2 \times 10^6$ 次。

当冷卷弹簧载荷循环次数 $N = 10^6 \sim 10^7$ 次时，热卷弹簧载荷循环次数 $N = 10^5 \sim 2 \times 10^6$ 次时，可根据情况参照有限或无限疲劳寿命设计。

表 14-2 弹簧的常用材料

材料名称	载荷类型/牌号	直径规格/mm	切变模量 G/GPa	弹性模量 E/GPa	推荐温度范围/℃	特性及用途
冷拉碳素弹簧钢丝（GB/T 4357—2009）	SL 型	1.00~10.00	78.5	206	-40~150	SL 型为静载荷低抗拉强度级，用于低应力弹簧；SM 型为静载荷中等抗拉强度级，DM 型为动载荷中等抗拉强度级，用于中等应力弹簧；SH 型为静载荷高抗拉强度级，DH 型为动载荷高抗拉强度级，用于高应力弹簧
	SM 型	0.30~13.00				
	SH 型	0.30~13.00				
	DM 型	0.08~13.00				
	DH 型	0.05~13.00				
合金弹簧钢丝（YB/T 5318—2010）	50CrVA	0.5~14.0			-40~210	用于中应力和高应力弹簧
	55CrSiA 60Si2MnA				-40~250	

表 14-3 列出了冷拉碳素弹簧钢丝的抗拉强度 R_m，表 14-4 推荐了几种弹簧钢丝的许用应力。

表 14-3 冷拉碳素弹簧钢丝的抗拉强度 R_m（摘自 GB/T 4357—2009）（单位：MPa）

钢丝公称直径 d/mm	SL 型	SM 型	DM 型	SH 型	DH 型
1.00	1720~1970	1980~2220		2230~2470	
1.20	1670~1910	1920~2160		2170~2400	
1.40	1620~1860	1870~2100		2110~2340	
1.60	1590~1820	1830~2050		2060~2290	
1.80	1550~1780	1790~2010		2020~2240	
2.00	1520~1750	1760~1970		1980~2200	
2.10	1510~1730	1740~1960		1970~2180	
2.40	1470~1690	1700~1910		1920~2130	
2.50	1460~1680	1690~1890		1900~2110	
2.60	1450~1660	1670~1880		1890~2100	
2.80	1420~1640	1650~1850		1860~2070	
3.00	1410~1620	1630~1830		1840~2040	
3.20	1390~1600	1610~1810		1820~2020	
3.40	1370~1580	1590~1780		1790~1990	
4.00	1320~1520	1530~1730		1740~1930	
4.50	1290~1490	1500~1680		1690~1880	
5.00	1260~1450	1460~1650		1660~1830	
5.30	1240~1430	1440~1630		1640~1820	
5.60	1230~1420	1430~1610		1620~1800	
6.00	1210~1390	1400~1580		1590~1770	

表 14-4　弹簧钢丝的许用应力（摘自 GB/T 23935—2009）

卷绕方式	材　料	弹簧类型	许用切应力 $[\tau]$/MPa		
			静载荷	动载荷	
				有限疲劳寿命	无限疲劳寿命
冷卷	冷拉碳素弹簧钢丝	压缩	$0.45R_m$	$(0.38 \sim 0.45)R_m$	$(0.33 \sim 0.38)R_m$
		拉伸	$0.36R_m$	$(0.30 \sim 0.36)R_m$	$(0.26 \sim 0.30)R_m$
热卷	60Si2Mn 60Si2MnA 50CrVA 55CrSiA 60CrMnA 60CrMnBA 60Si2CrA 60Ci2CrVA	压缩	$710 \sim 890$	$568 \sim 712$	$426 \sim 534$
		拉伸	$475 \sim 596$	$405 \sim 507$	$356 \sim 447$

注：1. 抗拉强度选取材料标准的下限值。

2. 热卷拉伸弹簧的许用应力一般取下限值。

3. 热卷弹簧硬度范围为 42~52HRC（392~535HBW），当硬度接近下限许用应力时取下限值，硬度接近上限许用应力时取上限值。

第三节　圆柱螺旋压缩和拉伸弹簧的设计

弹簧的设计主要是确定合理的几何参数，使其具有足够的强度和适宜的刚度及良好的稳定性，以满足工作要求。

一、圆柱螺旋弹簧的端部结构

圆柱螺旋压缩弹簧的端部结构及代号见表 14-5。弹簧的两端通常约有 1.5~2 圈与邻圈并紧，它仅起支承作用，通常不参与变形的并紧端圈，称为死圈或支承圈。支承圈的形式有：①两个端圈与邻圈并紧且磨平（YI、RYI型）；②两个端圈与邻圈并紧不磨平（YII、RYII型）；③冷卷弹簧两端圈与邻圈不并紧（YIII型）；④热卷弹簧两端圈制成扁状、并紧磨平（RYIII型）；⑤热卷弹簧两端圈制成扁状、并紧不磨平（RYIV型）。两端圈并紧且磨平的弹簧往往用于较重要的场合，以保证两支承面与弹簧的轴线垂直，使弹簧受压时不致产生歪斜。

圆柱螺旋拉伸弹簧的端部制有挂钩，以便安装和加载。在国家标准 GB/T 23935—2009 中对冷卷弹簧规定了拉伸弹簧端部的 10 种结构形式。表 14-6 列出了冷卷制作的圆柱螺旋拉伸弹簧的 8 种型号的端部结构，其中代号 LI ~ LVI 的结构形式简单，但钩环弯折处弯曲应力较大，容易折断，一般多用于中小载荷和不重要的场合；当载荷较大时，宜采用可调式（LVII型）和可转钩环（LVIII型）的挂钩形式，它们的弯曲应力小，而且挂钩可以转动，便于安装。

表 14-5　圆柱螺旋压缩弹簧的端部结构及代号（摘自 GB/T 23935—2009）

类　型	代　号	简　图	端部结构形式
冷卷压缩弹簧（Y）	Y I		两端圈并紧磨平 $n_z \geqslant 2$
	Y II		两端圈并紧不磨平 $n_z \geqslant 2$
	Y III		两端圈不并紧 $n_z < 2$
热卷压缩弹簧（RY）	RY I		两端圈并紧磨平 $n_z \geqslant 1.5$
	RY II		两端圈并紧不磨平 $n_z \geqslant 1.5$
	RY III		两端圈制扁、并紧磨平 $n_z \geqslant 1.5$
	RY IV		两端圈制扁、并紧不磨平 $n_z \geqslant 1.5$

表 14-6　圆柱螺旋拉伸弹簧的端部结构及代号（摘自 GB/T 23935—2009）

类型	代号	简　图	端部结构形式	类型	代号	简　图	端部结构形式
冷卷拉伸弹簧（L）	L I		半圆钩环	冷卷拉伸弹簧（L）	L V		偏心圆钩环
	L II		长臂半圆钩环		L VI		圆钩环压中心
	L III		圆钩环扭中心 （圆钩环）		L VII		可调式拉簧
	L IV		长臂偏心半圆钩环		L VIII		可转钩环

二、圆柱螺旋弹簧的几何参数

图 14-5a、b 所示分别为圆柱螺旋压缩弹簧和拉伸弹簧的基本几何参数。图中 d 为弹簧丝的直径，D 为弹簧的外径，D_2 为弹簧的中径，D_1 为弹簧的内径，α 为螺旋升角（一般为右旋），p 为节距，H_0 为自由高度（长度）。圆柱螺旋压缩弹簧在不受外载荷的自由状态下，各圈之间应留有一定的轴向间隙 δ，以便弹簧受压时，能产生相应的变形。考虑到在最大工作载荷作用下仍能保持一定的弹性，所以在弹簧受到最大压缩后相邻两圈之间仍留有一定的间隙 δ_1，通常取 $\delta_1 = 0.1d$ 且 $\delta_1 \geq 0.2\text{mm}$。圆柱螺旋拉伸弹簧制造时通常使各圈并紧，即在不受外载荷的自由状态下 $\delta = 0$。

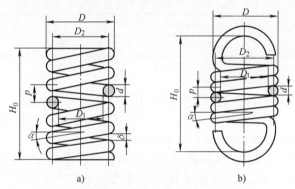

图 14-5 圆柱螺旋弹簧的基本几何参数

a）压缩弹簧 b）拉伸弹簧

圆柱螺旋压缩弹簧和拉伸弹簧的几何参数计算公式见表 14-7。

表 14-7 圆柱螺旋压缩弹簧和拉伸弹簧的几何参数计算公式

参数名称及代号	压缩弹簧	拉伸弹簧
弹簧丝直径 d	由强度计算公式确定	
弹簧中径 D_2	$D_2 = Cd$	
弹簧内径 D_1	$D_1 = D_2 - d$	
弹簧外径 D	$D = D_2 + d$	
弹簧指数（旋绕比）C	$C = D_2/d$，一般 $4 \leq C \leq 16$	
螺旋升角 α	$\alpha = \arctan \dfrac{p}{\pi D_2}$，一般取 $\alpha = 5° \sim 9°$	
工作圈数 n	由刚度计算公式确定	
节距 p	$p = (0.28 \sim 0.5)D_2$	$p \approx d$
轴向间隙 δ	$\delta = p - d$	$\delta = 0$
最小间隙 δ_1	$\delta_1 \geq 0.1d$	
弹簧展开长度 L	$L = \pi D_2 n_1 / \cos\alpha$	$L = \pi D_2 n + $ 钩环展开长度
弹簧自由高度 H_0	两端并紧、磨平：$H_0 = np + (1.5 \sim 2)d$ 两端并紧、不磨平：$H_0 = np + (3 \sim 3.5)d$	半圆钩环：$H_0 = D_1 + (n+1)d$ 圆钩环：$H_0 = 2D_1 + (n+1)d$ 圆钩环压中心：$H_0 = 2D_1 + (n+1.5)d$
总圈数 n_1	$n_1 = n + (1.5 \sim 2.5)$	$n_1 = n$
高径比 b	$b = H_0/D_2$	

三、圆柱螺旋弹簧的特性

1. 弹簧指数

弹簧中径 D_2 与弹簧丝直径 d 之比称为弹簧指数，用 C 表示，即

$$C = \frac{D_2}{d} \qquad (14\text{-}1)$$

弹簧指数又称旋绕比，它是反映弹簧特性的一个重要参数。C 值大，说明弹簧中径 D_2 较大或弹簧丝直径 d 较小，弹簧较软，刚性小，容易变形和绕制；C 值小则相反，即弹簧较硬，刚度大，不易变形和绕制。设计弹簧时，C 值选取要适当，它的选取范围可参见表 14-8。

表 14-8　弹簧指数 C 的选用范围（摘自 GB/T 23935—2009）

弹簧丝直径 d/mm	0.2~0.5	0.5~1.1	1.1~2.5	2.5~7	7~16	>16
C	7~14	5~12	5~10	4~9	4~8	4~6

2. 弹簧特性曲线

为了清晰地表明工作过程中弹簧的载荷与变形之间的关系，通常绘出载荷与变形的关系曲线，称为弹簧特性线。对于等节距的圆柱螺旋弹簧，其受载与变形成正比关系，因而其特性线为一直线。

图 14-6 所示为圆柱螺旋压缩弹簧的特性线，H_0 为弹簧未受载荷时的自由高度。安装弹簧时，通常使弹簧预先承受初始载荷 F_1，使其可靠地稳定在安装位置上，F_1 称为弹簧的最小工作载荷。在 F_1 的作用下，弹簧的高度被压缩到 H_1，其压缩变形量为 λ_1。F_2 为弹簧所受的最大工作载荷，在 F_2 作用下，弹簧高度被压缩到 H_2，其压缩变形量增加到 λ_2。弹簧的工作行程 $h = \lambda_2 - \lambda_1 = H_1 - H_2$。$F_j$ 为弹簧的极限载荷，即在它的作用下，弹簧丝内的应力将达到弹簧材料的弹性极限，此时相应的弹簧高度为 H_j，压缩变形量为 λ_j。

对于圆柱螺旋拉伸弹簧，按卷绕的方法不同，可分为无初拉应力和有初拉应力两种。图 14-7b 所示为无初拉应力的特性线，它和压缩弹簧的特性线相同。图 14-7c 所示为有初拉应力的特性线，这种弹簧在卷绕后各圈相互并紧并使弹簧在自由状态下便有初拉力 F_0 的作用，其相应的拉伸假想变形量为 x。当受载荷时，首先要克服假想变形量 x，弹簧才开始伸长。由此可见，在相同拉力 F 的作用下，有初拉应力的弹簧的实际伸长量比无初拉应力的要小，所以可节省空间尺寸。一般情况下，当弹簧丝直径 $d \leqslant 5$mm 时，初拉力 F_0 的值取 $F_0 = \frac{1}{3} F_j$；当弹簧丝直径 $d > 5$mm 时，初拉力 F_0 的值取 $F_0 = \frac{1}{4} F_j$。

螺旋弹簧的最小工作载荷通常取为 $F_1 \geqslant 0.2 F_j$，对于有初拉应力的拉伸弹簧还应使 $F_1 > F_0$；最大工作载荷通常取 $F_2 \leqslant 0.8 F_j$；故弹簧的工作变形量应取为 $(0.2 \sim 0.8) \lambda_j$，以保持弹簧的线性特性。

在弹簧工作图上应绘制出弹簧的特性线，以作为弹簧的制造、检测和试验的依据之一。

四、圆柱螺旋弹簧的强度计算

强度计算的目的是确定弹簧丝的直径 d。当压缩弹簧受轴向载荷 F_2 时，略去

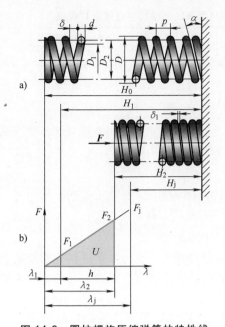

图 14-6　圆柱螺旋压缩弹簧的特性线

a）载荷与变形关系　b）特性曲线

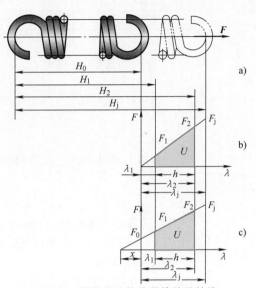

图 14-7　圆柱螺旋拉伸弹簧的特性线

a）载荷与变形关系　b）无初拉应力特性曲线
c）有初拉应力特性曲线

螺旋升角 α 的影响，作用在弹簧丝截面上的载荷有剪力（其值为 F_2）和转矩（其值 $T = F_2 D_2 / 2$）。最大切应力发生在弹簧丝截面的内侧，如图 14-8 给出的 m 点。因该处弯曲特别厉害，所以最易发生断裂，其数值与强度条件应为

$$\tau_{\max} = \frac{8KF_2C}{\pi d^2} \leqslant [\tau] \tag{14-2}$$

于是弹簧丝直径的计算公式为

$$d \geqslant \sqrt{\frac{8KF_2C}{\pi[\tau]}} = 1.6\sqrt{\frac{KF_2C}{[\tau]}} \tag{14-3}$$

式中，C 为弹簧指数；d 为弹簧丝直径（mm）；F_2 为弹簧所承受的最大工作载荷（N）；$[\tau]$ 为弹簧材料的许用切应力（MPa），由表 14-3 和表 14-4 查取；K 为弹簧的曲度系数，考虑到弹簧丝的升角和曲率对弹簧丝中应力的影响，其值可按表 14-9 查取。

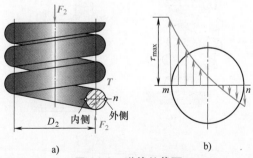

图 14-8　弹簧丝截面

a）弹簧丝截面受力分析　b）弹簧丝截面应力分布

表 14-9　圆柱螺旋压缩和拉伸弹簧的曲度系数 K 值

弹簧指数 C	4	5	6	7	8	9	10	12	14
K	1.4	1.31	1.25	1.21	1.18	1.16	1.14	1.12	1.1

五、圆柱螺旋弹簧的刚度计算

刚度计算的目的是确定弹簧有效圈数 n。弹簧轴向变形量的计算公式为

$$\lambda_2 = \frac{8F_2 D_2^3 n}{Gd^4} = \frac{8F_2 C^3 n}{Gd} \tag{14-4}$$

利用上式可得弹簧有效圈数的计算公式为

$$n = \frac{Gd^4 \lambda_2}{8F_2 D_2^3} = \frac{Gd \lambda_2}{8F_2 C^3} \tag{14-5}$$

式中，d 为弹簧丝直径（mm）；C 为弹簧指数；G 为弹簧材料的切变模量（MPa），由表 14-2 查取；F_2 为弹簧所受的最大工作载荷（N）；λ_2 为在最大工作载荷作用下的变形量（mm）。

式（14-5）计算的结果应使 $n \geq 2$，以保证弹簧具有稳定的性能。对于拉伸弹簧，若 $n > 20$，一般应圆整为整圈数；若 $n < 20$，则可圆整为 1/2 圈数。对于压缩弹簧，n 的尾数宜取 1/4、1/2 或整圈数。

由式（14-4）可得到弹簧的刚度 $k(\mathrm{N/mm})$ 为

$$k = \frac{F_1}{\lambda_1} = \frac{F_2}{\lambda_2} = \frac{Gd}{8C^3 n} \tag{14-6}$$

对于有初拉应力 F_0 的拉伸弹簧，应用式（14-4）、式（14-5）和式（14-6）计算有关参数时，应以 $F_1 - F_0$ 或 $F_2 - F_0$ 代替公式中的 F_1 或 F_2。

六、圆柱螺旋压缩弹簧的稳定性计算

当圆柱螺旋压缩弹簧的圈数较多或自由高度 H_0 太大时，若轴向载荷达到一定值，弹簧可能产生侧向弯曲而失去稳定性，如图 14-9a 所示。故要校核弹簧的稳定性指标，即对高径比 $b = H_0/D_2$ 应有限定值。对两端固定的弹簧，应使 $b \leq 5.3$；对

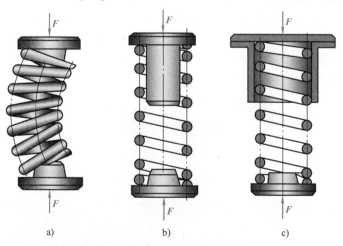

图 14-9　压缩弹簧的稳定性措施
a）失稳　b）加装导杆　c）加装导套

一端固定一端自由转动的弹簧，应使 $b \leq 3.7$；对两端均为自由转动的弹簧，应使 $b \leq$ 2.6。当 b 不能满足上述要求时，应重选弹簧参数，以减小 b 值；如结构受限制，不能改变弹簧参数时，则应在弹簧内侧加装导杆或在其外侧加装导套，如图 14-9b、c 所示。

例 14-1　试设计一圆柱螺旋压缩弹簧，其最大工作载荷 $F_2 = 2100\text{N}$，对应的压缩变形量 $\lambda_2 = 80\text{mm}$，安装时的最小工作载荷 $F_1 = 1050\text{N}$，载荷作用的次数 $N > 2 \times 10^6$，两端均固定。

解　1. 选择弹簧材料和许用应力

由于弹簧受较大的变载荷，按表 14-4 选用 60Si2MnA，因载荷作用次数 $N > 2 \times 10^6$，故其许用切应力按热卷无限疲劳寿命选取，即 $[\tau] = 480\text{MPa}$。

2. 选择弹簧指数和曲度系数

设弹簧丝的直径 $d = 7 \sim 16\text{mm}$，由表 14-8 选取弹簧指数 $C = 7$；由表 14-9 选取圆柱螺旋压缩弹簧曲度系数 $K = 1.21$。

3. 强度计算

由式（14-3）可得，弹簧丝直径为

$$d \geq 1.6 \sqrt{\frac{KF_2 C}{[\tau]}} = 1.6 \sqrt{\frac{1.21 \times 2100 \times 7}{480}} \ \text{mm} = 9.74\text{mm}$$

故取弹簧丝直径 $d = 10\text{mm}$。

中径 $D_2 = Cd = 7 \times 10\text{mm} = 70\text{mm}$；外径 $D = D_2 + d = (70 + 10)\text{mm} = 80\text{mm}$。

4. 刚度计算

弹簧刚度　　　　$k = \dfrac{F_2}{\lambda_2} = \dfrac{2100}{80}\text{N/mm} = 26.25\text{N/mm}$

由表 14-2 可得，切变模量 $G = 7.85 \times 10^4 \text{MPa}$。

由式（14-5）可得，弹簧有效圈数为

$$n = \frac{Gd\lambda_2}{8F_2 C^3} = \frac{7.85 \times 10^4 \times 10 \times 80}{8 \times 2100 \times 7^3} = 10.9$$

取 $n = 11$ 圈（两端各并紧一圈），总圈数 $n_1 = n + 2 = 11 + 2 = 13$。

5. 稳定性计算

由表 14-7 可得

节距　　$p = (0.28 \sim 0.5)D_2 = (0.28 \sim 0.5) \times 70\text{mm} = 19.60 \sim 35\text{mm}$

取 $p = 25\text{mm}$。

弹簧自由高度 $H_0 = pn + (n_z - 0.5)d = pn + 1.5d = (25 \times 11 + 1.5 \times 10)\text{mm} = 290\text{mm}$

高径比　　　　　$b = \dfrac{H_0}{D_2} = \dfrac{290}{70} = 4.143$

因设计的弹簧为两端固定，并且 $b < 5.3$，故弹簧不会失稳。

6. 其他几何尺寸计算

螺旋升角　　　　$\alpha = \arctan \dfrac{p}{\pi D_2} = \arctan \dfrac{25}{\pi \times 70} = 6°29'8''$

F_1 相应的压缩变形量　$\lambda_1 = \dfrac{F_1}{k} = \dfrac{1050}{26.25}\text{mm} = 40\text{mm}$

弹簧的工作行程　　$h = \lambda_2 - \lambda_1 = (80 - 40)\text{mm} = 40\text{mm}$

轴向间距	$\delta = p - d = (25 - 10)\text{mm} = 15\text{mm}$
弹簧丝展开的长度	$L = \dfrac{\pi D_2 n_1}{\cos\alpha} = \dfrac{\pi \times 70 \times 13}{\cos 6°29'8''}\text{mm} = 2877\text{mm}$

7. 弹簧零件工作图（略）

第四节　其他弹簧简介

一、橡胶弹簧

橡胶弹簧是用减振橡胶制成的弹簧，可用于仪器底座，发动机支承和各种机械、车辆的行车机构及悬架装置中，以达到减振和缓冲的目的。图 14-10 所示为机械设备中的减振用橡胶弹簧。

与金属弹簧相比，橡胶弹簧的主要优点是：①弹性模量小，受载后变形大，容易实现非线性特性；②阻尼高，缓冲减振能力强，隔音效果好；③能受多方向的载荷，有利于隔振系统结构的简化；④容易制成需要的形状以适应不同方向的刚度要求。主要缺点是：①工作温度一般应为 -30 ~ 80℃，温度过高容易老化，过低则橡胶硬度增大，降低衰振作用；②使用寿命受潮湿、强光灯环境影响较大，并且耐油性能差；③长期受载容易发生蠕变等。

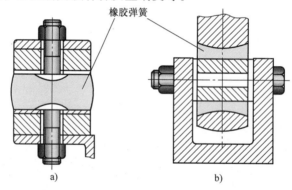

图 14-10　机械设备中的减振用橡胶弹簧

a）圆柱形橡胶弹簧　b）圆环形橡胶弹簧

二、空气弹簧

空气弹簧是在柔软的橡胶囊中充入具有一定压力的空气，利用空气的可压缩性实现弹性作用的弹性元件。图 14-11 所示为一种空气弹簧的结构图。

与金属弹簧相比，空气弹簧具有的特点是：①同一空气弹簧，可同时承受轴向

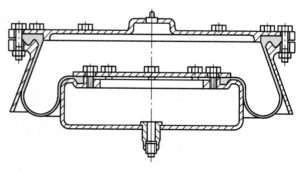

图 14-11　自由膜式空气弹簧

和径向载荷；②刚度与橡胶囊中的空气压力有关，通过控制压力可以很方便地调整空气弹簧的刚度；③具有非线性特征，可根据需要将特性线设计成理想的形状；④高频振动吸收强，隔音效果好；⑤工作寿命长等。

拓展视频

大国工匠：大道无疆

习　题

14-1　弹簧有哪些功用？适用于何种工作场合？

14-2　按形状和受载情况分类，弹簧有哪些基本类型？

14-3　圆柱弹簧的主要几何参数有哪些？何谓圆柱弹簧的失稳现象？

14-4　何谓圆柱螺旋弹簧的旋绕比 C？它对弹簧性能有何影响？

14-5　压缩和拉伸圆柱螺旋弹簧受到载荷作用时，弹簧丝截面上产生哪些应力？应力是如何分布的？

14-6　已知一圆柱螺旋压缩弹簧的弹簧丝直径 $d=6$mm，外径 $D=39$mm，有效圈数 $n=10$。当受 $F=900$N 的静载荷时，求：①弹簧的最大应力 τ_{max}；②应选哪种碳素弹簧钢丝？③根据所选的弹簧材料求该弹簧的最大变形量。

14-7　已知一圆柱螺旋压缩弹簧的材料为 DH 型冷拉碳素弹簧钢丝，弹簧丝直径 $d=3.2$mm，外径 $D=31.5$mm，有效圈数 $n=6$，总圈数 $n_1=8$，节距 $p=9$mm。当受变载荷循环次数 $N=10^5$ 次时，求：①弹簧的刚度；②弹簧能承受的最大工作载荷 F_2；③在最大工作载荷下弹簧的变形量 λ_2。

14-8　图 14-12 所示为一小型锅炉的安全阀，用圆柱螺旋压缩弹簧控制。已知阀座通径 $D_0=32$mm，阀门起跳压力 $p_1=0.33$MPa，全开时弹簧受力 $F_2=340$N，阀门行程 $\lambda=2$mm。由结构要求弹簧内径 $D_1>16$mm，试设计该弹簧。

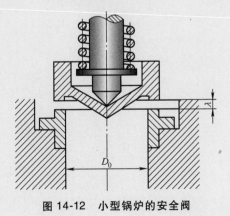

图 14-12　小型锅炉的安全阀

参 考 文 献

[1] 杨可桢，程光蕴，李仲生，等. 机械设计基础 [M]. 5版. 北京：高等教育出版社，2006.

[2] 李秀珍，曲玉峰. 机械设计基础 [M]. 4版. 北京：机械工业出版社，2012.

[3] 朱家诚，王纯贤. 机械设计基础 [M]. 合肥：合肥工业大学出版社，2003.

[4] 范顺成. 机械设计基础 [M]. 4版. 北京：机械工业出版社，2007.

[5] 王军，何晓玲. 机械设计基础 [M]. 北京：机械工业出版社，2013.

[6] 邹慧君，张春林，李杞仪，等. 机械原理 [M]. 2版. 北京：高等教育出版社，2006.

[7] 郑文纬，吴克坚. 机械原理 [M]. 7版. 北京：高等教育出版社，2010.

[8] 赵韩，田杰. 机械原理 [M]. 合肥：合肥工业大学出版社，2009.

[9] 濮良贵，纪名刚. 机械设计 [M]. 8版. 北京：高等教育出版社，2006.

[10] 吴宗泽，高志. 机械设计 [M]. 2版. 北京：高等教育出版社，2009.

[11] 成大先. 机械设计手册 [M]. 5版. 北京：化学工业出版社，2010.

[12] 闻邦椿. 现代机械设计师手册 [M]. 北京：机械工业出版社，2012.

[13] 秦大同，谢里阳. 现代机械设计手册 [M]. 5版. 北京：化学工业出版社，2011.

[14] 吴宗泽. 机械设计实用手册 [M]. 3版. 北京：化学工业出版社，2010.

[15] 吴宗泽，罗圣国. 机械设计课程设计手册 [M]. 4版. 北京：高等教育出版社，2012.

[16] 王大康，卢颂峰. 机械设计课程设计 [M]. 4版. 北京：北京工业大学出版社，2010.

[17] 王之栎，王大康. 机械设计综合课程设计 [M]. 3版. 北京：机械工业出版社，2020.